HZ BOOKS

华章图书

一本打开的书，一扇开启的门，

通向科学殿堂的阶梯，扌

U0178681

www.hzbook.com

电子与嵌入式系统
设计丛书

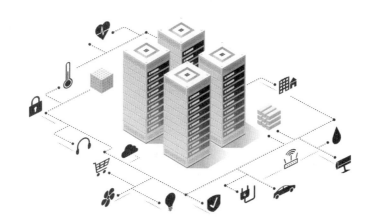

嵌入式软件系统测试

基于形式化方法的自动化测试解决方案

殷永峰 姜博 编著

机械工业出版社
China Machine Press

图书在版编目（CIP）数据

嵌入式软件系统测试：基于形式化方法的自动化测试解决方案 / 殷永峰，姜博编著 . —北京：机械工业出版社，2021.1
（电子与嵌入式系统设计丛书）

ISBN 978-7-111-67242-5

I. 嵌…　II. ①殷…　②姜…　III. 软件－测试　IV. TP311.5

中国版本图书馆 CIP 数据核字（2021）第 001702 号

嵌入式软件系统测试
基于形式化方法的自动化测试解决方案

出版发行：机械工业出版社（北京市西城区百万庄大街 22 号　邮政编码：100037）

责任编辑：曲　熠　　　　　　　　　　　责任校对：李秋荣

印　　刷：北京文昌阁彩色印刷有限责任公司　　版　　次：2021 年 2 月第 1 版第 1 次印刷

开　　本：186mm×240mm　1/16　　　　　印　　张：15.75

书　　号：ISBN 978-7-111-67242-5　　　　定　　价：79.00 元

客服电话：（010）88361066　88379833　68326294　　　投稿热线：（010）88379604

华章网站：www.hzbook.com　　　　　　　读者信箱：hzit@hzbook.com

前　言

随着计算机技术的不断发展，人类已经进入了数字化时代，嵌入式软件在高科技研究与应用领域，特别是航空、航天、医疗、交通和现代武器装备研制等关键领域已得到广泛应用。鉴于嵌入式软件的重要性和特殊性，它的故障往往会导致严重的后果，因此，嵌入式软件的质量和可靠性问题越来越受到重视，而有效的嵌入式软件系统测试是保证软件质量的重要手段。

本书试图跨越传统的入门级、基础级系统测试技术，为从事嵌入式软件系统测试的一线从业人员提供从形式化测试理论，到自动化测试描述方法，再到自动化仿真测试环境构建的系统化解决方案，最后通过对典型的复杂嵌入式软件系统测试工程实例的讲解，进一步验证本书所涉及的理论、技术和方法的有效性。

本书的主要内容包括：第 1 章介绍嵌入式系统及软件的基本概念；第 2 章介绍嵌入式软件工程及质量与可靠性的相关知识；第 3 章系统地介绍基于形式化方法的嵌入式软件系统测试理论框架及技术；第 4 章讨论实时嵌入式软件自动化测试描述方法，主要从实时嵌入式软件测试描述语言的设计及运行机制等方面进行阐述；第 5 章着重讨论智能终端应用（嵌入式）软件系统测试技术，从 Android 系统基础开始，对测试用例生成、回归测试及压力测试等方面做了重点讲解；第 6 章重点讨论嵌入式软件系统测试环境构建技术，提出实时嵌入式软件仿真测试虚拟机规范的设计思路，同时对实时嵌入式软件仿真测试环境的体系结构设计以及测试执行引擎的设计、实现及效率等进行了探讨；第 7 章给出典型航电系统嵌入式软件测试实例。

本书既可为从事军用/民用领域嵌入式系统开发、验证及维护的专业技术人员提供参考，也可作为高等院校计算机、软件工程、嵌入式系统及相关专业本科生和研究生的参考读物。

本书主要由殷永峰编写并负责统稿，殷永峰编写了第 2、3、4、6、7 章，姜博编写了第 1、5 章。此外，北京航空航天大学的研究生宿庆冉、王雪峰和刘家康在文字整理及附录准备等方面做了大量工作，在此谨表示诚挚的感谢。

特别感谢北航可靠性与系统工程学院刘斌教授、军事科学院王峰研究员、国家互联网应急中心李政研究员在百忙之中审阅了本书，并提出了大量宝贵的意见和建议。感谢中国航空工业集团公司计算机软件北航可靠性管理与测评中心的同事，得益于诸多同人多年来在工程技术方面的积累和帮助，本书才能与读者见面。

从方法学的角度来看，面向嵌入式软件系统测试的理论与技术正处于不断发展的过程中，本书也难免存在不当及谬误之处，恳请读者批评指正，以帮助我们不断改进和完善。

殷永峰

2020 年 10 月

缩略词汇表

英文缩写	英文全称	中文全称
ATLAS	Abbreviated Test Language for All Systems	通用简化测试语言
ATS	Automated Test System	自动测试系统
ADS2	Avionics Development System-2	第二代航空设备开发系统
CSP	Communication Sequences Process	通信序列进程
CCS	Communication Calculus System	通信演算系统
CTL	Computation Tree Logic	计算树逻辑
CADC	Central Air Data Computer	中央大气数据计算机
CNI	Communication, Navigation and Identification	通信、导航和识别
DCMP	Display Control and Management Processor	显示控制与管理处理器
DTE	Data Transfer Equipment	数据传输设备
EFSM	Extend Finite State Machine	扩展有限状态机
ESSTE	Embedded Software Simulation Testing Environment	嵌入式软件仿真测试环境
FSM	Finite State Machine	有限状态机
FCS	Flight Control Software	飞行控制软件
ICD	Interface Control Document	接口控制文档
I/GNS	Inertial/GPS Navigation System	惯性 / 卫星组合导航系统
MC	Mission Computer	任务计算机
OCL	Object Constraint Language	对象约束语言
RT-EFSM	Real-Time Extend Finite State Machine	实时扩展有限状态机
RT-ESSTE	Real-Time Embedded Software Simulation Testing Environment	实时嵌入式软件仿真测试环境
RT-ESSTVMS	Real-Time Embedded Software Simulation Testing Virtual Machine Specification	实时嵌入式软件仿真测试虚拟机规范
RT-ESTDL	Real-Time Embedded Software Testing Description Language	实时嵌入式软件测试描述语言
RT-ESTDEE	Real-Time Embedded Software Testing Description Execution Engine	实时嵌入式软件测试描述执行引擎

（续）

英文缩写	英文全称	中文全称
RTRSM	Real-Time Requirements Specification Model	面向实时嵌入式软件的需求规约模型
SUT	Software Under Test	被测软件
SCS	Safety-Critical Software	安全关键软件
timeCTEC	time-Constrained Transition Equivalence Class	时间约束迁移等价类
TTCN-3	Testing and Test Control Notation 3	测试及测试控制标记法版本 3
TPS	Test Program Set	测试程序集
UIO	Unique Input/Output sequences	唯一输入 / 输出序列
US$_{ex}$	extended Unique Sequences	扩展测试序列
UML	Unified Modeling Language	统一建模语言
VDM	Vienna Development Method	维也纳开发方法

目　　录

第1章
嵌入式系统及软件

嵌入式系统是一种以应用为中心，以计算机技术为基础，可以适应不同应用对功能、可靠性、成本、体积及功耗等方面的要求，集可配置、可裁减的软硬件于一体的专用计算机系统。"嵌入性""专用性"与"计算机系统"是嵌入式系统的三个核心要素。本章将对嵌入式系统及软件进行概述，使读者对其有较为全面的认识。

1.1 嵌入式系统概述

1.1.1 嵌入式系统与实时系统

作为20世纪人类社会最伟大的发明之一，计算机已逐步把人类带入了数字化时代。同时，后PC时代的到来，使得人们开始越来越多地接触到一个新的概念——嵌入式产品。越来越多的复杂软硬件系统内嵌于医疗、汽车、工业控制、交通、通信、航空、航天及现代武器装备中，如：NASA航天飞机的机载系统有近500 000行代码，而这还不包括用于地面控制和处理的350 000行代码；在美国电信通信中，支撑软件的源代码超过了1亿行。表1-1给出了软件在国外战斗机中的应用情况。

表1-1 软件在国外战斗机中的应用

年　份	机　型	软件实现的功能比例
1960	F-4/F-100	8%
1964	A-7	10%
1970	F-111	20%
1975	F-15	35%
1982	F-16/F-16A	45%
1990	B-2	65%
2000	F-22	80%
2006	F-35	85%

1990 年，IEEE（电子与电气工程师协会）给出了嵌入式系统的定义：嵌入式计算机系统是较大系统的一部分，用于满足该系统的某些要求，例如，用于飞机快速运输系统的计算机系统（An Embedded Computer System is part of a larger system and performs some of the requirements of that system; for example, a computer system used in an aircraftor rapid transit system）。通常，将用于控制、监视或者辅助操作机器和设备的装置称为嵌入式系统。嵌入式系统一般包括一系列软硬件设施等，而嵌入式软件是嵌入式系统的软件部分，比如航天器的控制系统、飞机的航电系统、基于 Android 和 iOS 等系统的手机、机顶盒、汽车电子系统、通信系统中的路由器等。此外，广义上也通常把单片机（STM32）、SOC 等硬件构成的控制系统一并称为嵌入式系统。上述嵌入式软件往往具有实时性的特征，因此也被称为实时嵌入式系统。

通常，实时系统是指必须在外界环境规定的时间内完成计算和 I/O 操作的专用计算机系统，POSIX Standard 1003.1 中定义实时系统为"有能力在限定的响应时间范围内，提供满足需求的服务的操作系统"。在实时计算中，外界环境可以被看作一组约束——普遍被认为是时间约束（也称为时限）。时限的存在，是实时计算与非实时计算的最本质区别。实时系统与非实时系统的区别就在于实时系统必须提供某种机制以确保时限不会被破坏。对于非实时系统而言，系统的正确性仅仅取决于指令的正确执行，其关键在于是否按指令的逻辑顺序进行，与指令在何时开始执行及何时执行完毕无关。例如，一个用于计算双精度浮点数平方根的程序，可以运行在 500MHz 的 Pentium III 计算机上，也可以运行在 4.77MHz 的 8086 计算机上。两者的区别仅仅在于计算速度的快慢，而不会影响计算结果的正确性。通常衡量实时系统的三个指标如下：

❑ 响应时间（Response Time）：计算机系统识别外部事件并做出响应的时间。

❑ 生存时间（Survival Time）：数据的有效等待时间，在此时间段内数据有效。

❑ 吞吐量（Throughput）：在给定时间内，系统可以处理的事件总数。

对于实时系统而言，系统的正确性不仅与计算结果的正确性有关，而且更为重要的是必须在规定的时间内完成计算，否则系统就会出错或失败。

1. 硬实时系统和软实时系统

依据实时系统的特性，可以将其分为"硬"实时系统（Hard Real-Time System）和"软"实时系统（Soft Real-Time System）两类。

"硬"实时系统的特性是：

❑ 在任何情况下，都不能有延迟；

- 如果延迟发生，则输出结果无效；
- 当无法满足截止时间要求时，系统将会导致灾难性失效；
- 当无法满足截止时间要求时，系统导致的经济损失巨大；
- 系统响应时间通常为毫秒或微秒级。

比如飞行控制系统和核反应堆控制系统就是典型的"硬"实时系统。

"软"实时系统的特性是：

- 输出结果的延迟会增加费用；
- 延迟会导致系统性能下降；
- 系统响应时间通常为毫秒或秒级。

比如网络实况转播系统就是一个典型的"软"实时系统。

2. 单机实时系统和分布式实时系统

按实时系统运行环境的分布特性划分，实时系统可以划分为单机实时系统和分布式实时系统两大类。

- 单机实时系统。在单机实时系统中，所有的任务都在同一台计算机上运行，只受同一个操作系统的调度。单机实时系统的最大优点在于软硬件结构简单，易于开发。
- 分布式实时系统。在分布式实时系统中，多个任务分布在多台计算机上，不同节点上的任务通过互联网络进行通信。这些任务协调工作，共同构成一个实时系统。分布式实时系统的体系结构如图 1-1 所示。

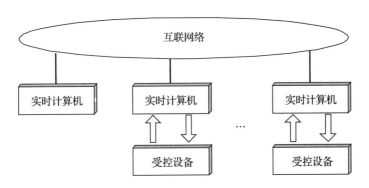

图 1-1　分布式实时系统体系结构

在分布式实时系统中，部分节点计算机与受控设备（产生或接收数据、接受实时控制）相连，不仅需要完成一些实时计算任务，还需要对外围设备进行实时控制。此外，还有其他节点计算机不与任何受控设备相连，它们只完成实时计算任务。

基于以上分类，实时嵌入式系统除了具备一般应用软件的特点之外，还有以下特点：

- 嵌入性。绝大多数实时系统是较为复杂的专用系统，需要具备很高的容错能力，并且通常"嵌入"一个更大的系统中，即作为嵌入式软件。图1-2给出了典型的嵌入式系统结构。

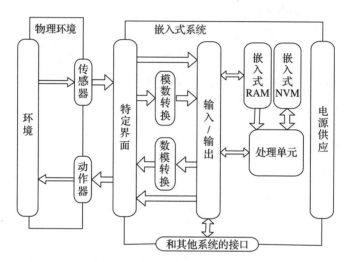

图1-2   典型的嵌入式系统结构

- 同外部环境交互作用。典型的实时系统往往和外部设备之间交互作用，可能控制某种设备或过程。实时系统通过传感器从外界采集数据，通过输出激励信号来控制外部设备。

- 实时约束。实时系统往往有着较强的时间约束，要求在规定时间内必须完成事件的处理，如果延迟，往往会造成灾难性后果。

- 实时控制。实时软件往往涉及实时控制，通过采集来的数据决定如何控制外部交联的设备。实时软件中并不全是实时部件，也有非实时部分，如数据的事后分析、处理等功能。

- 反应式系统（Reactive System）。许多实时系统都是反应式系统，它们是基于事件驱动的，并且需要响应外部的激励。一般而言，实时系统对于外部激励的响应大多是依赖于状态的，也就是说，系统的响应输出不仅取决于当前的激励，而且和之前的系统激励有关。

❏ 并发处理。大多数实时系统的一个显著特征就是存在并发处理，有许多外部事件需要同时处理。通常，外部事件的到来是无法预期的，更应注意的是实时系统的输入负载随时间的不同而发生显著变化，且这种负载往往也是无法预期的。

综上所述，本书将不区别实时系统（软件）、嵌入式系统（软件）和实时嵌入式系统（软件），统称为实时嵌入式系统（软件）。

1.1.2　嵌入式系统的特点

作为一类特殊的计算机应用系统，嵌入式系统具备如下主要特征。

1. 嵌入式系统一般具有专用性

通常，嵌入式系统不是通用系统，而是面向用户、面向应用的，一般会与用户和应用相结合，作为其中的某个专用系统或模块出现。嵌入式系统的设计、开发及针对操作系统的裁剪都以满足特定领域、特定应用要求为目标，目的是确保冗余最小、效率最高和功耗均衡，力图获得最佳性能，如专用于飞行器控制的飞行控制系统、用于核电站或电力装备的控制系统等。

2. 嵌入式系统的软硬件可进行裁剪

作为专用的计算机系统，嵌入式系统可以根据实际的需要对软硬件进行选择，具有极大的灵活性和可选择性。

3. 嵌入式系统精简、内核小

考虑到成本、资源、空间等严格限制，嵌入式系统往往需要在满足系统要求的前提下达到资源使用尽可能少，一般支持开放性和可伸缩性的体系结构，由此导致嵌入式操作系统的内核比通用操作系统小得多。例如，ENEA 公司的 OSE 分布式系统内核仅为 5KB，在大大节省存储和运行空间的同时可达到较高的性能。

4. 嵌入式系统一般要求具有很高的实时性

嵌入式系统通常都具有实时性要求，因为多数嵌入式系统的应用场景比较苛刻，对时间、体积、功耗等有严格要求。系统实时性差，会导致严重甚至是灾难性的后果，如核电站控制、航天器入轨、飞行控制、航空发动机控制、雷达目标捕获识别等均要求时间非常精准。

5. 嵌入式处理器受到应用要求的制约

嵌入式系统的硬件和软件都必须高效率地设计，量体裁衣、去除冗余，力争在同样的处理器上实现更高的性能和效率，这样才能在具体应用中更具竞争力。与通用处理器相比，嵌入式处理器将大部分工作用在为特定用户群设计的系统中，且通常具有低功耗、体积小、集成度高等特点，能够把很多任务集成在芯片内部，从而有利于嵌入式系统设计趋于小型化，移动能力大大增强，与网络的联系也越来越紧密。

嵌入式微处理器通常具有以下 4 个特点：

❑ 采用可扩展的体系结构，能迅速开发出满足应用的高性能的嵌入式微处理器。

❑ 对实时多任务有很强的支持能力，能完成多任务且有较短的中断响应时间，从而使内部代码和实时内核的执行时间减到最低限度。

❑ 具有很强的存储区保护功能。这是由于嵌入式系统的软件结构已模块化，而为了避免在软件模块之间出现错误的交叉，需要设计强大的存储区保护功能，同时也有利于软件故障诊断。

❑ 嵌入式微处理器必须功耗很低，便携式的无线及移动计算和通信设备中靠电池供电的嵌入式系统更是如此，功耗只有毫瓦甚至微瓦级。

6. 嵌入式系统软件要求固化、可靠

嵌入式系统软件是实现嵌入式系统功能的关键和核心要素。为了提高软件执行速度和系统可靠性，嵌入式软件一般都固化在存储器芯片或单片机中，而不是存储于磁盘等载体中，因此要求软件代码具有很高的质量、可靠性、安全性和实时性。

7. 嵌入式系统需要专门的开发工具和环境

嵌入式系统使用广泛，但是对于成本、体积、功耗都有较多的要求，目的是更为精巧地嵌入应用中。嵌入式系统本身不具备自主开发能力，系统开发完成并固化到特定硬件（目标机）以后，用户一般无法对其进行修改。嵌入式系统往往是在通用计算机（宿主机）上进行模拟开发并利用调试和仿真工具进行调试，最终通过链接器下载、固化。

1.1.3 嵌入式系统的组成

随着技术的不断发展，嵌入式系统已成为将先进的计算机技术、半导体技术和电子技术等各种技术相结合的产物，这一点决定了它必然是一个技术密集、资金密集、高度分散、不断创新的知识集成系统。图 1-3 给出了通常意义上嵌入式系统的组成。

由图 1-3 可见，嵌入式系统总体上可划分为硬件和软件两大部分：

❑ 与普通 PC 系统类似，嵌入式系统硬件部分通常包含高性能微处理器、I/O 接口、电源管理、存储器及外围电路等，但是它与一般的 PC 系统有很大的区别，因为嵌入式系统在功耗、体积、成本、可靠性、速度、处理能力、电磁兼容性等方面均受到应用要求的制约。

❑ 软件部分是嵌入式系统功能实现的核心，通常包含设备驱动程序、嵌入式操作系统、嵌入式应用程序等。PC 的出现使桌面软件得到了飞速发展，而嵌入式软件产业的蓬勃发展同样为系统应用提供了无穷的推动力，种类繁多、应用场景复杂多变的嵌入式产品为人类提供了越来越多的便利，如今人们的日常生活已无法脱离嵌入式产品。

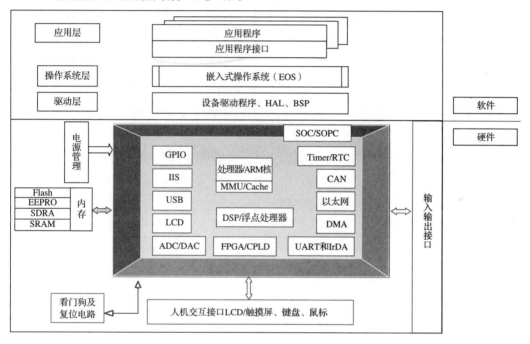

图 1-3　嵌入式系统的组成

事实上，并非所有的嵌入式系统都包含上述组成部分，在进行嵌入式系统设计时，系统设计人员应根据系统能力、应用场景、功耗、体积、实时性等多种因素进行适当的优化和组合设计，力求达到最好的性能和效率。

1. 硬件层

硬件层提供了嵌入式系统的运行平台，主要包括高性能微处理器、I/O 接口、定时器、电源管理、存储器及外围电路等。简要介绍如下：

❑ 嵌入式微处理器。作为嵌入式系统硬件层的核心，嵌入式微处理器担负着控制系统工作的重要任务，也就是说使宿主设备功能智能化、设计灵活且操作简便。为合理高效地完成这些任务，嵌入式微处理器应具有以下特点：较强的实时多任务支持能力、存储区保护功能、可扩展的微处理器结构、较强的中断处理能力、低功耗。目前主流的嵌入式微处理器有 ARM、MIPS、DSP、PowerPC 及 x86 等。

❑ 存储器。嵌入式系统需要存储器来存放和执行代码。嵌入式系统的存储器包含 Cache、主存和外存。其中，Cache 是一种容量小、速度快的存储器阵列，其主要设计目标是解决存储器（如主存和辅助存储器）给微处理器内核造成的访问瓶颈，使处理速度更快、实时性更强。主存位于微处理器的内部，用来存放系统和用户的程序及数据，其片内存储器容量小、速度快。外存用来存放大数据量的程序代码或信息，它的容量大，但读取速度与内存相比慢很多，用来长期保存用户的信息。

❑ 通用设备接口和 I/O 接口。嵌入式系统和外界交互时需要一定形式的通用设备接口，如 A/D、D/A、I/O 等，外设通过和片外其他设备或传感器的连接来实现微处理器的输入 / 输出功能。每个外设通常只有单一的功能，它可以位于芯片外，也可以内置在芯片中。外设的种类很多，从简单的串行通信设备到非常复杂的 802.11 无线设备等。

2. 驱动层

驱动层是嵌入式系统中不可缺少的重要部分，使用任何外部设备都需要有相应的驱动层程序的支持，它为上层软件提供设备的操作接口。上层软件无须理会设备的具体内部操作，只需调用驱动层程序提供的接口即可。驱动层程序一般包含硬件抽象层（HAL）、板级支持包（BSP）和设备驱动程序。其中 BSP 实现的功能一般包含如下两方面：

❑ 系统启动时，完成对硬件的初始化。例如，对系统内存、寄存器以及设备的中断进行设置，即根据嵌入式开发所选的 CPU 类型、硬件以及嵌入式操作系统的初始化等多方面决定 BSP 应具体实现哪些功能。

❑ 为驱动程序提供访问硬件的手段。驱动程序经常要访问设备的寄存器，并对设备寄存器进行操作。如果整个系统为统一编址，则开发人员可直接在驱动程序中用 C 语言的函数访问设备寄存器。但是，如果系统为单独编址，则 C 语言就不能直接访问设备的寄存器，只有汇编语言编写的函数才能访问外围设备寄存器。BSP 就是为上层驱动程序提供的访问硬件设备寄存器的函数包。

3. 操作系统层

嵌入式操作系统（Embedded Operating System，EOS）是一种用途广泛的系统软件，主要负责嵌入式系统全部软硬件资源的分配及调度工作，并控制、协调并发活动。它必须体现其所在系统的特征，能够通过装卸某些模块来达到系统所要求的功能。

相对于一般操作系统而言，EOS 除具备一般操作系统的基本功能（如任务调度、同步机制、中断处理、文件处理等）外，还具有以下特点：

❑ 强实时性。EOS 的实时性一般较强，可用于各种设备控制中。

❑ 可装卸性。具有开放性、可伸缩性的体系结构。

❑ 统一的接口。提供各种设备的驱动接口。

❑ 提供强大的网络功能，支持 MIL-STD-1553B、ARINC429/629、TCP/IP 及其他协议，提供 TCP/UDP/IP/PPP 支持及统一的 MAC 访问层接口，为各种移动计算设备预留接口。

❑ 强稳定性、弱交互性。嵌入式系统一旦开始运行就不需要用户过多的干预，这就要求负责系统管理的 EOS 具有较强的稳定性。嵌入式操作系统的用户接口一般不提供操作命令，它通过系统的调用命令向用户程序提供服务。

❑ 固化代码。在嵌入式系统中，嵌入式操作系统和应用软件被固化在嵌入式系统计算机的 ROM 中。辅助存储器在嵌入式系统中很少使用。

❑ 可提供操作简便、友好的 GUI，图形界面易学易用。

❑ 更好的硬件适应性，即良好的可移植性。

目前国际上常用于嵌入式系统开发的 EOS 有 40 余种，市场上占主流的 EOS 包括 VxWorks、Palm OS、Windows CE、pSOS、QNX、µC/OS-Ⅱ、Symbian 及嵌入式 Linux 等。

4. 应用层

应用层作为嵌入式系统的顶层，主要由多个相对独立的应用任务组成，直接与最终用户进行交互，一般是根据用户的特定需求量身定做和开发，每个应用任务完成特定的功能，如 I/O 任务、计算任务、通信任务、UI 交互等，由嵌入式操作系统统一调度各个任务的运行。

应用层涉及用户体验，直接关系到用户需求是否得到准确实现。应用层的设计质量直接决定了整个嵌入式产品的成败，因此对质量和可靠性具有很高的要求。

1.1.4 嵌入式系统的应用领域

与 PC 等通用计算机系统不同，嵌入式系统通常执行的是带有特定要求的预先定义的任务。由于嵌入式系统只针对某些特殊任务，设计人员能够对其进行优化，减小尺寸并降低成本，因此嵌入式系统通常适合进行大量生产，做到单个成本降低，进而使得利润得到大幅提升。随着装备制造产业的升级，航空航天、工业 4.0、医疗电子、智能家居、物流管理和电力控制等得到快速发展和推进，嵌入式系统利用自身的技术特点，逐渐成为众多行业的标配产品。由于嵌入式系统具有高安全、可控制、可编程、成本低、体积小等显著特点，因此在工业制造和日常生活中有着非常广阔的应用前景。下面选取典型应用领域进行说明。

1. 智慧城市领域

随着物联网技术的日益发展和普及，嵌入式系统已得到广泛运用，为智慧城市的智能之网注入了创新元素。智慧城市首先需要实现物联网的感知化，以及将海量信息转为智慧行动的云计算服务。以物联网技术为支撑的水、电、燃气表的远程自动抄表，安全防火、防盗系统，其中嵌有的专用控制芯片将代替传统的人工检查，并实现更高、更准确和更安全的性能。以智能家居控制系统为例，它对住宅内的家用电器、照明灯光进行智能控制，实现家庭安全防范，并结合其他系统为住户提供一个温馨舒适、安全节能的家居环境，让住户充分享受现代科技给生活带来的方便与精彩。

2. 武器装备领域

嵌入式计算机系统已广泛用于军民两用的机电一体化产品和工业自动化控制系统中。嵌入式系统主要用于各种信号处理与控制，如：军用武器，坦克、舰艇、轰炸机等陆海空三军的军用电子装备，雷达、电子对抗等军事通信装备，野战指挥作战用的各种专用设备等。

典型的嵌入式系统在军事领域的应用包括：各类飞行器和武器系统的飞行控制系统、发动机控制系统，武器试验数据采集与实时处理系统，军用掌上型智能设备（军用 PDA 产品）等。上述嵌入式系统的广泛应用对提高武器装备的信息化水平、质量和可靠性具有重要的推动作用。

3. 智能交通领域

智能交通系统（ITS）是智慧城市的重要组成部分，也符合世界的发展趋势。ITS主要由交通信息采集、交通状况监视、交通控制、信息发布和通信等子系统组成。各种信息都是 ITS 的运行基础，而以嵌入式为主的交通管理系统就像人体内的神经系统一样在 ITS 中起着至关重要的作用。嵌入式系统应用在测速雷达（返回数字式速度值)、运输车队遥控指挥系统、车辆导航系统等方面,在这些应用系统中能对交通数据进行获取、存储、管理、传输、分析和显示,以供交通管理者或决策者对交通状况进行决策和研究。

智能交通系统对产品的要求比较严格,而嵌入式系统产品的优势使其可以非常好地符合要求。嵌入式一体化的智能化产品在智能交通领域的应用已得到越来越多人的认同。在车辆导航、流量控制、信息监测与汽车服务方面,嵌入式系统技术已经获得了广泛的应用,内嵌 GPS 模块、GSM 模块的移动定位终端已经在运输行业获得了成功的应用。

4. 智慧医疗

嵌入式系统在医疗领域已得到广泛应用,利用嵌入式系统和物联网技术,可实现患者与医务人员、医疗机构、医疗设备之间的互动,逐步达到及时、准确沟通的目的。嵌入式技术将成为未来智慧医疗的核心,其实质是通过将传感器技术、RFID 技术、无线通信技术、数据处理技术、网络技术、视频检测识别技术、GPS 技术等综合应用于整个医疗管理体系中进行信息交换和通信,实现智能化识别、定位、追踪、监控和管理,从而建立起实时、准确、高效的医疗控制和管理系统。

在不久的将来,医疗行业将融入更多人工智能、传感技术等,使医疗服务实现真正意义的智能化,推动医疗事业繁荣发展,并逐步走进寻常百姓的生活。

5. 环境工程领域

随着人类生活对环境的影响越来越大,当前我们的环境已受到气候变暖、工业污染、农业污染等多种因素的干扰,而传统的人工检测无法实现对大规模环境的实时监测与管理。嵌入式系统在环境工程中的应用较多,如水文资料实时监测、防洪体系及水土质量监测、堤坝安全监测、地震监测、实时气象信息等。通过利用新技术实现水源和空气污染监测,在很多环境恶劣、地况复杂的地区,嵌入式系统将实现无人监测,从而大大提升环境监测的效率和有效性。

6. 机器人领域

机器人技术的发展与嵌入式系统的发展一直是紧密联系在一起的。最早的机器人技术是 20 世纪 50 年代 MIT 提出的数控技术,当时还远未达到芯片水平,只是简单的与非门逻辑电路。之后由于处理器和智能控制理论的发展缓慢,从 50 年代到 70 年代初期,机器人技术一直未能得到充分的发展。

近来由于嵌入式处理器的高度发展,机器人从硬件到软件也呈现出新的发展态势。嵌入式芯片的发展将使机器人在微型化、智能化方面的优势更加明显,同时会大幅降低机器人的成本，使其在工业领域和服务领域获得更广泛的应用。

7. 智能汽车领域

智能汽车是集环境感知、规划决策、多等级辅助驾驶等功能于一体的综合智能化系统，它集中运用了计算机、传感、信息融合、通信、人工智能及自动控制等技术，是典型的高新技术综合体。

近年来，交通事故的频频发生使智能汽车操作系统成为新的市场需求，它旨在通过先进的电子技术实现更安全的驾驶。嵌入式系统将应用在汽车的智能温度调控、MCU 系统、车载娱乐系统、智能导航、智能驾驶和汽车雷达管理等方面，以有效提高汽车的智能化水平和安全性。

8. 工业自动化领域

工业 4.0 作为国家战略已经在逐步推进，未来应用自动化技术实现工业生产和管理是一大趋势，而嵌入式系统就是其中的关键技术之一。工业自动化需要各种智能测量仪表、数控装置、可编程控制器、控制机、分布式控制系统、现场总线仪表及控制系统、工业机器人、机电一体化机械设备、汽车电子设备等，它们广泛采用微处理器 / 控制器芯片级、标准总线模板级以及嵌入式系统。

1.2 嵌入式软件概述

1.2.1 嵌入式软件分类

作为嵌入式系统的灵魂，嵌入式软件是指嵌入式系统中用于控制和管理系统功能的软件集合。嵌入式软件通常有两种分类方式，如图 1-4 所示。

1. 按照软件所在层次划分

按照软件在嵌入式系统中的层次来分，嵌入式软件分为系统软件、支撑软件和应用软件，具体说明如下：

- ❑ 系统软件。系统软件是指嵌入式系统中用于控制、管理计算机系统资源的软件，主要指嵌入式操作系统，主流的嵌入式操作系统有 Windows CE、Palm OS、Linux、VxWorks、pSOS、QNX、OS-9、LynxOS 等。我国嵌入式操作系统的起步较晚，国内此类产品主要是基于自主版权的 Linux 操作系统，其中以中软 Linux、红旗 Linux、东方 Linux 等为代表。
- ❑ 支撑软件。支撑软件是指用于辅助软件开发的软件工具集，具体包括嵌入式数据库、系统分析工具、系统仿真工具、交叉开发工具、软件测试工具等。

目前主流的嵌入式移动数据库系统有 Sybase、Oracle 等。我国嵌入式移动数据库系统起步较晚，目前以东软集团研究开发的 OpenBASE Mini 为代表。

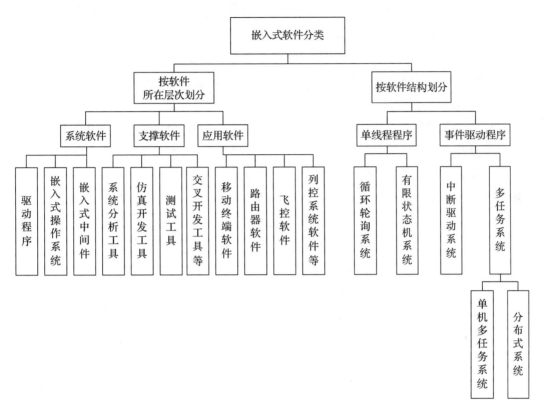

图 1-4　嵌入式软件分类

❑ 应用软件。应用软件是嵌入式系统中面向用户体验的应用程序，一般针对特定应用领域且基于某一固定的硬件平台，用来达到用户的预期目标。嵌入式应用软件不仅要求在准确性、安全性和稳定性等方面能够满足实际应用的需要，而且还要尽可能地进行优化，以减少对系统资源的消耗，降低硬件成本。目前我国市场上已经出现了各式各样的嵌入式应用软件，包括各类移动终端软件、路由器软件、交换机软件、飞控软件、导航系统软件、列车控制系统软件、浏览器、Email 软件、文字处理软件等。嵌入式系统中的应用软件是最活跃的力量，每种应用软件均有特定的应用背景，尽管规模较小，但专业性较强，所以嵌入式应用软件不像操作系统和支撑软件那样受制于国外产品的垄断，是我国嵌入式软件的优势领域。

2. 按照软件结构划分

按照嵌入式软件结构来分，嵌入式软件可分为单线程程序和事件驱动程序。

- ❑ 单线程程序。单线程程序是结构最为简单的嵌入式软件，不需要多任务调度及中断服务程序等，也没有主控程序，其又可进一步细分为循环轮询系统和有限状态机系统。单线程程序的优点是结构简单、执行效率高、程序维护方便；缺点是容错能力差，一旦出现软件故障，系统无法恢复和进行容错处理，导致软件安全性较差，一般适合对实时性和安全性要求不高的简单应用。

- ❑ 事件驱动程序。事件驱动程序是比单线程程序复杂的嵌入式应用，可以解决软件安全容错问题。其一般可分为中断驱动系统和多任务系统，而多任务系统又可分为单机多任务系统和分布式系统。

  - 中断驱动系统考虑中断优先级以解决程序容错问题。当多个中断服务请求同时发生，且需要考虑各中断优先级或处理程序错误时，主控程序将按照既定策略对各中断请求进行实时处理，以满足系统设计需要。

  - 多任务系统往往基于嵌入式操作系统进行开发，它是指在多任务处理环境下，只有当其他程序认可时，一个运行程序才可获得处理器时间。每一个应用程序（任务）必须协同地放弃对处理器的控制，以便其他应用程序运行。目前主流的嵌入式操作系统都支持协同多任务处理和抢占式多任务处理。必要时，嵌入式操作系统可以中断当前正在运行的任务以便运行另一个任务。通过上述操作，可实现任务的切换、调度、通信、同步、互斥及复杂时钟管理等，从而大大提高嵌入式系统的容错能力和安全性，使得用户获得最优的使用体验，完成既定的任务或功能。

随着嵌入式系统面临的需求越来越复杂，对嵌入式软件的要求也越来越高。由于软件的应用场景和架构日趋复杂，当前越来越多的嵌入式系统采用分布式架构，通过分布式计算，解决多用户并发、并行处理、节点负载均衡、分布式容错等关键问题。

1.2.2 嵌入式操作系统

1. 嵌入式操作系统的发展

作为一类特殊的嵌入式软件，嵌入式操作系统用途广泛、任务特殊，其他应用都建立在嵌入式操作系统之上。嵌入式操作系统是在系统复位后首先执行的程序，它将 CPU 时钟、中断、定时器存储器、I/O 等都封装起来，提供给用户的是一个标准的 AP 接口。

　　早期的嵌入式系统功能单一、控制简单，因此并不需要嵌入式操作系统，但随着嵌入式系统的功能、结构越来越复杂，对可靠性、安全性、体积、功耗等要求越来越高，逐渐出现了嵌入式操作系统。通过嵌入式操作系统将任务切换与管理、同步、互斥、中断管理等有机整合，大大提高了嵌入式系统的性能和效率。

　　嵌入式系统起源于 20 世纪 60 年代，在通信系统中针对电子机械电话交换的控制，当时被称为"存储式程序控制系统"（Stored Program Control），而嵌入式计算机真正得到长足发展是在微处理器问世之后。1971 年 11 月，Intel 公司首次成功地把算术运算器和控制器电路集成在一起，推出了全球第一款微处理器 Intel 4004（尺寸为 3mm×4mm，外层有 16 只针脚，内里有 2300 个晶体管，采用 10 微米制程），其后各厂家陆续推出了众多 8 位、16 位的微处理器，包括 Intel 8080/8085/8086、Motorola 6800/68000，以及 Zilog 的 Z80、Z8000 等。以这些微处理器作为核心所构成的系统，广泛地应用于武器装备、仪器仪表、医疗设备、机器人、家用消费电子等领域。随着微处理器的广泛应用，逐渐形成了广阔的嵌入式应用市场，计算机厂家开始大量地以插件方式向用户提供 OEM 产品，再由用户根据自己的需要选择一套适合的 CPU 板、存储器板以及各式 I/O 插件板，从而构成专用的嵌入式计算机系统，并将其嵌入自己的系统设备中。

　　首先，为灵活兼容考虑，出现了系列化、模块化的单板机。流行的单板计算机有 Intel 公司的 iSBC 系列、Zilog 公司的 MCB 等。后来人们可以不必从选择芯片开始来设计一台专用的嵌入式计算机，而只要选择各功能模块，就能够组建一个专用计算机系统。用户和开发者都希望从不同的厂家选购最适合的 OEM 产品，插入外购或自制的机箱中就形成新的系统，这样就要求插件是互相兼容的，也就导致了工业控制微机系统总线的诞生。1976 年 Intel 公司推出 Multibus，1983 年扩展为带宽达40MB/s 的 Multibus Ⅱ。1978 年由 Prolog 设计的简单 STD 总线广泛应用于小型嵌入式系统。

　　20 世纪 80 年代可以说是群雄并起的时代，基于单片机和 DSP 的嵌入式工业产品陆续成为各领域嵌入式控制的主角。随着微电子工艺水平的提高，集成电路制造商开始把嵌入式应用中所需要的微处理器、I/O 接口、A/D 和 D/A 转换、串行接口以及 RAM、ROM 等部件统统集成到一个 VLSI 中，从而制造出面向 I/O 设计的微控制器，也就是我们俗称的单片机。这也成为嵌入式计算机系统中异军突起的一支新秀，而其后发展的 DSP 产品则进一步提升了嵌入式计算机系统的技术水平，并迅速渗入国防军事、消费电子、医用电子、智能控制、通信电子、仪器仪表、交通运输等各种领域。

20 世纪 90 年代，在分布控制、柔性制造、数字化通信和信息家电等巨大需求的牵引下，嵌入式系统进一步加速发展。面向实时信号处理算法的 DSP 产品向着高速、高精度、低功耗的方向发展。德州仪器（Texas Instruments）推出的第三代 DSP 芯片 TMS320C30，引导着微控制器向 32 位高速智能化发展。在应用方面，掌上电脑、手持 PC、机顶盒技术相对成熟，发展也较为迅速。特别是掌上电脑，1997 年美国市场上的掌上电脑品牌寥寥无几，而 1998 年底，各式各样的掌上电脑如雨后春笋般涌现出来。此外，Nokia 推出了智能电话，西门子推出了机顶盒，网思（Wyse）推出了智能终端，美国国家半导体公司（National Semiconductor，已经并入 Texas Instruments）推出了 WebPAD。装载在汽车上的小型电脑，不但可以控制汽车内的各种设备（如音响等），还可以与 GPS 连接，从而自动操控汽车。

进入 21 世纪，人类真正进入网络化时代，将嵌入式计算机系统应用到各类网络中也必然是嵌入式系统发展的重要方向。嵌入式操作系统的功能、接口及可扩展性越来越强大，能够很好地适配当前的网络化运行场景，随着云计算、大数据及人工智能等新技术的发展和普及，嵌入式操作系统必将在未来获得更大、更广泛的应用和发展。作为未来嵌入式系统中必不可少的组件，嵌入式操作系统的发展趋势主要包括：

- ❑ 定制化：嵌入式操作系统将面向特定应用提供简化型系统调用接口，专门支持一种或一类嵌入式应用。嵌入式操作系统将具备可伸缩性、可裁减的系统体系结构，并提供多层次的系统体系结构。嵌入式操作系统将包含各种即插即用的设备驱动接口。

- ❑ 网络化：面向网络、面向特定应用，嵌入式操作系统要求配备标准的网络通信接口。嵌入式操作系统的开发将越来越易于移植和联网，将具有网络接入功能，提供 TCP/UDP/IP/PPP 协议支持及统一的 MAC 访问层接口，并为各种移动计算设备预留接口。

- ❑ 节能化：嵌入式操作系统将继续采用微内核技术，实现小尺寸、微功耗、低成本以支持小型电子设备，同时提高产品的可靠性和可维护性。嵌入式操作系统将形成最小内核处理集，减小系统开销，提高运行效率，并可用于各种非计算机设备。

- ❑ 智能化：通过与人工智能技术的紧密结合，嵌入式操作系统将提供精巧、易于操作、界面简单、个性化的多媒体人机交互界面，以满足不断提高的用户需求，提高用户体验。

- □ 安全化：嵌入式操作系统应能够提供安全保障机制，源码的可靠性越来越高。
- □ 标准化：随着嵌入式操作系统的广泛应用及发展，信息、资源共享机会增多等带来的问题开始出现，需要建立相应的标准以规范应用，还要易于裁剪和伸缩，以便更好地适配不同的应用场景和用户需求。

2. 典型嵌入式操作系统简介

结合当前嵌入式系统开发现状及主流应用市场，下面对典型的嵌入式操作系统进行介绍。限于篇幅，仅给出主要的操作系统信息，有兴趣的读者可以查阅相关线上或线下资源。

（1）VxWorks

VxWorks 操作系统是美国 WindRiver 公司于 1983 年设计开发的一种嵌入式实时操作系统，是 Tornado 嵌入式开发环境的关键组成部分。Tornado 是 WindRiver 公司推出的一套实时操作系统开发环境，类似 Microsoft Visual C，但是提供了更丰富的调试、仿真环境和工具。良好的持续发展能力、高性能的内核以及友好的用户开发环境，使得 VxWorks 在嵌入式实时操作系统领域逐渐占据一席之地，目前已广泛应用于数据网络、远程通信、医疗设备、交通运输、航空航天等领域。

VxWorks 的特点包括：

- □ 可裁剪的微内核结构；
- □ 高效的任务管理；
- □ 强大的调试能力；
- □ 可通过 DEBUG 功能对软件进行模拟调试；
- □ 灵活的任务间通信；
- □ 微秒级的中断处理；
- □ 丰富的函数库；
- □ 支持 POSIX 1003.1b 实时扩展标准；
- □ 支持多种物理介质；
- □ 标准的、完整的 TCP/IP 网络协议支持等。

（2）Windows CE

Windows CE 是微软开发的一个开放的、可升级的 32 位嵌入式操作系统，是基于掌上电脑的电子设备操作系统。Windows CE 与 Windows 系列有较好的兼容性，这无疑是推广 Windows CE 的一大优势。

Windows CE 的图形用户界面相当出色。其中 CE 中的 C 代表袖珍（Compact）、消费（Consumer）、通信能力（Connectivity）和伴侣（Companion），E 代表电子产品（Electronics）。与 Windows 95/98、Windows NT 不同的是，Windows CE 是所有源代码全部由微软自行开发的新型嵌入式操作系统，其操作界面虽来源于 Windows 95/98，但 Windows CE 是基于 Win32 API 重新开发的信息设备平台。Windows CE 具有模块化、结构化、基于 Win32 应用程序接口以及与处理器无关等特点。Windows CE 不仅继承了传统的 Windows 图形界面，并且在 Windows CE 平台上可以使用 Windows 95/98 上的编程工具（如 Visual Basic、Visual C++ 等）、使用同样的函数、使用同样的界面网格，使绝大多数应用软件只需简单的修改和移植就可以在 Windows CE 平台上继续使用。

Windows CE 的设计目标是模块化及可伸缩性、实时性能好、通信能力强大、支持多种 CPU。它的设计可以满足多种设备的需要，这些设备既包括工业控制器、通信集线器以及销售终端之类的企业设备，还包括像照相机、电话和家用娱乐器材之类的消费产品。典型的基于 Windows CE 的嵌入系统通常为某个特定用途而设计，并在不联机的情况下工作。它要求所使用的操作系统体积较小，内建有对中断的响应功能。

Windows CE 的特点包括：

❑ 具有灵活的电源管理功能，包括睡眠 / 唤醒模式。

❑ 使用了对象存储（Object Store）技术，包括文件系统、注册表及数据库。还具有很多高性能、高效率的操作系统特性，包括按需换页、共享存储、交叉处理同步、支持大容量堆（Heap）等。

❑ 拥有良好的通信能力。广泛支持各种通信硬件，亦支持直接的局域连接以及拨号连接，并提供与 PC、内部网以及 Internet 的连接，还提供与 Windows 9x/NT 的最佳集成和通信。

❑ 支持嵌套中断。允许更高优先级的中断首先得到响应，而不是等待低级别的 ISR 完成。这使得该操作系统具有嵌入式操作系统所要求的实时性。

❑ 更好的线程响应能力。对高级别 IST（中断服务线程）的响应时间上限的要求更加严格，在线程响应能力方面的改进可帮助开发人员掌握线程转换的具体时间，并通过增强的监控能力和对硬件的控制能力帮助他们创建新的嵌入式应用程序。

- ❑ 256 个优先级别。使开发人员在控制嵌入式系统的时序安排方面有更大的灵活性。
- ❑ Windows CE 的 API 是 Win32 API 的一个子集，支持近 1500 个 Win32 API。有了这些 API，足以编写任何复杂的应用程序。当然，在 Windows CE 系统中，所提供的 API 也可以随具体应用的需求而定。

（3）嵌入式 Linux

Linux 起源于芬兰一位名为 Linus Torvalds 的业余爱好者，但是现在已经是最为流行的开放源代码操作系统之一。Linux 从 1991 年问世到现在，已发展成为一个功能强大、设计完善的操作系统。Linux 系统不仅能够运行于 PC 平台，还在嵌入式系统方面大放光芒，在各种嵌入式 Linux OS 迅速发展的状况下，Linux OS 逐渐形成了可与 VxWorks、Windows CE、μC/OS-Ⅱ 等 EOS 进行抗衡的局面。Linux 现已成为嵌入式操作系统的理想选择，其最大的特点是源代码公开并且遵循通用性公开许可证（General Public License，GPL）协议，在近年来一直作为嵌入式开发领域的研究热点。据美国国际数据集团（International Data Group，IDG）预测，嵌入式 Linux 将占未来嵌入式操作系统份额的 50% 以上。据初步统计，目前正在开发的嵌入式系统中，已有 45% 左右的项目选择 Linux 作为嵌入式操作系统，可见 Linux 的生命力和受开发者的认同程度。Linux 广受欢迎的主要原因如下：

- ❑ 由于源代码公开，开发者可以任意修改以满足自己的应用需求，并且通过相应的测试辅助工具确保查错、纠错也很容易实现。遵从 GPL，无须为每个嵌入式应用交纳许可证费。此外，Linux 开发社区有大量的应用软件可供选择和使用，这些应该软件大部分都遵从 GPL，是开放源代码和免费的，稍加修改后就可以应用于自己的系统。大量免费、优秀、开源的开发工具和庞大的开发人员群体，给 Linux 开发带来了无穷的生命力。
- ❑ 只要懂 Unix/Linux 和 C 语言，掌握嵌入式开发的原理和方法，即可开始开发属于自己的嵌入式系统应用。随着 Linux 在中国的普及，这类人才越来越多，所以软件的开发和维护成本较低。
- ❑ Linux 内核精悍，运行所需资源少，因此十分适合嵌入式系统开发。此外，Linux 支持的硬件数量也十分庞大。嵌入式 Linux 和普通 Linux 并无本质区别，PC 上用到的硬件，嵌入式 Linux 几乎都支持。而且，各种硬件的驱动程序源代码都比较容易得到，为用户编写专有硬件的驱动程序带来很大的方便。

在嵌入式系统上运行 Linux 的一个缺点是，要想实现 Linux 的实时性能，需要添加实时软件模块，而这些模块运行的内核空间正是操作系统实现调度策略、硬件中断异常和执行程序的部分。因此，代码错误可能会破坏操作系统，从而影响整个系统的可靠性，这对于实时应用将是一个比较严重的弱点。

国内中科红旗软件技术有限公司开发的红旗嵌入式 Linux 正在成为国内许多嵌入式设备厂商的首选之一。红旗公司已先后推出了 PDA、机顶盒、瘦客户机、交换机用的嵌入式 Linux 系统，并且投入了实际应用。

以红旗嵌入式 Linux 为例，嵌入式 Linux 的特点如下：

❑ 精简的内核，性能高、稳定，多任务。

❑ 适用于不同的 CPU，支持多种体系结构，如 x86、ARM、MIPS、ALPHA、SPARC 等。

❑ 能够提供完善的嵌入式 GUI 以及嵌入式 X-Windows。

❑ 提供嵌入式浏览器、邮件程序、MP3 播放器、MPEG 播放器、记事本等应用程序。

❑ 提供完整的开发工具和 SDK，同时提供 PC 上的开发版本。

❑ 用户可定制，可提供图形化的定制和配置工具。

❑ 包含常用嵌入式芯片的驱动集，支持大量的周边硬件设备，驱动丰富。

❑ 针对嵌入式的存储方案，提供实时版本和完善的嵌入式解决方案。

❑ 完善的中文支持，强大的技术支持，完整的文档。

❑ 开放源码，丰富的软件资源，软件开发者的广泛支持，价格低廉，结构灵活，适用面广。

（4）μC/OS-Ⅱ

μC/OS-Ⅱ是在 μC/OS 的基础上发展起来的，是用 C 语言编写的一个结构小巧、抢占式的多任务实时内核。μC/OS-Ⅱ能管理 64 个实时任务，并提供任务调度与管理、内存管理、任务间同步与通信、时间管理和中断服务等功能，具有执行效率高、占用空间小、实时性能优良和扩展性强等特点，因此在嵌入式开发领域也占有较大的市场份额。

在文件系统的支持方面，由于 μC/OS-Ⅱ是面向中小型嵌入式系统的，即使包含全部功能，编译后内核也不到 10KB，所以系统本身并没有提供对文件系统的支持。但是 μC/OS-Ⅱ具有良好的扩展性能，如果需要也可自行加入文件系统相关的内容。

在对硬件的支持上，μC/OS-Ⅱ能够支持当前流行的大部分 CPU，μC/OS-Ⅱ由于本身内核很小，经过裁剪后的代码最小可以达到 2KB，所需的最小数据 RAM 空间为 4 KB。μC/OS-Ⅱ 的移植相对比较简单，只需要修改与处理器相关的代码。

μC/OS-Ⅱ 的主要特点如下：

❑ 源代码公开，经过扩展，很容易把操作系统移植到各个不同的硬件平台上。

❑ 可移植性：绝大部分源代码是用 C 语言写的，便于移植到其他微处理器上。

❑ 可固化：可以嵌入产品中，成为产品的一部分。

❑ 可裁剪性：有选择地使用所需要的系统服务，以减少其所需的存储空间。

❑ 占先式：完全是占先式的实时内核，即总是运行就绪条件下优先级最高的任务。

❑ 多任务：可管理 64 个任务，任务的优先级必须是不同的，不支持时间片轮转调度法。

❑ 可确定性：函数调用与服务的执行时间具有可确定性，不依赖于任务的多少。

❑ 实用性和可靠性：通过该实时内核的众多应用实践，可见其具有较高的实用性和可靠性。

❑ 由于 μC/OS-Ⅱ 仅是一个实时内核，这就意味着它提供给用户的只是一些 API 函数接口，还有很多工作需要用户自己去完成。

综上可知，μC/OS-Ⅱ 是一个结构简单、功能完备和实时性很强的嵌入式操作系统内核，针对没有 MMU 功能的 CPU，它是非常合适的。它需要很少的内核代码空间和数据存储空间，拥有良好的实时性，良好的可扩展性，并且由于源代码开源，在网络开发社区和论坛中有很多资料和应用实例，所以很适合向各类 CPU 平台上进行移植。

（5）Palm OS

Palm 是 3Com 公司的产品，其操作系统为 Palm OS——一种 32 位的嵌入式操作系统。Palm 提供了串行通信接口和红外线传输接口，利用它可以方便地与其他外部设备通信、传输数据。它还拥有开放的 OS 应用程序接口，开发商可根据需要自行开发所需的应用程序。Palm OS 是一套具有较强开放性的系统，现在有大约数千种专为 Palm OS 编写的应用程序，小到个人管理、游戏，大到行业解决方案，Palm OS 无所不包。在丰富的软件支持下，基于 Palm OS 的掌上电脑功能得以不断扩展。

Palm OS 是一套专门为掌上电脑开发的 OS。在编写程序时，Palm OS 充分考虑了掌上电脑内存相对较小的情况，因此它只占有非常小的内存。由于基于 Palm OS 编写的应用程序占用的空间也非常小（通常只有几十 KB），所以，基于 Palm OS 的掌上电脑（虽然只有几 MB 的 RAM）可以运行众多应用程序。

由于 Palm 产品的最大特点是使用简便、机体轻巧，Palm OS 的主要特点如下：

❑ 操作系统的节能功能。由上掌上电脑要求使用的电量尽可能少，因此在 Palm OS 的应用程序中，如果没有事件运行，则系统进入半休眠（Doze）状态，如果应用程序停止活动一段时间，则系统自动进入休眠（Sleep）状态。

❑ 合理的内存管理。Palm 的存储器全部是可读写的快速 RAM。动态 RAM（Dynamic RAM）类似于 PC 上的 RAM，它为全局变量和其他不需永久保存的数据提供临时的存储空间；存储 RAM（Storage RAM）类似于 PC 上的硬盘，可以永久保存应用程序和数据。

❑ Palm OS 的数据是以数据库（Database）的格式来存储的。数据库是由一组记录（Record）和一些数据库头信息组成的。为保证程序处理速度和存储器空间，在处理数据的时候，Palm OS 不是把数据从存储堆（Storage Heap）拷贝到动态堆（Dynamic Heap）后再进行处理，而是在存储堆中直接处理。为避免错误地调用存储器地址，Palm OS 规定，这一切都必须调用其内存管理器里的 API 来实现。

Palm OS 与同步软件（HotSync）结合可以使掌上电脑与 PC 上的信息实现同步，把台式机的功能扩展到掌上电脑中。Palm 的应用范围相当广泛，如联络及工作表管理、电子邮件及互联网通信、销售人员及组别自动化等。Palm 的外围硬件也十分丰富，如数码相机、GPS 接收器、调制解调器、GSM 无线电话、数码音频播放设备、便携键盘、语音记录器、条码扫描、无线寻呼接收器、探测仪。其中 Palm 与 GPS 结合的应用，不但可以用作导航定位，还可以结合 GPS 进行气候的监测、调查等。

（6）μClinux

μClinux 是一种优秀的嵌入式 Linux 版本，全称为 micro-control Linux，从字面意思看是指微控制 Linux。同标准的 Linux 相比，μClinux 的内核非常小，但是它仍然继承了 Linux 操作系统的主要特性，包括良好的稳定性和移植性、强大的网络功能、出色的文件系统支持、标准且丰富的 API，以及 TCP/IP 网络协议等。因为没有 MMU 内存管理单元，所以其多任务的实现需要一定技巧。

μClinux 在结构上继承了标准 Linux 的多任务实现方式，分为实时进程和普通进程，分别采用先来先服务和时间片轮转调度，仅针对中低档嵌入式 CPU 特点进行改良，且不支持内核抢占，实时性一般。此外，μClinux 结构复杂，移植相对困难，内核也较大。若开发的嵌入式产品注重文件系统和与网络应用，则 μClinux 是一个不错的选择。

综上可知，μClinux 最大的特点在于针对无 MMU 处理器设计，这对于没有 MMU 功能的 stm32f103 来说是合适的，但移植此系统需要至少 512KB 的 RAM 空间、1MB 的 ROM/FLASH 空间，而 stmf103 拥有 256K 的 FLASH，需要外接存储器，这就增加了硬件设计的成本。

（7）eCos

eCos（embedded Configurable operating system），即嵌入式可配置操作系统。它是一个源代码开放、可配置、可移植、面向深度嵌入式应用的实时操作系统，其主要特点如下：

❑ 配置灵活，采用模块化设计，核心部分由小组件构成，包括内核、C 语言库和底层运行包等。

❑ 每个组件可提供大量的配置选项（实时内核也可作为可选配置），使用 eCos 提供的配置工具可以很方便地实现配置，并通过不同的配置使 eCos 满足不同的嵌入式应用要求。

❑ 可配置性非常强大，用户可以自己加入所需的文件系统。并且支持当前流行的大部分嵌入式 CPU，可以在 16 位、32 位和 64 位等不同体系结构之间移植。

❑ 由于本身内核很小，经过裁剪后的代码最小仅为 10 KB，所需的最小数据 RAM 空间为 10 KB。

❑ 可移植性很好，比 μC/OS-Ⅱ 和 μClinux 易于移植。

综上所述，eCos 最大的特点是配置灵活，并且支持无 MMU 的 CPU 移植。由于开源且具有很好的移植性，它也比较适合移植到 stm32 平台的 CPU 上。但 eCOS 的应用还不是太广泛，没有像 μC/OS-Ⅱ 那样普遍，并且相关资料也没有 μC/OS-Ⅱ 多。eCos 适合用于商业级或工业级对成本敏感的嵌入式系统，例如消费电子领域中的一些应用。

（8）FreeRTOS

FreeRTOS 是一个迷你的实时操作系统内核。作为一个轻量级的操作系统，其功能包括任务管理、时间管理、信号量、消息队列、内存管理、记录功能、软件定时器、协程等，可基本满足较小系统的需要。

FreeRTOS 的主要特点如下：

❑ 由于 RTOS 需占用一定的系统资源（尤其是 RAM 资源），只有 μC/OS-Ⅱ、embOS、salvo、FreeRTOS 等少数实时操作系统能在小 RAM 单片机上运行。

❑ 相对于 C/OS-Ⅱ、embOS 等商业操作系统，FreeRTOS 操作系统是完全免费的操作系统，具有源码公开、可移植、可裁减、调度策略灵活的特点，可以方便地移植到各种单片机上运行。

□ FreeRTOS 内核支持优先级调度算法，每个任务可根据重要程度的不同被赋予一定的优先级，CPU 总是让处于就绪态的、优先级最高的任务先运行。

□ FreeRTOS 内核同时支持轮换调度算法，系统允许不同的任务使用相同的优先级，在没有更高优先级任务就绪的情况下，同一优先级的任务共享 CPU 的使用时间。

相对于常见的 μC/OS-Ⅱ 等嵌入式操作系统，FreeRTOS 操作系统既有优点也存在不足。FreeRTOS 的主要不足如下：

□ 系统服务功能方面，FreeRTOS 只提供了消息队列和信号量的实现，无法以后进先出的顺序向消息队列发送消息。

□ FreeRTOS 只是一个操作系统内核，需外扩第三方的 GUI（图形用户界面）、TCP/IP 协议栈、FS（文件系统）等才能实现一个较复杂的系统，不像 μC/OS-Ⅱ 等 EOS 可以和 μC/GUI、μC/FS、μC/TCP-IP 等无缝结合。

（9）Mbed OS

作为一种开源的嵌入式操作系统，ARM 公司将 Mbed OS 免费提供给所有厂商使用，Mbed 提供了一个相对更加系统和更加全面的智能硬件开发环境。

□ 主要功能：提供用于开发物联网设备的通用操作系统基础，以解决嵌入式设计的碎片化问题；支持所有重要的连接性与设备管理开放标准，以实现面向未来的设计；使安全可升级的边缘设备支持新增处理能力与功能；通过自动电源管理解决复杂的能耗问题。

□ 主要特点：开发速度快，功能强大，安全性高，为量产化而设计，可离线开发，也可以在网页上编辑。

（10）RTX

RTX 是 ARM 公司的一款嵌入式实时操作系统，使用标准的 C 结构编写，运用 RealView 编译器进行编译。它不仅仅是一个实时内核，还具备丰富的中间层组件，不但免费，而且代码也是开放的。

□ 主要功能：开始和停止任务（进程），除此之外还支持进程通信，例如任务的同步、共享资源（外设或内存）的管理、任务之间消息的传递；开发者可以使用基本函数开启实时运行器、开始和终结任务，以及传递任务间的控制（轮转调度）；开发者可以赋予任务优先级。

❑ 主要特点：支持时间片，采用抢占式和合作式调度；不限制任务的数量，每
个任务都具有 254 种优先级；不限制信号量的数量，支持互斥信号量、消息
邮箱和软定时器；支持多线程和线程安全操作；使用 MDK 基于对话框的配
置向导，可以很方便地完成 MDK 的配置。

（11）QNX

QNX 诞生于 1980 年，是一种商用的、遵从 POSIX 规范的类 UNIX 嵌入式实时操
作系统。

❑ 主要功能：支持在同一台计算机上同时调度执行多个任务；也可以让多个用
户共享一台计算机，这些用户可以通过多个终端向系统提交任务，与 QNX
进行交互操作。

❑ 主要特点：核心仅提供 4 种服务——进程调度、进程间通信、底层网络通信
和中断处理，其进程在独立的地址空间运行；所有其他 OS 服务都实现为协
作的用户进程，因此 QNX 核心非常小巧（QNX4.x 大约为 12Kb）且运行速度
极快。

（12）NuttX

NuttX 是一个实时嵌入式操作系统（Embedded RTOS），第一个版本由 Gregory
Nutt 于 2007 年在宽松的 BSD 许可证下发布。其主要特点如下：

❑ 可以构建为开放的、平面的嵌入式实时操作系统，也可以单独构建具有系统
调用接口的微内核；

❑ 很容易扩展到新的处理器架构、SoC 架构或板级架构；

❑ 实时的、确定性的，支持优先级继承；

❑ 支持 BSD 套接字接口；

❑ 支持优先级管理的扩展；

❑ 可选的具有地址环境的任务（进程）等。

（13）SylixOS

嵌入式操作系统 SylixOS 诞生于 2006 年，是一个开源的跨平台的大型实时操作系
统。经过十多年的持续开发，SylixOS 已成为功能最为全面的国产操作系统之一。其
主要特点如下：

❑ SylixOS 是一款内核完全由我国自行编写的实时操作系统，相关内核代码开
源并在工信部进行了源码自主率扫描，其中内核代码自主率为 100%，所有
代码的自主率达到 89.1%。

❑ 开源社区具有丰富的自由软件，移植非常方便。

❑ 接口兼容 POSIX 标准，目前已有众多产品和项目应用案例，行业涉及航空航天、军事防务、轨道交通、智能电网、工业自动化等诸多领域。

1.3　本章小结

在本章中，我们系统地介绍了嵌入式系统与实时系统的特点及组成，给出了嵌入式软件的分类，并对嵌入式操作系统的发展历程和典型嵌入式操作系统进行了梳理，为读者了解嵌入式系统和嵌入式软件的基本概念提供必要的背景和技术说明。

第 2 章
嵌入式软件工程与质量特性

软件工程是指导计算机软件开发和维护的工程方法学，是一门研究用工程化方法构建和维护有效的、实用的、高质量的软件的学科。本章将介绍嵌入式软件工程过程及管理技术，最后给出嵌入式软件的质量特性。

2.1 嵌入式软件工程

"软件工程"在 IEEE 软件工程术语汇编中的定义如下：

软件工程是：①将系统化的、严格约束的、可量化的方法应用于软件的开发、运行和维护，即将工程化应用于软件；②对①中所述方法的研究。

软件工程的目标是：在给定成本、进度的前提下，开发出具有适用性、有效性、可修改性、可靠性、可理解性、可维护性、可重用性、可移植性、可追踪性、可互操作性和满足用户需求的软件产品。追求这些目标有助于提高软件产品的质量和开发效率，降低维护的难度。软件工程涉及程序设计语言、数据库、软件开发工具、系统平台、标准、设计模式等方面。

随着计算机技术的不断发展，软件开发经历了程序设计阶段、软件设计阶段和软件工程阶段的演变过程。

- ❑ 程序设计阶段。程序设计阶段出现在 1946～1955 年。此阶段的特点是：尚无软件的概念；程序设计主要围绕硬件进行，规模很小，工具简单，尚无明确分工（开发者和用户）；程序设计追求节省空间和编程技巧；几乎没有文档资料（除程序清单外）；程序主要为当时的科学计算服务。

- ❑ 软件设计阶段。软件设计阶段出现在 1956～1970 年。此阶段的特点是：硬件环境相对稳定，出现了"软件作坊"的开发组织形式；开始广泛使用产品软件（可货架购买），逐步建立了软件的概念；随着计算机技术的发展和计算机应用的日益普及，软件规模越来越庞大，高级编程语言层出不穷，应用领域不断拓宽，开发者和用户有了明确的分工，社会对软件的需求量剧增。但需要指出的是，此阶段软件开发技术没有重大突破，软件产品的质量不高，生产效率低下，从而导致了"软件危机"的出现。

- □ 软件工程阶段。"软件危机"的产生，迫使计算机界不得不研究、改变软件开发的技术手段和管理方法，自 20 世纪 70 年代起，软件开发进入了软件工程阶段，并从此进入了软件工程时代。此阶段的特点是：硬件已向巨型化、微型化、网络化和智能化四个方向发展；数据库技术已成熟并广泛应用；第三代、第四代设计语言陆续出现。

随着计算机科学及软件工程技术的不断发展，软件工程本身也在不断演化和进步，对未来软件工程的展望如下：

- □ 传统软件工程技术，如基于领域的架构（DSSA）与模型驱动的开发（MDD）将会得到进一步重视和普及，并逐渐发挥强大的作用。

- □ 随着 COM、DCOM、CORBA 等中间件技术的不断普及，分布式应用软件在不同的软件技术中很容易实现资源共享，分布式软件工程技术得到长足发展，并逐步成为软件开发行业的新趋势。

- □ 随着云计算、大数据等新技术的不断发展，目前计算机能力已经逐渐倾向于服务器端和云端，实用的中间件技术和较快的计算机运算处理能力，不仅是开发大型软件过程的必经之路，也是新技术发展的主要趋势之一。

- □ 随着互联网技术的发展，跨网络平台、跨系统领域的软件开发都被标准接口协议重新整合在一起。在新的软件开发过程中，统一的基础平台与协议框架的集成起到了至关重要的作用。

- □ 随着全球化趋势的不断加速，传统的软件开发管理方式已不再合适，开放性软件计算方式在全球化协同合作加速的大背景下，将成为软件工程发展的必然趋势。

嵌入式软件也经历了上述演变过程，随着计算机技术和软件技术的不断发展，嵌入式软件开发已成为一项复杂的系统工程，必须遵循系统工程和软件工程的要求。特别是在航空、航天、电子、核工业、交通、能源等领域，嵌入式软件工程得到长足发展，逐渐产生了一系列标准规范，用于指导嵌入式软件的开发、应用及维护。

2.1.1　嵌入式软件开发模型

GJB2786A—2009《军用软件开发通用要求》规定了软件开发过程的活动及要求。软件开发过程与硬件研制过程的对照如图 2-1 所示。

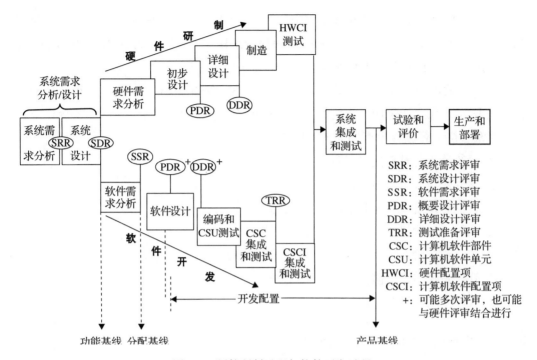

图 2-1　硬件研制过程与软件开发过程

　　系统研制的第一个阶段是系统需求分析和系统设计阶段，这个阶段主要依据委托方要求，论证系统总体方案的可行性。在系统总体方案基本确定后，应将系统的功能进行分解，分别确定系统的哪些功能由硬件实现，哪些功能由软件实现，并分别给硬件研制部门和软件开发部门下达研制任务书。该研制任务书经评审和批准后，硬件与软件即可实施并行的研制。具体说明如下：

- ❑ 图 2-1 的上行线是硬件的研制过程：由硬件需求分析、初步设计、详细设计、制造和 HWCI 测试等过程组成。
- ❑ 图 2-1 的下行线是软件的开发过程：由软件需求分析、软件设计、编码和 CSU 测试、CSC 集成和测试、CSCI 集成和测试等过程组成。

　　根据软件工程思想，从软硬件的研制过程来看，软件开发与硬件研制的不同之处是：软件开发过程中往往需要较长的测试阶段（约占开发周期的40%）。原因在于软件是人脑思维逻辑的产物，而不是一种物理产品，软件中潜藏的缺陷不能像硬件那样由各种仪器、设备直接检测出来。因此，必须通过各个阶段的不同的测试手段，用各种不同的方式（如静态、动态测试，黑盒、白盒测试等）逐步排除软件中的缺陷。

当软硬件都完成了各自的配置项测试后，就将软硬件集成在一起进行系统集成和测试。系统测试完成后方能进入试验和评价阶段（一般称之为设计定型阶段），通过设计定型后方能进入生产和部署。

以上是软件的开发过程，也是软件生存期的主要组成部分。软件生存期还必须包括部署后的使用和维护阶段，直至最后系统完成使命后被弃置。

通常，嵌入式软件生存期的各阶段包括：

❑ 系统分析与软件定义阶段；

❑ 软件需求分析阶段；

❑ 软件设计阶段（含概要设计和详细设计）；

❑ 软件实现阶段（含编码和软件单元测试）；

❑ 软件测试阶段（含软件集成测试、配置项测试和系统测试）；

❑ 软件验收与交付阶段；

❑ 软件使用与维护阶段。

2.1.2 系统分析与软件定义阶段

系统分析与软件定义阶段主要对嵌入式系统进行综合分析，明确嵌入式系统中与软件开发相关的部分。在系统将任务分配给其中的计算机系统后，计算机系统首先对它的需求进行分析和确定，然后进行系统体系结构设计，将系统要求合理分配给计算机软件、计算机硬件，以及可能存在的人工操作；之后定义各软件开发项目，并将系统对软件的需求写成软件研制任务书。

本阶段的主要工作及过程控制如表 2-1 所示。

2.1.3 软件需求分析阶段

软件需求分析阶段的任务是：在系统分析与软件定义阶段的基础上，确定被开发软件的功能、性能、接口、安全性、资源环境等全部需求；对软件开发、质量保证、配置管理工作进行策划；编写软件需求规格说明和软件开发计划、质量保证计划、配置管理计划、系统测试计划等重要文档。

嵌入式软件需求分析主要解决的问题是系统（或用户）要软件"做什么"。软件需求规格说明是软件开发中最重要的技术文档，它是整个软件开发工作的基础。软件开发计划是贯穿整个软件开发过程的综合性管理计划，是整个项目研制管理的依据。

本阶段的主要工作及过程控制如表 2-2 所示。

表 2-1 系统分析与软件定义阶段的工作

研制阶段	进入条件	主要工作	方法/工具	阶段产品	完成标志	主要控制手段
系统分析与软件定义阶段	系统已经完成对计算机系统的功能分配	① 系统分析。 ② 系统设计。 ③ 定义各软件开发项目。 ④ 确定软件的关键级别和是否需要进行第三方独立测试。 ⑤ 编制软件研制任务书（其中需要说明确各技术和管理要求，应特别注意规定验收方法）。 ⑥ 评审。 ⑦ 签署软件研制任务书	采用系统工程的方法进行系统分析和设计。在进行任务分解时可采用结构化的思想，自顶向下逐步细化。在进行系统分析和设计时，通常使用以下图形工具来开展工作，通常使用以下图形工具： ① 系统流程图，表示系统的操作控制和数据流。 ② 系统资源图，表示适合一个问题或一组问题求解的数据单元和处理单元的配置。 ③ 数据流程图，表示求解某一问题的数据通路。 ④ 功能图，表示一个系统的模块层次关系，以及进一步描述模块信息的输入-处理-输出图（IPO）。 ⑤ 结构图（SC）	① 系统需求规格说明。 ② 系统设计说明。 ③ 软件研制任务书，经评审通过纳入受控库，并以此形成软件配置管理的初始基线——功能基线	① 完成所有的阶段产品。 ② 系统要求和系统设计通过有关评审，经批准生效。 ③ 软件研制任务书通过评审并签署生效，软件功能基线建立	① 分析 ② 评审 ③ 规范

表 2-2 软件需求分析阶段的工作

研制阶段	进入条件	主要工作	方法 / 工具	阶段产品	完成标志	主要控制手段
软件需求分析阶段	① 软件研制任务书正式评审通过并签署。 ② 开发项目组已成立。 ③ 功能基线已建立	① 确定软件运行环境。 ② 确定软件功能、性能、接口、安全性、资源环境等要求，编写软件需求规格说明。 ③ 确定软件关键部件。 ④ 确定开发计划，完成软件规模估计、资源计划、进度安排等。 ⑤ 制定软件系统测试计划。 ⑥ 评审	可采用如下方法： ① 利用结构化方法进行需求分析。用数据流图描述系统逻辑模型，用控制流图描述系统的控制流，用状态转换图进行控制说明，用数据字典描述数据流图中的数据流。 ② 利用面向对象方法进行需求分析。建立软件问题域的功能模型。用一组数据流图描述问题域数据之间的依赖关系，以及有关的数据处理功能。描述软件配置项的外部接口，对每个负责外部接口的类和对象进行描述	① 软件需求规格说明。 ② 软件开发计划、质量保证计划、配置管理计划（可合并）。 ③ 软件系统测试计划	① 完成所有的阶段产品（软件需求规格说明、开发计划、系统测试计划）。 ② 软件需求规格说明通过评审，经批准生效。 ③ 软件分配基线建立	① 分析 ② 评审 ③ 规范 ④ 配置管理

2.1.4　软件设计阶段

本阶段是软件工程的核心，其主要任务是根据软件需求规格说明，建立软件的总体结构和功能模块间的关系，定义各功能模块的接口，设计全局数据库/数据结构，规定设计限制，编写软件设计说明。本阶段主要包含两个步骤，即概要设计和详细设计。

- ❑ 概要设计。在软件设计阶段，应将已确定的各项软件需求映射为相应的软件体系结构，体系结构的每一组成部分都应是功能明确的模块。概要设计的目标是提供嵌入式软件的体系结构，为下一步开展详细设计奠定基础。
- ❑ 详细设计。详细设计是在概要设计的基础上，对软件体系结构中的每个模块进行具体的设计描述，包括模块的算法和细节设计，明确各模块的接口信息等。同时需要对软件单元测试方案进行设计，便于在后续软件实现阶段开展单元测试。

本阶段的主要工作及过程控制如表 2-3 所示。

2.1.5　软件实现阶段

软件实现阶段要进行编码和单元测试两项工作，具体包括：

- ❑ 采用规定的编程语言，对所有软件单元进行代码编制，并对编制的代码进行编译、调试，直至编译无错误。
- ❑ 对完成编码的模块进行单元测试，以检验所有软件单元的设计和实现，包括测试模块的接口、局部数据结构、重要的执行路径、出错处理、边界条件等方面。

本阶段的主要工作及过程控制如表 2-4 所示。

2.1.6　软件测试阶段

在现代软件工程理论中，软件测试是保证软件质量和可靠性的重要手段。嵌入式软件作为一类重要的软件系统，具有嵌入性、实时性、开发工具专用、内存受限、接口种类繁多等特点，这决定了针对嵌入式软件的测试有其特殊性。

在嵌入式软件实现阶段完成了单元测试的基础上，一般后续软件测试应包括集成测试、配置项测试和系统测试。简要说明如下：

- ❑ 集成测试。嵌入式软件集成测试一般有两种集成方式：一种是在宿主机上的集成测试，另一种是在目标机上的集成测试。
- ❑ 配置项测试。软件配置项测试是在集成测试的基础上，全面验证软件需求规格说明中定义的全部功能、性能、接口、安全性、恢复性、强度、余量等需求，测试整个软件配置项是否满足要求。

表2-3　软件设计阶段的工作

研制阶段		进入条件	主要工作	方法/工具	阶段产品	完成标志	主要控制手段
软件设计阶段	概要设计	①软件需求规格说明已正式评审通过并签署。 ②软件开发计划通过评审，批准生效。 ③分派基线已建立	①建立软件体系结构，实现从逻辑模型到物理模型的转换，将各功能分配到各软件部件（功能模块），并定义各软件部件的输入和输出。 ②明确设计准则，指导软件设计。 ③完成非功能性需求的实现，包括性能、接口、资源、操作、安全性、移植性、可靠性、维护性等需求。 ④确定软件集成测试计划。 ⑤编制概要设计说明并评审	可采用如下方法： ①功能分解法，将软件分解成层次结构。必须采用自顶向下的方法，从顶层的软件开始，将软件逐层分解成一个由若干软件部件组成的层次结构体系。 ②面向数据流的结构化设计方法等	①软件概要设计说明（含外部接口设计）。 ②软件集成测试计划	①完成所有的阶段产品（软件需求规格说明、开发计划、系统测试计划）。 ②软件需求规格说明通过评审，批准生效。 ③软件分配基线建立。	①评审 ②规范 ③配置管理
	详细设计	软件概要设计通过评审，并纳入受控库	①逐级细化软件部件，直至形成若干个软件单元（可编程模块）。 ②完成软件单元的过程描述，确定模块算法和数据结构。 ③确定单元之间的接口信息。 ④编制详细设计说明并评审。 ⑤确定软件单元测试方案	通常采用的工具： ①图形工具：逻辑构造用具体的图形来表示。 ②列表工具：用表格来表示过程的细节。 ③语言工具：用类语言（伪代码）来表示过程细节。	软件详细设计说明	①完成软件详细设计说明，并通过评审。 ②软件详细设计说明纳入受控库	

表 2-4　软件实现阶段的工作

研制阶段	进入条件	主要工作	方法／工具	阶段产品	完成标志	主要控制手段
软件实现阶段	① 软件详细设计评审通过并签署。 ② 软件详细设计说明已纳入受控库。 ③ 软件单元（模块）文档已具备	① 程序编码，包括对源代码的注释。 ② 编译调试，保证软件单元代码无错误地通过编译或编译汇编。 ③ 静态分析，采用静态分析工具。 ④ 代码审查，根据代码审查单，通过对源代码进行逐条阅读和审查。 ⑤ 单元测试，根据计划进行，设计和编制单元测试所需的桩模块和驱动模块，准备必要的测试数据。 ⑥ 评审，对源代码和单元测试工作进行评审	可采用如下方法： ① 结构化编程方法、面向对象编程方法等。 ② 静态分析技术，包括控制流分析、数据流分析、接口分析、表达式分析。 ③ 代码审查，按照代码审查单对被审查的程序代码逐条进行审查，以确保编码的正确性与设计的一致并确保进行静态和动态测试，统计覆盖率。 ④ 单元测试，对软件单元进行静态和动态测试	① 软件源代码。 ② 测试数据、测试用例、测试数据、测试结果和测试记录等。 ③ 单元测试辅助程序、桩模块等，应仔细保存以便评审和回归测试	① 软件单元无错误地通过编译或编译汇编。 ② 完成代码静态分析和代码审查。 ③ 完成单元测试。 ④ 通过软件实现阶段评审。 ⑤ 所有软件单元已纳入受控库	① 分析 ② 评审 ③ 规范 ④ 配置管理

❑ 系统测试。嵌入式系统往往包含多个软件配置项，在这种情况下，嵌入式软件是否能与系统中其他的软硬件正确对接，是否正确地完成了上级系统分配执行的功能、性能，必须通过系统测试给予确认。

嵌入式软件系统测试的目的，是在真实的系统工作环境下或仿真测试环境中检验软件是否能与系统正确连接，并确认软件是否满足软件研制任务书中提出的功能、性能和接口要求。

对实时嵌入式软件而言，系统测试是最重要的测试手段之一，因为前述的所有测试均不能测试出实时软件中潜藏的时序错误和软硬件接口错误。为此，进行系统测试的软件必须在目标机上运行，并采用真实的 I/O 接口。

本阶段的主要工作及过程控制如表 2-5 所示。

2.1.7 软件验收与交付阶段

嵌入式软件产品在开发完成并经过测试后，要进行软件的验收和交付。软件验收是开发任务委托方授权其代表进行的一项活动，通过该活动，任务委托方按合同或任务书验证软件满足要求，并接受按合同或任务书规定的部分或全部软件产品的所有权或使用权。

交付是开发任务开发方将已经验收通过的软件产品交给委托方的过程。每个软件产品在完成了所有的开发活动后都要进行验收交付。

1. 软件验收前提

提交验收的软件项目必须具备以下条件：

❑ 软件已通过软件配置项测试（对嵌入式软件则应通过软件系统测试）；
❑ 完成任务书中规定的各类文档；
❑ 软件产品已置于配置管理之下；
❑ 达到任务书中规定的其他验收条件。

2. 软件验收依据

进行软件验收的依据是软件研制任务书、任务书引用或附录中的有关技术文件、任务书或型号系统规定执行的标准和规范。

3. 软件验收过程

软件验收交付必须按规定进行，并履行正式手续，具体工作步骤如下：

1）提出软件验收申请；
2）制定软件验收计划；
3）成立软件验收委员会；

表 2-5　软件测试阶段的工作

研制阶段		进入条件	主要工作	方法/工具	阶段产品	完成标志	主要控制手段
软件测试阶段	集成测试	① 被集成的软件单元无错误地通过编译或汇编。 ② 被集成的软件单元通过单元测试。 ③ 已具备集成测试环境和工具。 ④ 被集成的软件单元已置于配置管理之下	① 执行软件集成测试计划。 ② 验证软件的控制路径的正确性;验证软件内部数据接口的完整性;验证软件部件的外部接口、功能、性能、精确度、错误识别及恢复。 ③ 编写软件集成测试报告。 ④ 评审	集成测试策略有两种: ① 非增量方式,先测试好每一个软件单元,然后一次性组装在一起再测试整个程序。这种一次性组装方式的优点是快捷、占用机器时间少,有利于并行开发,但容易引起混乱。 ② 增量方式,逐步把下一个要组装的软件单元同已测试好的软件部件结合起来进行测试	① 软件集成测试说明。 ② 软件集成测试记录及结果。 ③ 所有的软件问题报告单及软件修改报告单。 ④ 与软件修改报告单相一致的、经过修改的全部软件的源代码	① 完成软件集成测试说明中规定的所有测试工作。 ② 所有软件问题都按要求进行了处理。 ③ 经过回归测试的软件文档已纳入受控库。 ④ 通过软件集成测试阶段评审	① 评审 ② 规范 ③ 测试技术和工具 ④ 配置管理
	配置项测试	① 完成软件配置项测试计划并通过评审。 ② 已具备配置项测试环境和工具。 ③ 软件配置项已置于配置管理之下	① 执行软件配置项测试计划。 ② 验证软件需求规格说明中定义的全部功能、性能、接口、安全性、恢复性、强度、余量等需求,测试整个软件配置项是否满足要求。 ③ 编写软件配置项测试报告。 ④ 评审	① 基于需求的测试说明的测试用例设计。根据软件需求规格说明编写测试用例,包括正常范围测试用例和异常范围测试用例。 ② 对于可靠性、安全性要求比较高的软件,为了更进一步保证软件开发的高质量,还应在软件开发进行完所有的软件开发工作后,授权具有权威性的、与软件开发方和开发方都相对独立的专业技术机构对软件进行独立的第三方软件测试	① 软件配置项测试说明。 ② 软件配置项测试记录及结果。 ③ 所有的软件问题报告单及软件修改报告单。 ④ 与软件修改报告单相一致的、经过修改的全部软件的源代码	① 完成软件配置项测试说明中规定的所有测试工作。 ② 所有软件问题都按要求进行了处理。 ③ 经过回归测试的软件文档已纳入受控库。 ④ 通过软件配置项测试阶段评审	① 评审 ② 规范 ③ 测试技术和工具 ④ 配置管理
	系统测试	① 完成软件系统测试计划并通过评审。 ② 已完成系统测试环境和工具。 ③ 全部软件配置项已置于配置管理之下	① 建立真实的系统测试环境,或构成仿真测试环境,软件运行硬件环境和接口都应采用真实的部件。 ② 根据系统测试计划并执行测试用例,完成系统测试。 ③ 分析及报告单。 ④ 开展回归测试。 ⑤ 编制系统测试报告。 ⑥ 对系统测试工作进行评审	① 系统测试的重点放在嵌入式系统的时序是否正确,与相关系统的接口是否协调。 ② 应考察所有输入/输出信息的边界。 ③ 将软件和所属嵌入式系统组合在一起进行系统测试。 ④ 应对系统进行闭环、非侵入性的实时测试	① 软件系统测试说明。 ② 软件系统测试记录及结果。 ③ 所有的软件问题报告单。 ④ 软件修改报告单。 ⑤ 与软件修改报告单相一致的、经过修改的全部软件的源代码	① 完成软件系统测试说明中规定的所有测试工作。 ② 所有软件问题都按要求进行了处理。 ③ 经过回归测试的软件文档已纳入受控库。 ④ 通过软件系统测试阶段评审	① 评审 ② 规范 ③ 测试技术和工具 ④ 配置管理

4）进行软件验收测试；

5）进行软件验收评审；

6）形成软件验收报告；

7）移交软件产品。

4. 软件产品交付

开发方在必要时应按验收委员会的意见，对软件产品做进一步的补充完善工作。在这些后续工作完成并得到验收委员会或其指定人员的认可后，进行软件产品交付。在验收委员会的审定与监督下，逐项核实软件产品移交项目清单中的产品项并移交给委托方。移交结束后，委托方、开发方双方在软件产品移交项目清单上作为接受单位、移交单位分别签章，表明软件产品交付工作完成。

5. 软件持续保障

软件在交付后，其持续保障工作由软件开发方和委托方共同承担，双方责任如下：

❏ 开发方的责任：

- 应在任务书规定的保障环境下完成软件的安装和检查；
- 所提供的代码应支持在任务书规定的保障环境下的重新生成和移植；
- 应按任务书的规定向委托方提供保证软件正常运行所需的培训和其他服务；
- 应按任务书的规定帮助用户解决软件使用过程中遇到的技术问题。

❏ 委托方（或最终用户）的责任：

- 建立适当的使用组织，配设合适的人员，明确各种人员的职责；
- 组织各种必要的培训，使有关人员具备必要的知识和技能；
- 为软件的正常运行和维护提供必需的环境和资源；
- 建立合理有效的软件使用规程、管理办法；
- 收集并记录软件使用中的有关数据，特别是失效数据。

2.1.8   软件使用与维护阶段

软件维护是在软件产品交付之后，为纠正故障、改进性能和其他属性，或使产品适应改变了的环境所进行的修改活动。软件维护一般分为完善性维护、适应性维护和纠错性维护三种类型。完善性维护是为扩充功能和改善性能而进行的修改和扩充，以满足用户变化了的需求。适应性维护是为适应软件运行环境的变化而做的修改。例如因为硬件配置、系统软件的变化而要求进行的修改。纠错性维护是为了维持系统操作的运行，针对在开发过程产生但在测试和验收时没有发现的错误而进行的改正。

此外，还有人提出了第四种维护，即预防性维护，它是为了进一步改进软件的可维护性和可靠性，或者为进一步提供一种更好的基础，而对软件进行的更改。

软件的维护与硬件的维修不完全相同。对软件的维护就意味着修改，不存在如硬件那样更换备件的维修工作。

1. 软件维护的工作内容

软件维护的工作内容主要包括：

❑ 纠错性维护，包括纠正设计错误、程序错误、数据错误和文档错误。

❑ 适应性维护，包括适应影响系统的规则或规律的变化；适应硬件配置的变化，如机型、终端、外部设备的改变等；适应数据格式或文件结构的改变；以及适应软件支持环境的改变，如操作系统、编译器或实用程序的变化等。

❑ 完善性维护，包括扩充和增强功能，如扩充解题范围和算法优化等；改善性能，如提高运行速度、节省存储空间等；以及为便于维护（如为了改进易读性）而增加一些注释等。

2. 软件维护组织

进行软件维护工作时，必须建立软件维护组织。该组织应包括：

❑ 软件维护管理机构；

❑ 软件维护主管；

❑ 软件维护管理员；

❑ 软件维护小组。

软件维护组织的主要任务是审批维护申请，制订并实施维护计划，控制和管理维护过程，负责软件维护的评审，组织软件维护的验收，保证软件维护任务的完成。

3. 软件维护过程

首先要理解现有软件，然后修改现有软件，最后评审与验收修改后的软件。具体可按下列步骤实施：

1）收集软件维护信息；

2）确定软件维护类型；

3）软件维护的申请与审批；

4）软件维护的计划与实施；

5）软件维护评审与验收。

2.2 嵌入式软件工程化管理

软件质量与可靠性直接关系到系统研制的成败，因此如何保证软件产品质量，一直是软件工程界十分关注并致力于解决的问题。面对 20 世纪 60 年代末发生的软件危机，国际软件界共同探讨解决方法，得出的唯一结论就是吸取硬件的工程经验用于软件开发，即实施软件工程。过去几十年来，国际软件工程界一直在探索和发展软件工程的实施方法，如今软件工程已经成为一个独立学科。实践已经充分表明，实施软件工程的确是保证软件质量、解决软件危机的唯一有效方法。

确保软件质量的核心就是用软件工程方法组织软件开发。众所周知，产品质量主要取决于产品研制过程的质量。软件产品也是如此，软件质量主要取决于软件的开发过程。由于软件产品是"人脑逻辑的产物"，软件产品一旦形成，在没有人为改动的情况下，就有"一成不变"和"无物理损耗"的特点。因此，软件产品的质量主要由软件开发过程来决定。

用软件工程化方法组织软件开发包含两方面的内容：用软件工程方法开发软件，即软件的工程化开发；用软件工程方法管理软件开发，即软件的工程化管理。

软件的质量是设计（开发）出来的，也是管理出来的。要确保嵌入式软件的质量，必须一方面重视软件的工程化开发，另一方面重视软件的工程化管理，两者不可或缺。

2.2.1 软件工程化管理

软件的工程化管理极其重要。软件工程化管理是指对于一个软件工程项目，为了确定和满足需求所必须进行的一系列组织、计划、协调和监督等工作。多年来，经过大量调查研究发现，管理仍然是开发软件项目成败的关键。

早在 20 世纪 70 年代中期，美国国防部就组织力量研究软件项目失败的原因，发现在失败的软件项目中，70% 是由于管理不善造成的，因而认为管理影响全局，并掀起了研究软件管理技术的热潮。20 年后，根据美国三份经典的研究报告，这一状况并未得到转变：软件开发仍然很难预测，大约只有 10% 的项目能够在预定的费用和进度下交付符合需求的软件；管理仍然是影响软件项目成败的主要因素；并指出开发过程中的返工是软件过程不成熟的标志。

软件工程化管理具有以下几个特征：

❑ 没有适当的管理，软件开发不可能完成好，也就谈不上软件工程化。

❑ 软件工程项目越大、越复杂，管理工作量占整个软件研制工作量的比例也越大。

❑ 管理的基本目标是以最小代价满足对工程项目预定的要求，基本任务是保证恰当地确定软件需求和圆满地实现需求。

软件工程化管理的关键是：

❑ 对软件开发过程的全过程控制；

❑ 对软件质量的全方位管理；

❑ 建立多层次的软件开发、管理体系。

2.2.2　软件开发方法学

就当前的嵌入式系统软件而言，软件的工程化开发主要与软件开发的方法学有关。

当前的软件开发方法学主要有：

❑ 结构化方法。结构化方法包括结构化的分析、结构化的设计、结构化的编程和结构化的测试。结构化方法认为软件系统是以一定的结构形式存在的，由若干子系统构成。软件系统可以按照一定的准则，自顶向下进行层次分解，直至分解到低层次的模块。当前嵌入式软件大多仍采用结构化的开发方法。

❑ 面向对象的方法。面向对象的方法是以对象为中心构造模型、组织软件系统。这种方法认为客观世界由对象组成，不同对象间的相互作用和联系构成了不同的系统。应用计算机解决问题的方法空间应当与客观世界的问题空间相一致。面向对象方法中的对象是由数据及其上的操作组成的封装体，对象是类的实例，而类则是具有相同属性和服务的对象的集合。

❑ 净室（Clean Room）方法。净室方法是在结构化分析和设计方法的基础上，增加了需求分析和设计的形式化方法。这种方法认为软件程序设计开发人员应努力开发出在进入测试之前就几乎无错的系统。

❑ 形式化方法。形式化方法是以严格的数学证明为基础的，要求软件需求规格说明用形式化的语言描述，以保证其正确无误，然后经过一系列变换直到产生出可执行程序。基于形式化方法的软件开发对后续基于模型的软件开发可起到积极的推动作用。

❑ 基于模型的软件开发。随着软件工程技术的不断演化，基于模型的系统工程（MBSE）和软件工程（MBSwE）正在逐步替代传统的软件开发方式，日益受到软件开发界的重视。基于模型的开发将系统中的物理模型与嵌入式软件相结合，确保构成系统的各部件协调一致地工作，通过各专业模型的统一构建与一体化协同仿真，使得各专业、各环节的技术人员能够更加直观地理解和表达嵌入式系统，提高开发的一致性和自动化。

综上所述，在嵌入式软件开发中，选择何种开发方法学取决于软件项目的特点、能得到的支持环境和技术支持，以及开发人员的技术水平和经验等因素。鉴于上述软件开发方法学在诸多软件工程书籍中均有专业的技术讲解，故本书不再赘述。

2.3　嵌入式软件的质量特性

软件质量相关的几个概念如下：

❑ 软件质量：软件质量是指软件产品满足用户使用要求的程度。

❑ 软件质量管理：软件质量管理是指在软件质量方面指挥和控制组织的协调的活动。

❑ 软件质量控制：软件质量控制是指对开发可用软件产品的过程的测量与监控。

根据以上定义，软件质量是指软件产品的一组固有特性满足用户使用要求的程度。为了使软件产品质量满足用户使用要求，必须实施软件质量管理。我们从软件质量管理的角度讨论过程控制，实际上是讨论软件生存期过程特别是软件开发过程的质量控制，只要这些过程在质量方面得到恰当的控制，所开发的软件产品的质量就能满足用户要求。

根据现代软件工程思想，软件质量控制的核心也在于过程控制。软件的质量特性是一组描述和评价软件产品质量的属性。根据 ISO/IEC 25051:2014《软件工程系统和软件质量要求与评价（SQuaRE）》和 GB/T 25000.51—2016《系统与软件工程系统与软件质量要求和评价》，软件质量可定义为 8 个特性和 39 个子特性。

软件的 8 个质量特性是：

❑ 功能性：当软件在指定条件下使用时，软件产品满足规定需求和隐含需求功能的属性。

❑ 性能效率：在规定条件下，软件产品可提供的性能水平、效率与其所用资源相关的属性。

❑ 兼容性：软件产品本身与其他软件产品之间相互交换信息的能力。

❑ 易用性：在指定条件下使用时，与用户使用软件所需努力程度有关的属性。

❑ 可靠性：在规定的条件下、规定的时间区间内，软件实现其规定功能的能力。
❑ 信息安全性：软件产品在保密性、完整性以及抵御外部侵入和窃取方面的能力。
❑ 维护性：软件产品的模块化水平，以及可被修改、测试和维护的能力。
❑ 可移植性：软件产品从一种环境转移到另一种环境的能力。

以上 8 个特性及其派生的子特性的关系可参见图 2-2。

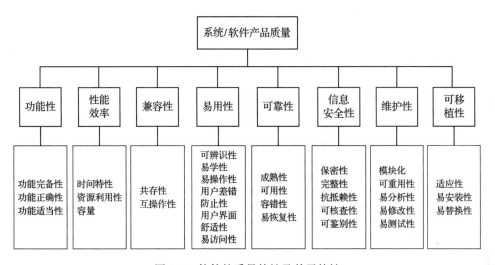

图 2-2　软件的质量特性及其子特性

2.4　本章小结

在本章中，我们结合软件工程技术给出了嵌入式软件的开发模型，并对嵌入式软件开发的各个阶段进行了详细说明，对每个阶段涉及的主要工作、方法工具、阶段产品、完成标志及主要控制手段进行了阐述。此外，结合当前软件工程化管理的实际要求，给出了软件工程化管理的主要方法和技术。最后，结合软件质量控制要求，给出了嵌入式软件的质量特性。

第 3 章
基于形式化方法的嵌入式软件系统测试技术

基于形式化方法的嵌入式软件自动化系统测试理论是本书最重要的内容之一，这源于形式化方法的诸多优点，本章将从形式化测试方法入手，提出实时扩展有限状态机模型，并基于该模型探讨嵌入式软件系统测试自动化技术。

3.1 软件形式化测试技术概述

3.1.1 软件形式化测试概述

形式化方法源于 Dijkstra 和 Hoare 的程序验证。针对形式化方法的研究已经有几十年，但目前仍没有统一的对形式化方法的定义，*Encyclopedia of Software Engineering* 一书对形式化方法的定义为："用于开发计算机系统的形式化方法是基于数学的用于描述系统性质的技术。这样的形式化方法提供了一个框架，人们可以在该框架中以系统的方式刻画、开发和验证系统。"通常，凡是采用严格的数学工具、具有精确数学语义的方法，都可以称为形式化方法。形式化方法的一种分类方法如表 3-1 所示。

表 3-1 形式化方法的一种分类方法

分 类	方 法
基于模型的方法	CTL 模型，Z 方法，VDM，状态机模型，UML
基于代数的方法	OBJ 方法，CLEAR 方法
基于过程代数的方法	CSP，CCS
基于逻辑的方法	时序逻辑，命题逻辑，高阶逻辑
基于网络的方法	Petri 网，谓词变换网

形式化方法在通信协议以及嵌入式软件建模及测试中已取得较多研究成果，且

已被越来越多地应用于安全关键软件验证领域。欧洲航天局和 NASA 对于安全关键软件的开发高度推荐使用形式化方法。在实际应用中，实时嵌入式软件往往是安全关键软件，因此，在实时嵌入式软件系统测试中采用形式化方法可以消除二义性，增强测试的准确性和一致性，提高测试的自动化程度和测试效率。

从国内外的技术发展和研究来看，目前基于形式化方法的软件建模及测试技术的研究领域总结如图 3-1 所示。

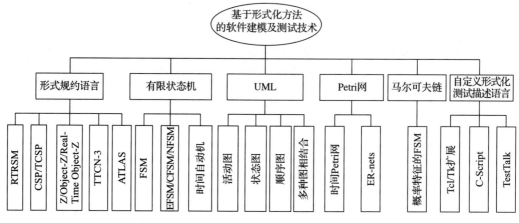

图 3-1　基于形式化方法的软件建模及测试技术

3.1.2　基于形式规约语言

在基于形式规约语言的嵌入式软件建模及测试技术中，有代表性的是 RTRSM、CSP、TCSP、Z 语言、TTCN-3 语言和 ATLAS 语言等。实时嵌入式软件的建模应当支持事件驱动、状态迁移描述、复杂动态交互行为和严格时间限制等领域特征。

嵌入式软件系统的需求建模规约语言 RTRSM（Real-time Requirements Specification Model）以扩充的层次并发穷状态机 HCA 为核心，以支持合成的模板为基本组成单元，利用转换有效期和事件预定机制来描述时间限制，具有较强的时间限制描述能力，能自然而直接地支持交互行为的建模，可执行且具有良好的形式语义。RTRSM通过模板来支持系统的分解，其具体表现形式为包括接口和数据定义的表格以及与状态图等价的形式化的规则集。

CSP（Communication Sequences Processes，通信序列进程）是 Hoare 于 1978 年提出的一种能够对具有并发关系的系统进行建模的形式化语言，它基于顺序通信，主要通过进程事件的集合和进程的轨迹来描述进程的行为，可以通过并发、选择、递归等来描述进程之间的关系。在 CSP 的基础上加入时间因素形成 TCSP（Timed CSP，时间通信序列进程）描述语言。这种语言具有良好的形式化基础，语法语义定义良好，对带时间的并发进程的表达清晰简洁。

Z 语言是由英国牛津大学程序研究组（Programming Research Group，PRG）开发设计的。Z 本身是一个书写规格说明的语言，或者说是一种表示方法。IBM 公司利用 Z 语言对其用户信息控制系统（CICS）进行规格说明的重写并获得了成功，使软件开发费用降低了 9%，对 Z 语言产生了极大的影响。Z 语言是基于一阶谓词逻辑和集合论的形式规格说明语言，具有精确、简洁、无二义等优点，有利于保证程序的正确性，尤其适合无法进行现场调试的高安全性系统的开发。它的另一个主要特点是可以对 Z 规格说明进行推理和证明，这种特点使得软件开发人员或用户能够很快找出规格说明的不一致、不完整之处，从而提高软件开发的效率。随着技术的不断发展，出现了 Z 的一些扩展语言，如 Object-Z 和 Real-Time Object-Z 等。一种基于 Z 规格说明的软件测试用例自动生成技术如图 3-2 所示，其具体做法是：通过对软件 Z 规格说明的分析，找出描述软件输入、输出的线性谓词；将上述线性谓词转换成相应的线性不等式组，并求解该线性不等式组得到相应的区域边界顶点；找出区域边界附近的点，经过输入、输出逆变换得到测试用例。此外，还有利用 Z 规格说明进行软件测试和度量的方法，但该方法需测试人员具有丰富的测试经验和深厚的数学基础才能完成，而且由于是手工测试，测试的效率比较低。由于 Z 语言基于数学的概念，过于抽象、简明，因此用它编写的形式规格说明过于抽象、难懂，而软件开发和测试人员习惯于非形式方法，缺少基于形式方法的训练。由于 Z 语言尚缺乏自动化工具的支持，且基于 Z 语言的形式规格说明的正确性证明费时费力，因此限制了其工程应用。

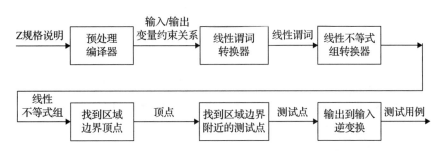

图 3-2　基于 Z 语言的测试用例自动生成

TTCN-3（Testing and Test Control Notation 3）是一种基于文本的测试描述语言，

它由 TTCN（Tree and Tabular Combined Notation）改进、扩展而来，在形式方面有较大改进，内容方面统一了原来混乱的概念和定义，简化了表示方法。TTCN-3 适用于各种交互系统的描述，目前已广泛应用于协议测试、Web 服务测试和基于 CORBA 的平台测试等领域。当前测试领域主要对 TTCN-3 采用图形表示，然后将图形转换为代码描述；图形通过 MSC（Message Sequence Chart）来表示，通过 MSC 能很好地表达系统与其交联环境的通信行为。TTCN-3 通过模块来完整描述测试套件，模块包括定义部分和操作部分，定义部分给出测试组件、测试端口、数据类型、变量、常量、函数以及测试用例，控制部分则进行一些局部定义以及调用测试用例并控制其执行顺序。通过基本的 MSC 图可以描述测试用例中表示的测试动作，而通过 HMSC（High-Level MSC）可在更高的层次上组织这些基本 MSC 表示的测试用例。上述分层次的表示方法可以很好地表达较为复杂的测试过程，图 3-3 给出了构建一个 TTCN-3 测试套件的思路。

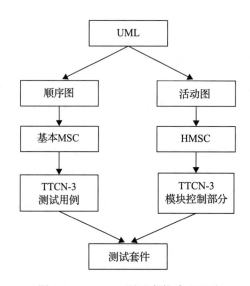

图 3-3　TTCN-3 测试套件建立思路

ATLAS 语言是国际测试标准 ABBET（广域测试环境）和 SMART（标准的模块式航空电子设备维修与测试）定义的 UUT 描述语言。它采用面向信号的描述方式，描述了 UUT 的测试需求在特定的 ATS 上解释执行的过程。

ATLAS 有两个较为成熟的版本，ARINCStd626（由 ARINC 领导，1976 年发布）和 IEEEStd716（由 IEEE 设立的 SCC20（Standard Coordinating Committee 20）领导，1985 年发布）。随着在工程应用中的实践，ATLAS 给出了一种面向信号设计 ATS 的有效方式，

但也暴露了很多问题，比如：

- ❑ 版本变化太多，不同版本之间发生了显著的变化；
- ❑ 语言过于冗长，关键字过多；
- ❑ 语言的更新周期长，跟不上需求的变化和新技术发展的步伐；
- ❑ 开发工具昂贵，培训费用高，支持文档少；
- ❑ 随着新技术的不断引入，ATLAS 体系变得庞大、杂乱，出现了信号定义模糊、相似信号的属性难以区分、同一术语重复定义、关键字定义重复等问题。

上述问题限制了 ATLAS 的进一步发展，SCC20 意识到这个问题，开始把各种软件新技术应用到 ATLAS 的升级版本中，对 ATLAS 进行变革，推出了 ATLAS2000。ATLAS2000 是多层次结构的语言，其基础由内核和原语组成，用于创建测试应用需求。ATLAS2000 语言体系的模块化结构能够封装可复用的测试单元，这样的结构使用户能够开发和描述基于底层单元的复杂测试需求。

3.1.3　基于有限状态机和时间自动机模型

状态机是描述系统状态与状态转换的一种形式化方法，通常由状态、转换、事件、活动和动作等部分组成，利用状态机可以精确地描述对象的行为。在计算机科学中，状态机的使用非常普遍，尤其是在通信协议及嵌入式软件的建模及验证领域。

由于实时嵌入式软件大多基于状态，而有限状态机（FSM）模型用触发事件和状态迁移描述系统的行为，因此适用于一般实时嵌入式软件的开发和测试的形式化描述。此外，为了增强有限状态机的描述能力，简化描述，使各状态之间的变化清晰化，最终提高对局部以致整个模型的描述与分析能力，出现了众多基于有限状态机的扩展方法，如 CFSM（Communicating FSM）、EFSM（Extended FSM）、CEFSM（Communicating EFSM）、PFSM（Probability FSM）等。此外，基于 FSM 的时间自动机（Timed Automata，TA）也取得了较多的研究成果。

基于有限状态机的测试模型假设软件在某个时刻总是处于某个状态，并且当前状态决定了软件可能的输入，而且从该状态向其他状态的迁移取决于当前的输入。有限状态机模型适用于把测试数据表达为输入序列的测试方法，并可以利用图的遍历算法自动生成测试序列。

有限状态机可以用状态迁移图或状态迁移矩阵表示，可以根据状态覆盖或迁移覆盖生成测试用例。有限状态机模型有成熟的理论基础，并且可以利用形式化语言和自动机理论来设计、操纵和分析，适合描述反应式系统。早期基于 FSM 的经典软件测试方法包括 T 方法、U 方法、D 方法和 W 方法等。随着 FSM 技术的不断发展，逐渐出现了基于扩展的有限状态机的测试方法，如基于 EFSM 的测试输入数据自动选取方法，该方法通过区间削减和分段梯度最优下降算法自动选取测试输入所需的测试数据，从而代替手工选取测试数据的工作，提高测试效率，大大降低软件测试过程中的花费。EFSM 比 FSM 能够更加精确地刻画软件系统的行为，但由于扩展有限状态机中的迁移存在前置条件，单纯地将基于有限状态机的测试方法用于扩展有限状态机会产生很多问题，如测试序列不可执行、存在不确定性等问题。

　　TA 是在传统 FSM 基础上为迁移添加时钟约束，为状态添加不变式约束而得到的，添加到迁移上的时钟约束表示只有在此约束被满足时迁移才被激活，而添加到状态上的不变式约束表示只有在此不变式被满足时系统才能停留在此状态。一种基于时间自动机的实时系统测试方法如下：将时间安全输入 / 输出自动机描述的系统模型转换为不含抽象时间延迟迁移的稳定符号状态迁移图，然后采用基于标号迁移系统的测试方法来静态生成满足各种结构覆盖标准的迁移动作序列。最后，给出根据迁移动作序列构造和执行测试用例的过程，该过程引入了时间延迟变量目标函数，并采用线性约束求解方法动态求解迁移动作序列中的时间延迟变量。

3.1.4　基于统一建模语言

　　统一建模语言（UML）是面向对象开发中一种通用的图形建模语言，在软件工程中得到广泛应用，并逐渐成为工业标准。UML 通过捕捉系统静态结构和动态行为信息来为系统建立各种模型，支持大型、复杂系统的建模，尤其适合实时嵌入式系统。许多研究将形式化语义和图形化方法相结合，利用 UML 的相关元素，得到易用性相对较强的带有形式化特征的建模方法。

　　在基于 UML 模型的实时嵌入式软件系统测试中，利用 UML 对系统进行建模主要使用用例图、状态图、活动图、顺序图等，其中状态图、活动图、顺序图等可用于描述实时嵌入式系统的行为，并且有利用多种 UML 图进行建模和测试的方法。

1. 基于 UML 状态图的测试方法

　　UML 状态图是有限状态机的扩展，强调对复杂实时系统进行建模，提供层次状态图的框架，即一个单独状态可以分解为诸多更低级别的状态，同时提供并发机制的描述，因此被越来越多地应用于实时嵌入式软件测试领域。具有代表性的基于 UML 状态图的自动化工具 DAS-BOOTo，能够根据测试准则自动生成测试桩模块和测试脚本。该系统首先使用 XMI 工具，从 UML 模型编辑工具中将状态图导出为 XML 文件，然后从 XML 中读出状态图的模型来产生相应的测试用例脚本和测试桩模块。但是，该方法没有考虑状态图的层次结构和并发状态等复杂的状态模型图。此外，结合形式化方法利用状态图生成测试用例也得到了一定的研究，如结合 Z 语言、Petri 网等。此外，还有针对并发 UML 状态图生成测试用例的研究，其核心是把状态图的层次和并发结构平面化，然后按照控制流和数据流分别生成测试用例，该方法为基于 UML 状态图和扩展有限状态机相结合的测试方法提供了可借鉴的思路。

2. 基于 UML 活动图的测试方法

UML 活动图本质上是一种自动机，它着重描述系统为完成指定功能或任务所必须执行的活动序列。而对于复杂的实时嵌入式软件系统而言，各种复杂的操作流程无疑是测试的重要内容，因此，活动图成为实时嵌入式软件功能测试，特别是面向操作流程测试的重要依据。图 3-4 给出了通过 UML 活动图生成测试用例的过程，该技术提出了测试大纲的概念，依据一定的测试准则设计的所有测试场景的集合组成一个测试大纲，获取各种交互操作的输入数据空间后，经过一定的测试准则生成基本数据集，然后在测试大纲和基本数据集的基础上构造测试用例模型并依据一定的优化组合策略来设计和生成最终的测试用例集合。

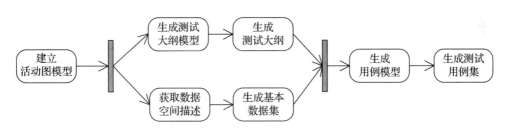

图 3-4　基于测试大纲的测试用例生成过程

除上述基于 UML 状态图、活动图的测试方法外，还有基于 UML 用例图、顺序图和基于多种 UML 图相结合的测试方法，在此不再赘述。

3.1.5　基于 Petri 网模型

Petri 网模型可以较好地描述并发系统，它用一组状态和带 token 的迁移表示控制流。Petri 网是一种系统的基于数学和图形的描述和分析工具。对于具有并发、异步、分布、并行、不确定性或随机性的信息处理系统，利用该方法可以方便地进行分析，从而得到有关系统结构和动态行为的信息。Petri 网已广泛应用于复杂系统仿真建模及测试领域。

用于实时系统建模的 Petri 网变体包括时间 Petri 网（Timed Petri Net）、ER-nets 等，在这些变体中，位置、token、迁移等可以和时间约束相关联。时间 Petri 网对 Petri 网进行了改进，在迁移中引入了迁移实施的相对时间因素，使得它们能够被应 用于实时系统分析。时间 Petri 网对于系统行为和时间属性都可以进行分析，其中可 达性（Reachability）和可调度性（Schedulability）可以同时作为系统性能参考，分析 实时并发的复杂系统性能较为有效。时间 Petri 网的典型代表有 Merlin 的时间 Petri 网、Coolahan 的时延 Petri 网、国内学者林闯的高级随机 Petri 网等，其中以 Merlin 的时间 Petri 网最为常用。

基于 Petri 网模型的测试方法可以高度抽象地描述系统行为，屏蔽系统硬件实施细 节，主要用于验证系统设计的正确性、安全性和可靠性。但基于该模型的用例生成存 在的问题是：它只能生成事件序列的时序信息，而不能生成实际测试输入数据（如定 量的时间信息数据）。

3.1.6　基于马尔可夫链模型

马尔可夫链模型是一种以统计理论为基础的统计模型，可以描述软件的使用， 在复杂系统建模及软件统计测试中得到了广泛应用。马尔可夫链实际上是一种迁移 具有概率特征的有限状态机，不仅可以根据状态间的迁移概率自动生成测试用例， 还可以分析测试结果。

马尔可夫链模型主要适用于对多种软件进行统计测试，可以通过仿真得到状态 和迁移覆盖的平均期望时间，对软件的性能指标和可靠性指标进行度量，从而有利 于在开发早期对大规模软件系统进行测试时间和费用的规划。国内有团队利用受控 马尔可夫链理论设计和优化软件测试策略，提出软件测试控制论思想，在受控马尔 可夫链方法的框架内讨论软件系统的自适应测试，并与随机测试进行比较，从而发 现自适应测试方法相对于传统的随机测试方法具有较大的优越性。

3.1.7　基于自定义形式化测试描述语言

除了对上述已有的形式化方法的研究外，在自定义语言的研究方面，国内外也 已取得众多研究成果。由于脚本技术的引入是实现测试自动化的重要支撑，因此这 些基于自定义语言的形式化方法，大多是针对特定测试系统或工具的专用脚本语言。 常用测试脚本技术如表 3-2 所示。

表 3-2　常用测试脚本技术总结

脚本类型	是否结构化	脚本智能化	脚　本	测试用例定义	处理方式
线性脚本	非	常量	无	脚本	说明性
结构化脚本	是	常量	if/ 循环语句	脚本	说明性
共享脚本	非或是	常量和变量	if/ 循环语句	脚本	说明性
数据驱动脚本	是	变量	if/ 循环语句 数据读取	脚本和数据	说明性
关键字脚本	是	变量和关键字	if/ 循环语句 数据读取 关键字解释	数据	描述性

　　美国喷气推进实验室采用扩展的 Tcl/Tk 作为测试脚本语言，通过脚本可以模拟整个飞行器寿命内的大部分功能，通过上层图形化的开发环境加载测试脚本，下载到网络节点（子系统），各测试脚本在各自的节点上通过脚本解释器完成相应功能的仿真测试。但这个环境的实时性较差，无法控制时间特性，只能进行功能模拟，而且是一个分布式系统，是一个半自动的测试环境。国内华中科技大学开发了一种面向 Internet 的简单网络协议设计与测试平台（SNPDTP），该平台开发了自己的测试脚本语言（C-Script），该脚本语言采用简化了的 C 语言语法，并对一些特性进行了修改，如加入时间驱动机制和对网络的协议的描述支持。因此于该系统是针对网络协议的设计与测试而开发的，因此没有考虑嵌入式软件所需要的实时特性和测试反馈的处理，仅仅是用软件的方式模拟网络环境的实现，但它的设计思想是可以借鉴的。此外，测试领域还存在针对非实时软件的测试描述语言 TestTalk，该语言采用对测试描述的各个组成部分进行分离的方式，形成编程语言形式的测试脚本，再通过解释器的解释执行，达到驱动测试的目的。但该方法仅针对非实时软件的测试，没有引入实时软件测试中对时间特性（如并发、同步、优先级等）的描述要求，用户难以快速掌握，因此该方法不适合实时嵌入式软件测试的描述。

3.2　嵌入式软件形式化测试技术

3.2.1　基本概念

1. 状态机

　　状态机是描述系统状态与状态转换的一种形式化方法，是计算机科学的理论基础，也是一种强大的建模方法。在计算机科学中，状态机的使用非常普遍，尤其是在通信协议及实时嵌入式软件的建模及验证领域。

通常来说，一个系统的行为可以归为以下三种类型：

❏ 简单行为：对于特定输入，系统总是确切地以同一种方式做出响应，与系统历史无关。

❏ 连续行为：系统的当前状态依赖于历史，而且无法标识一个单独的状态。

❏ 基于状态的行为：系统的当前状态依赖于历史，并且能够与其他系统状态清晰地区别开。

由于实时嵌入式软件大多基于状态，而有限状态机模型用触发事件和状态迁移描述系统的行为，因此适用于一般实时嵌入式软件的开发和测试的形式化描述。

传统的状态机是展示状态与状态转换的图，由状态、转换、事件、活动和动作 5 个部分组成：

❏ 状态：表示一个模型在其生存期内的状况，如满足某些条件、执行某些操作或等待某些事件。一个状态的生存期是有限的时间段。

❏ 转换：表示两个不同状态之间的联系，事件可以触发状态之间的转换。

❏ 事件：在某个时间产生，可以触发状态转换，如信号、对象的创建和销毁以及超时和条件的改变等。

❏ 活动：在状态机中进行的一个非原子的执行，由一系列动作组成。

❏ 动作：一个可执行的原子计算，导致状态的变更或返回一个值。

利用状态机可以精确地描述对象的行为：从对象的初始状态起，开始响应事件并执行某些动作，这些事件引起状态的转换，对象在新的状态下又开始响应状态和执行动作，如此连续进行直到终结。在计算机科学中，状态机的使用非常普遍：在编译技术中，通常用有限状态机描述词法分析过程；在操作系统进程调度中，通常用状态机描述进程各个状态之间的转化关系；在面向对象分析与设计中，对象的状态、状态的转换、触发状态转换的事件、对象对事件的响应都可以用状态机来描述。

2. 有限状态机

有限状态机（FSM）是状态机的一种，有限状态机模型是形式化模型的一种。一个有限状态机可以表示为一个六元组 $(S, S_0, \delta, \lambda, I, O)$：

❏ S：有限状态的集合。

❏ S_0：状态中的一种，是所有状态的初态。

❏ δ：状态转换函数。

❏ λ：输出函数。

- □ I：有限输入字符集。
- □ O：有限输出字符集。

按照 FSM 的性质，可具体划分如下：

- □ 完全（Complete）有限状态机：对于一个 FSM，如果对每一个状态和每一个输入，δ 和 λ 都有定义，那么称为完全 FSM，否则称为不完全（Incomplete）FSM。
- □ 可重置（Reset Capacity）有限状态机：对于一个 FSM，如果存在一个输入，对于任何一个状态，都能使该 FSM 转换至初始状态，则该 FSM 具有重置功能。
- □ 初始化连通（Initially Connected）有限状态机：如果一个 FSM 可以从初始状态到达每一个状态，则称该 FSM 是初始化连通的。
- □ 强连通（Strongly Connected）有限状态机：如果对于 FSM 中的每一对状态（S_i，S_j），都存在一个输入序列使得状态 S_i 可迁移到状态 S_j，则称该 FSM 是强连通的。

按是否使用输入信号，有限状态机可以划分为：

- □ Mealy 机：输出信号不仅与当前状态有关，而且还与所有的输入信号有关，即可以把 Mealy 型有限状态机的输出看成当前状态和所有输入信号的函数。
- □ Moore 机：输出信号仅与当前状态有关，即可以把 Moore 型有限状态机的输出看成当前状态的函数。

按转换状态和输出是否确定，有限状态机可以划分为：

- □ DFSM：对于特定的输入和所有的状态，转换状态和输出是确定的。
- □ NFSM：对于特定的输出和已经存在的状态，转换状态和输出是不确定的。

有限状态机的表示法主要有三种：图形法、表格法和矩阵法，其中图形法较为常用。

有限状态机的优点是相对简单、可预测、易于实现和易于测试。有限状态机的缺点是：①处理复杂问题时，有可能发生状态空间爆炸；②在多有限状态机系统中，系统的状态为所有有限状态机状态的笛卡儿积，系统的状态数具有状态组合复杂性问题，且会出现死锁；③有限状态机可以较好地描述状态间的迁移特性，但不能很好地描述输入、输出间的变换特性（即数据的变换特性）；④有限状态机只反映了协议事件和协议状态之间的关系，不能表达其他协议元素，如协议变量、协议行为、谓词等。

3. 扩展有限状态机

对有限状态机进行扩展的主要目的是增强有限状态机的描述能力并简化描述，使各状态之间的变化清晰化，最终提高对局部以致整个模型的描述与分析能力，可作为工具用于后续开发者的描述和解决方案。常见的扩展有限状态机模型有以下四种：NFSM（Non-deterministic FSM）、CFSM（Communicating FSM）、EFSM（Extended FSM）、CEFSM（Communicating EFSM）、PFSM（Probability FSM）。模型扩展的演变过程如图 3-5 所示。

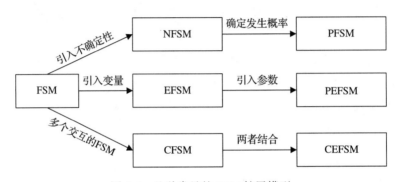

图 3-5　几种常见的 FSM 扩展模型

其中，EFSM 是软件测试中相对较为常用的一种。一个 EFSM 可以表示为一个六元组 $<S, S_0, I, O, T, V>$：

- ❏ S：非空的有限状态的集合。
- ❏ S_0：状态中的一种，是所有状态的初态。
- ❏ I：非空的输入消息集合。
- ❏ O：非空的输出消息集合。
- ❏ T：非空的状态迁移集合，且有 $t \in T$，且 $t=<\mathrm{Head}(t), I(t), P(t), \mathrm{operation}/O(t), \mathrm{Tail}(t)>$。其中，$\mathrm{Head}(t)$ 是迁移 t 的出发状态；$I(t)$ 是输入集 I 中包含的 EFSM 的输入消息，它可以为空；$P(t)$ 是迁移 t 执行的前置条件，它可以为空；operation 是状态迁移过程中进行的操作，它一般由一系列的变量赋值语句或输出语句组成；$O(t)$ 是输出集 O 中包含的消息输出，它可以为空；$\mathrm{Tail}(t)$ 是迁移 t 的到达状态。
- ❏ V：变量的集合，可表示为 $V=<\mathrm{IV}, \mathrm{CV}, \mathrm{OV}>$。其中，IV 代表输入变量集合，输入变量可以由测试人员控制；OV 代表输出变量集合；CV 代表环境变量集合，环境变量可以是局部变量或全局变量，既不是输入变量也不是输出变量的变量都可以归为环境变量。CV 和 OV 是不受测试人员控制的，它们的值由状态迁移的操作来确定。

由 EFSM 的定义可见，它在 FSM 模型的基础上增加了变量、操作、迁移的前置条件等。EFSM 有存储功能，它的每个状态都有默认的重置（Reset）功能，即 $\delta(S_i, r)=S_0$。通过 EFSM 模型，可更加精确地描述软件系统的行为，因此可广泛应用于面向对象软件系统中对象的行为以及对象之间的交互。EFSM 较好地克服了上述 FSM 缺点中的后两点，但还没有解决一致性、可达性、同步等问题，并且引入了新的问题——不确定性问题。

3.2.2 基于 FSM 的软件测试技术

1956 年，Moore 建立了一个有限状态测试的框架，定义了区别（Distinguishing）和引导（Homing）实验的概念，并给出了确定状态等价的算法和构造引导序列的算法，这是介绍基于有限状态机测试的最早的文献之一。

目前，基于有限状态机的测试方法中有四种经典测试方法，分别是 T 方法、U 方法、D 方法、W 方法。

- ❑ T 方法：假定一个有限状态机是强连通的。测试输入序列对应规约说明中的状态迁移随机地产生，直到所有的状态迁移都被覆盖。T 方法较为简单，缺点是测试输入序列中存在大量冗余，甚至可能存在环。另外其检错能力也较差，只能检测迁移是否存在，而不能检测迁移所到达的状态。

- ❑ U 方法：假定一个最小的、强连通的并且是完备的有限状态机。该方法需要得到该有限状态机中每一个状态的一个识别序列，该序列叫作单一输入 / 输出（Unique Input/Output，UIO）序列。UIO 序列可以唯一标识有限状态机中的状态，不同的状态不能有相同的 UIO 序列。但并不是所有的有限状态机都存在 UIO 序列，如果一个有限状态机不存在 UIO 序列，则无法应用该方法构造测试输入序列。对于有限状态机中每一个状态之间的变化，可用以下方法生成每个迁移的测试子序列：①输入 r（即 reset，这里讨论的每个有限状态机都有重置功能）到有限状态机，使有限状态机回到初始状态；②找到从初态到状态 S_i 的最短路径 SP(S_i)；③输入可以使有限状态机从状态 S_i 迁移到 S_j 的符号；④输入状态 S_j 的 UIO 序列。

- ❑ D 方法：假定一个最小的、强连通的并且是完备的有限状态机。该方法首先对有限状态机构造一个区分序列 DS（Distinguishing Sequence），然后根据该区分序列构造测试输入序列。和 U 方法一样，并不是所有的状态机都存在区分序列，所以该方法的应用也有一定的限制。

❑ W 方法：假定一个最小的、强连通的并且是完备的有限状态机。该方法要求首先生成有限状态机的特征集 W，然后在特征集 W 的基础上构造测试输入序列。只要状态机是最小的、完备的，就存在特征集，所以该方法的适用性较强。特征集 W 是由这样一组数据组成的：对于有限状态机中的每个状态，输入 W 中的数据 $\alpha1, \cdots, \alpha k$，得到的最后一位输出都不同，即 $M|S_i(\alpha1, \cdots, \alpha k) \neq M|S_j(\alpha1, \cdots, \alpha k)$（$M$ 即有限状态机），这里 S_i 和 S_j 是有限状态机中的两个不同状态。应用 W 方法进行测试的原理和 U 方法类似，特征集 W 的作用是识别有限状态机中的每个状态。对于有限状态机，可以按照以下步骤生成测试序列：①构造有限状态机的特征集 W，$W=\{\alpha1, \cdots, \alpha k\}$，这里 αi 是一个输入字符，$1 \leq i \leq k$；②按照 U 方法中的步骤生成 β 序列，不同的是要将每个状态的 UIO 序列换成特征集 W。

3.2.3 基于 EFSM 的软件测试技术

1. 基于扩展 UIO 序列的测试方法

基于 FSM 的测试序列生成方法中最常用的是 UIO 方法，绝大多数状态机都存在 UIO 序列，UIO 序列是 D 序列或 W 序列的子集，其长度比 D 方法和 W 方法获得的序列长度短。由于未考虑状态迁移的前置条件，直接将 UIO 方法用于 EFSM 模型会产生测试序列的不可执行问题。

Chun W.、Amer P. D. 等最早将 UIO 序列引入 EFSM 模型，不过没有给出可执行 UIO 序列的定义和生成方法。例如，某团队提出的基于 EFSM 测试序列的生成方法中使用了上下文无关唯一序列（Context Independent Unique Sequence，CIUS），该方法只在测试序列生成时考虑测试序列的可执行性，CIUS 用作状态鉴别序列。事实上 CIUS 也是一种 UIO 序列，不过，并非每个 EFSM 都有 CIUS，该方法的适用范围因此受到限制。

Ramalingam T.、Thulasiraman K. 等提出了一种基于转换可执行性分析的方法，称为 UIO$_E$（Executable Unique Input Output）。利用转换可执行性分析（Transition Executability Analysis，TEA），以状态配置为节点，以可执行转换为弧，采用广度优先的策略，扩展生成一棵 TEA 树，并由此生成一个可执行的转换测试序列。这种方法解决了转换的可执行性问题，并利用转换子序列间未转换的重叠来尽量缩短测试序列。UIO_E 方法首先将 EFSM 转换为规范化 EFSM，然后配置初始状态，并选择一个以当前状态作为起始的可执行待测转换，对其进行 TEA 扩展，得到对应的 UIO_E 序列。所谓进行 TEA 扩展，就是通过对 EFSM 的转换可执行性分析，生成一棵 TEA 树。接着按照"EFSM 中的每个转换都被测试一次"的原则，依次对其他待测转换进行 TEA 扩展并产生相应的 UIO_E 序列，直到所有的转换都被测试过。连接所有的测试事件，形成最终的测试序列。如果一个 EFSM 是转换强连通的且无陷阱，那么通过 UIO_E 方法总是能够得到可执行测试序列。

UIO_E 方法的局限性在于对 EFSM 进行了简化，模型中仅存在环境变量（即某些内部变量），这些变量的初始值都是常数，因此可以用符号执行的方法进行可执行性分析，而没有考虑各状态迁移中存在的输入变量。

2. 将 EFSM 转化为相应的 FSM

为了更好地利用已有的基于 FSM 的测试方法，有研究者试图将 EFSM 转化为与之等价的 FSM，然后利用现有的 FSM 测试序列生成方法产生可执行的测试序列。但是这种转化并不简单。首先，状态迁移的行为与变量相互关联；其次，状态迁移之间通过迁移上的操作以及变量产生交互作用。这种方法容易导致"状态爆炸"。

Duale A. Y.、Uyar M. U. 等给出了一种规定了某些限制条件的 EFSM 自动生成可执行测试序列的方法，指出基于 EFSM 自动生成测试序列的困难源于 EFSM 模型含有不可达路径。引起不可达路径是由于所谓的上下文变量的存在，变量之间的相互依赖产生了行为冲突和条件冲突，使某些路径不可达。

当 EFSM 模型的所有冲突都被消除后，就可直接利用现有的基于 FSM 的自动测试生成方法。该方法只生成可达路径。但是该方法对 EFSM 模型做了一定的限制，比如规定规范由单个进程构成且不存在指针、递归函数和无限循环，以及所有的条件和行为都是线性的等，这些规定同样限制了该方法的使用范围。

3. 基于标准生成 EFSM 测试序列

EFSM 的数据流测试通常基于有向数据流图，在实际测试中，通常选择一个包含了 EFSM 数据流特征的标准，标准定义了需遍历的路径，这些路径只是图中所有可能的路径的一个子集。EFSM 数据流测试覆盖标准的选择是一个权衡过程：所选的标准越强，对 IUT（被测实现）的检查就越透彻；所选的标准越弱，则所需的测试用例数量越少，测试代价相对较小。

EFSM 数据流测试的目的是发现和测试 EFSM 的状态迁移之间的数据依赖关系，

通常是通过检查变量定义和使用之间的关联关系来完成的。Ural H. 定义了数据流覆盖标准 All-use 和 IO-df-chain。All-use 标准要求从变量的定义到使用跟踪每个变量关联，并要求在对变量的跟踪过程中，该变量不能被重新定义。假设在结点 J 变量 X 被定义，在结点 K 变量 X 被使用，为了跟踪变量在定义和使用之间的关联，构造 define-clear-use 路径，该路径是连接从结点 J 到结点 K 的路径且结点 J 是路径中唯一的定义变量 X 的结点。如果这样的 define-clear-use 路径存在，那么变量 X 和结点 J、K 构成的关联称为 define-use pair，又叫 du-pair，表示为 du(X, J, K)。一个测试序列如果能够覆盖每个变量的 define-clear-use 路径或 du-pair 至少一次，则它是满足 All-use 标准的。IO-df-chain 标准的定义和 All-use 标准类似，不同的是 IO-df-chain 标准跟踪的是每个输出与影响该输出的所有输入之间的关联。

EFSM 的控制部分涉及状态的转换。在实际基于 EFSM 的控制流测试中，通常要求测试序列覆盖 EFSM 中的每个状态转换至少一次。Chen W. H. 等将覆盖标准作为测试序列的产生依据，该方法将 EFSM 转换为一个有向数据流图，在流图上标出变量的定义和使用，定义和选定数据流测试覆盖标准，选择测试序列和测试数据来满足该标准。在此基础上扩展测试用例，使之满足控制流测试覆盖标准。

4. 基于流分析生成 EFSM 测试序列

结合 FSM 和 EFSM 的优势，控制流部分利用 FSM 测试序列生成方法，数据流部分借助 EFSM 数据流测试方法，也是一类兼顾数据流和控制流全面测试的 EFSM 测试序列生成方法。

Sarikaya、Bochmann G. 等将功能程序测试方法应用于 EFSM 的数据流测试。该方法使用数据流图（Data Flow Graph，DFG）模拟 ESTELLE 规范中的信息流，使用分解和功能划分的方法得到规范的数据流功能模块，然后对这些模块进行测试。该方法未考虑测试序列的可执行性问题，得到的测试序列有可能不可执行。Miller R.、Paul S. 首先将 EFSM 转换为一个等价的修改了输入和输出的 FSM，转换没有改变状态的数目，但增加了状态迁移的数目。然后由该 FSM 构建一个数据流图，结合 FSM 的控制流图（Control Flow Graph，CFG）生成同时测试控制流和数据流并覆盖所有定义 – 观测路径的测试序列。该方法生成的测试序列是可执行的，但是其关于 IUT 的假定——例如 IUT 中使用的变量是可以由测试者访问的——在很多情况下是无法满足的。Chanson S. T.、Zhu Jin song 提出了结合控制流和数据流分析技术产生 EFSM 测试序列的 UTS（Unified Test Sequence）方法。该方法涉及四个算法：

- 算法 1 对 EFSM 模型的控制部分基于 FSM 产生测试子序列,该子序列与特征序列具有相同的故障检测能力。
- 算法 2 利用数据流分析技术分析 EFSM 模型的数据部分,得到 EFSM 状态转换之间的依赖关系,表示为转换依赖图(Transition Dependence Graph,TDG),给出了转换之间的控制和数据依赖,以及所有变量的 du-pair 和 def-clear 路径,并通过合并相连的路径,产生一条经过数据流和包含所有 I/O 依赖的路径。
- 算法 3 合并前两个算法产生覆盖全部 du-path 和全部转换的子序列。
- 算法 4 对子序列进行可执行性检验并得到最终的 EFSM 测试序列,可执行性检验是通过 CSP(Constraint Satisfaction Problem)方法和转换回路分析完成的。该方法对 EFSM 做了一些简化,对测试序列可执行性的检验是在测试序列生成后进行的。

Huang C. M. 等提出了一种基于 EFSM 模型的可执行数据流和控制流的测试序列生成方法。在数据流部分,探测和测试含有变量定义使用以及输出使用的迁移路径。一个可执行测试序列包含三部分:①可执行交换序列(Executable Switching Sequence,ECSS);②可执行 DO 路径(EDO-path)或可执行控制路径(EC-path),EDO 和 EC 由以 ECSS 尾状态为根结点的 TEA 树扩展获得;③可执行回退路径(EBP-path),EBP 由以 EDO 序列尾状态为根结点的 TEA 树扩展获得。其中,DO 路径定义为定义 - 输出路径(Definition-Output Path),ECSS 为测试前缀,EBP 为测试后缀。在该方法中,所有的测试序列都是可执行的,但该方法是基于 EFSM 分析可达性的,故存在状态爆炸问题。此外,该方法为获得可执行测试序列,必须先初始化输入参数,这使得产生的测试序列会因为输入参数值的不同而不同。

3.2.4 实时扩展有限状态机模型

1. RT-EFSM 特性分析

实时嵌入式系统往往全部或部分表现出基于状态的行为,因此,在设计这些系统时,可使用基于状态的建模技术,而上述建模过程可为进一步的测试设计(测试序列及测试用例生成)奠定基础。基于状态的软件测试技术可以充分验证事件、动作、行为、状态与状态转换之间的关系,利用这种技术,就可以判定基于状态的系统行为是否满足系统要求。对基于状态的实时嵌入式系统行为进行建模时,最普通、最直观、最有效的方法是采用基于有限状态机的技术。

从目前的技术发展来看，传统的基于 FSM 和 EFSM 的测试方法不能很好地解决实时嵌入式软件中状态迁移的时间描述问题，且不能很好地描述实时嵌入式软件中实时、并发、交联设备和 I/O 接口复杂的问题。

传统的扩展有限状态机在描述实时嵌入式软件的复杂性和实时性方面存在明显不足，无法满足实时嵌入式软件的建模要求。我们认为，基于实时扩展有限状态机（RT-EFSM）的模型必须解决以下问题，如表 3-3 所示。

表 3-3　RT-EFSM 应解决的问题

描　　述	描　　述
能够完整且准确地描述实时嵌入式软件的行为	能够描述实时嵌入式软件的复杂状态转换关系
能够描述实时嵌入式软件的实时、并发特点	能够提供模型验证方法，确保模型的正确性
能够描述实时嵌入式软件状态迁移中的时间特性	为后续测试序列及测试用例的自动生成提供保障

2. RT-EFSM 的定义

基于以上分析，本书采用实时扩展有限状态机作为实时嵌入式软件形式化系统测试的基础，在原 EFSM 六元组（见 3.2.1 节）的基础上，将其扩展为八元组。实时扩展有限状态机的定义如下。

$$RT\text{-}EFSM = <S^*, S_0, I, O, T, V, E, L>$$

其中：

- ❑ S^*：非空的有限状态的集合，且对于 $s \in S^*$，有 $s=(entry, exit, iact, itran, itevt, lt)$。其中：
  - entry 表示状态的入口，先于任何内部动作和迁移。
  - exit 表示状态的出口，在所有内部动作和迁移之后。
  - iact 表示状态内部动作。
  - itran 表示状态内部迁移，它不会引起状态入口和出口动作的发生。
  - itevt 表示状态内部与时间有关的事件集合。
  - lt 表示状态内部的局部时钟。
- ❑ S_0：所有状态的初始状态。
- ❑ I：输入事件集合。
- ❑ O：输出事件集合。
- ❑ T：非空的状态迁移的集合，且有 $T=<Head(t), I(t), C(t), act, O(t), Tail(t)>$。其中：
  - Head(t) 是迁移 t 的出发状态。

- $I(t)$ 是输入事件集 I 中包含的输入事件，可以为空。
- $C(t)$ 是迁移 t 执行的前置条件，包含变量约束条件与时间约束条件，可为空。$C(t)=[V_C, T_C]$，其中 V_C 表示变量约束，T_C 表示迁移时间约束，且 $T_C=<t_S, t_F, t_I>$，t_S 表示迁移时间为固定值，t_F 表示迁移时间服从某种分布函数，t_I 表示迁移时间为某个时间区间。
- act 是状态迁移过程中进行的操作。
- $O(t)$ 是输出事件集 O 中包含的输出事件，可以为空。
- Tail(t) 是迁移 t 的到达状态。

❑ V：变量的集合，且 $V=<IV, CV, OV>$，其中 IV 代表输入变量集合，OV 代表输出变量集合，CV 代表环境变量集合，既不是输入变量也不是输出变量的变量均可以归为环境变量，可以为空。IV 可以由测试人员控制，CV 和 OV 是不受测试人员控制的，它们的值由状态迁移的操作来确定。IV 和 OV 可包含一般变量和时间变量两类。

❑ E：非空的连接有向边的集合，是对原 EFSM 中状态之间的普通连线的扩展，即增加了选择点、连接、合并连接等，可以更好地描述系统动态行为，如图 3-6 所示。

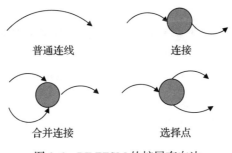

普通连线　　　　　　　连接

合并连接　　　　　　　选择点

图 3-6　RT-EFSM 的扩展有向边

❑ L：全局时钟，用于记录系统状态迁移的时间信息。

对 RT-EFSM 定义的补充说明：

❑ 将迁移 T 中迁移执行的前置条件 $C(t)$ 分解为变量约束条件与时间约束条件，可更有效地描述状态迁移约束情况。此外，$C(t)$ 的时间约束组 $T_C=<t_S, t_F, t_I>$，分三种情况描述了从某一状态迁移到另一状态所用的时间约束情况，即固定时间、服从函数分布或时间区间，这样可以更有效地描述状态迁移的时间特性，说明如下：

❑ 固定时间是指每次执行该迁移时所用的时间都相同，且为固定值，如 50 个时钟周期；

❑ 服从函数分布是指虽然每次迁移时间不相同，但呈现某一规律，即服从某个函数分布，常见的有均匀分布、指数分布等；

❑ 区间时间是指某个状态迁移时间为某一范围，即 $[t_1, t_2]$，该区间可以是开区间，也可以是闭区间或半开半闭区间。

❑ E 针对实时嵌入式软件复杂的状态转换关系，我们对原 EFSM 状态转换的普通连线进行扩展，增加了选择点、连接、合并连接等。选择点是一种在进入下一个转换段之前执行其动作列表的连接，这允许动作绑定到第一个转换段中，以便它们能够在后续监护表达式赋值之前执行。连接是指有很多最高点被用来将多个转换连接起来，或者将一个转换分割成一组连续的转换段。不管连接的转换段数目是多少，它们都是在一个运行到完成的步骤中执行的。合并连接也是一种连接，其中多个传入转换可以结合起来创建一个进入或状态的转换，尤其适用于多个由不同事件触发的转换共享一个动作列表和 / 或监护，或共同到达同一个目标状态。对连接边的扩展使 RT-EFSM 更加适合对实时嵌入式系统进行建模，在自动生成测试用例时，可减少测试用例数量，提高测试效率。

❑ L 代表全局时钟，用来记录系统各状态从开始到结束所经历的时间。由于 RT-EFSM 模型中各状态存在局部时钟，则各状态局部时钟可通过相应的计算规则得到相应动态行为的全局时钟值，这样可保证系统迁移时间的可控性，满足实时嵌入式系统的实时性要求。

由以上分析可以看出，RT-EFSM 的实时扩展方案可以有效解决表 3-3 中提出的实时嵌入式软件验证必须解决的所有问题。

3. 无人机飞行控制软件的 RT-EFSM 模型

下面以简化后的无人机飞行控制软件（FCS）状态迁移为例，完成对该系统软件的 RT-EFSM 建模。

作为典型的航电实时嵌入式软件，无人机飞行控制软件是无人机飞行控制系统中最重要的部分之一，飞控软件的质量和可靠性直接影响着无人机运行的安全和性能。经对 FCS 文档进行分析，图 3-7 给出了简化后的 FCS 的状态示意图，FCS 的状态主要有上电初始化状态，指令控制（Instruction Control，IC）、人工修正（Manual Amendment，MA）、自主控制（Autonomous Control，AC）等核心功能。

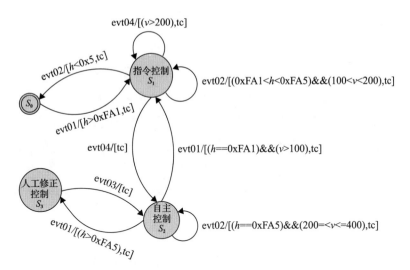

图 3-7　无人机飞行控制软件的 RT-EFSM 模型

令初始上电状态为 S_0，指令控制状态为 S_1，自主控制状态为 S_2，人工修正状态为 S_3。各状态迁移事件分别为"发送状态命令"（记为 evt01），"自动返回"（记为 evt02），"修正返回"（记为 evt03），"自动进入自主控制"（记为 evt04）。假定全局约束变量为高度 h 和速度 v（高度和速度值变化可触发状态迁移），各状态之间的迁移时间约束为 tc(tc<5ms)，且各状态之间的迁移可描述为：$T=\{t_{01},\ t_{10},\ t_{111},\ t_{112},\ t_{12},\ t_{21},\ t_{23},\ t_{32}\}$，且有：

$t_{01}=<S_0,\ \text{evt01},\ [h>0xFA1,\ tc],\ \text{act}_{01},\ O(t_{01}),\ S_1>$

$t_{10}=<S_1,\ \text{evt02},\ [H<0x5,\ tc],\ \text{act}_{10},\ O(t_{10}),\ S_0>$

$t_{111}=<S_1,\ \text{evt02},\ [(0xFA1<h<0xFA5)\&\&(100<v<200),\ tc],\ \text{act}_{11},\ O(t_{11}),\ S_1>$

$t_{112}=<S_1,\ \text{evt04},\ [(v>200),\ tc],\ \text{act}_{11},\ O(t_{11}),\ S_1>$

$t_{12}=<S_1,\ \text{evt04},\ [tc],\ \text{act}_{12},\ O(t_{12}),\ S_2>$

$t_{21}=<S_2,\ \text{evt01},\ [(h==0xFA1)\&\&(v>100),\ tc],\ \text{act}_{21},\ O(t_{21}),\ S_1>$

$t_{22}=<S_2,\ \text{evt02},\ [(h==0xFA5)\&\&(200<=v<=400),\ tc],\ \text{act}_{22},\ O(t_{22}),\ S_2>$

$t_{23}=<S_2,\ \text{evt01},\ [(h>0xFA5),\ tc],\ \text{act}_{23},\ O(t_{23}),\ S_3>$

$t_{32}=<S_3,\ \text{evt03},\ [tc],\ \text{act}_{32},\ O(t_{32}),\ S_2>$

令 M 为 FCS 的 RT-EFSM 模型，则有：

$S^*=\{S_0,\ S_1,\ S_2,\ S_3\}$

$I=\{\text{evt01, evt02, evt03, evt04}\}$

$T = \{t_{01}, t_{10}, t_{111}, t_{112}, t_{12}, t_{21}, t_{23}, t_{32}\}$

$V = \{x, \text{tc}\}$

4. RT-EFSM 模型验证算法

为了保证 RT-EFSM 模型的正确性，需要对 RT-EFSM 模型进行验证，以便对所建模型的一致性、确定性、可达性等进行验证。其中，静态确定性验证可保证生成的 RT-EFSM 是最小的，动态确定性验证可以保证 RT-EFSM 是完备的，可达性验证可保证 RT-EFSM 是强连通的。

下面结合某无人机飞行控制软件的 RT-EFSM 模型，对 RT-EFSM 模型验证算法进行说明。

（1）可达性验证

不可达状态是指 RT-EFSM 从初始状态出发，任何事件序列都不能使系统状态迁移到某个特定的目标状态。RT-EFSM 的可达性即指该 RT-EFSM 中不存在不可达状态。将图 3-7 的状态进行变异后，可给出不可达状态的示例，图 3-8 中状态 S_4 为不可达状态。

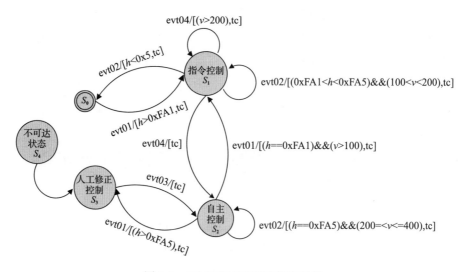

图 3-8   RT-EFSM 不可达状态示例

不可达状态在 RT-EFSM 中是冗余的，可以删除这些状态以及与之相关的迁移。检查一个 RT-EFSM 是否含有不可达状态，若有，则消除该不可达状态，具体算法如表 3-4 所示。

表　3-4

算法 3.1　RT-EFSM 模型的可达性验证

输入：RT-EFSM 模型 $M=<S^*, S_0, I, O, T, V, E, L>$。

输出：消除不可达状态后的 RT-EFSM 模型 $M'=<S^{*'}, S_0, I, O, T', V, E', L>$。

```
01.   RemoveUnreachableState(Sᵢ, tᵢ) {
02.     Sₐ={S₀}, S_b ={S₀};
03.     while(S_b!=Φ) {
04.        get Sᵢ from S_b;
05.        for_each(tᵢ ∈T && Head(tᵢ)== Sᵢ ){
06.          if(Tail(tᵢ)!∈Sₐ) {
07.              Sₐ = Sₐ∪Tail (tᵢ);
08.              S_b = S_b∪Tail(tᵢ);
09.          }
10.        }
11.        remove Sᵢ from S_b;
12.     }
13.     S*'= Sₐ;
14.     T'={t| Head(tᵢ)∈S*'∩Tail(tᵢ) ∈S*'};
15.     return M';
16.   }
```

（2）一致性验证

RT-EFSM 的一致性是指状态机中不存在相互矛盾和冗余的地方。在基于 RT-EFSM 的实时嵌入式软件状态行为建模中，应考虑各状态变量的取值范围及状态迁移之间是否存在矛盾。因此 RT-EFSM 的一致性应包括不存在等价状态、状态重叠，且不存在状态－迁移冲突。

将图 3-7 的状态进行变异后，可给出等价状态、状态重叠和存在状态－迁移冲突的示例。图 3-9 中的状态 S_3 和 S_4 为等价状态，可通过合并两个状态得到不影响 RT-EFSM 语义表达的模型。图 3-10 给出了状态重叠示例，即状态 S_1 和 S_2 的自迁移中对速度的判定条件存在重叠。图 3-11 给出了状态－迁移冲突示例，状态 S_2 的自迁移中对速度的判定永远不可能为真，因此迁移永远不会发生，即存在状态－迁移冲突。

1）消除等价状态

等价状态是指在 RT-EFSM 中存在两个状态，它们对任意的事件和条件产生的目标状态相同，说明在该 RT-EFSM 中存在冗余状态。满足如下条件说明该 RT-EFSM 存在等价状态：

$$\exists S_i\in S^*, \exists S_j\in S^*, t_i\in T(S_i), t_j\in T(S_j)$$

且满足下列条件：

$$[\text{Tail}(t_i)==\text{Tail}(t_j) \cap t_i.I==t_j.I \cap t_i.P==t_j.P \cap t_i.o==t_j.o \cap t_i.O==t_j.O]$$

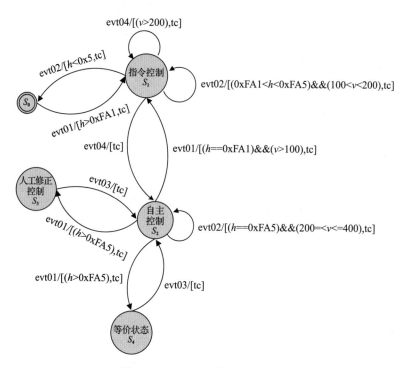

图 3-9　RT-EFSM 等价状态示例

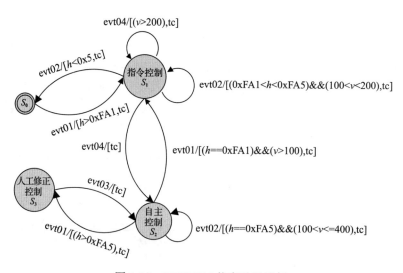

图 3-10　RT-EFSM 状态重叠示例

判定 RT-EFSM 模型中是否存在等价状态并消除的算法如表 3-5 所示。

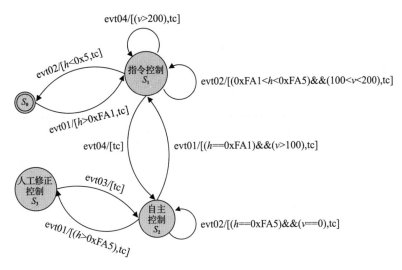

图 3-11　RT-EFSM 状态 – 迁移冲突示例

表　3-5

算法 3.2　RT-EFSM 模型的等价状态消除算法

输入：RT-EFSM 模型 $M=<S^*, S_0, I, O, T, V, E, L>$。
输出：消除等价状态后的 RT-EFSM 模型 $M'=<S^*, S_0, I, O, T', V, E', L>$。

```
01.    RemoveEquivalentState(Sᵢ, Sⱼ, tᵢ, tⱼ){
02.        M'=M;
03.        for_each Sᵢ, Sⱼ∈S* {
04.            T₁={t|Head(t)= Sᵢ};
05.            T₂={t|Head(t)= Sⱼ};
06.            for_each tᵢ∈T₁
07.                if(tⱼ∈T₂((Tail(tᵢ)==Tail(tⱼ) &&(tᵢ.I==tⱼ.I)&&(tᵢ.P==tⱼ.P)
08.                                        &&(tᵢ.o==tⱼ.o)&&(tᵢ.O==tⱼ.O))) {
09.                    remove tⱼ from T₂;
10.                }
11.            if(Φ==T₂){
12.                T₃={t|Head(t)=Sⱼ || Tail(t)=Sⱼ};
13.                remove Sⱼ from S*';
14.                remove T₃ from T';
15.            }
16.        }
17.    return M';
18. }
```

2）消除状态 – 迁移冲突

状态 – 迁移冲突是指以某状态为目标状态的迁移，其迁移条件与源状态自身存在冲突，使得迁移条件永远无法满足，即迁移不可能发生。满足下列条件的 RT-

EFSM 存在状态 – 迁移冲突：

$$\exists S_i \in S^*, t_i \in T_i[(t_i.P \cup t_i.I) \cap S_i.V = \emptyset]$$

检查一个 RT-EFSM 是否包含状态 – 迁移冲突的算法如表 3-6 所示。

表   3-6

算法 3.3   RT-EFSM 模型的状态 – 迁移冲突消除算法

输入：RT-EFSM 模型 $M=<S^*, S_0, I, O, T, V, E, L>$。
输出：状态 – 迁移冲突对集合 $ST_{conf}=\{<S_1, t_1>, <S_2, t_2>, \cdots, <S_n, t_n>\}$。

```
01.    GetStateTransitionConflict{
02.      for_each Sᵢ ∈ S*{
03.          for_each(tᵢ∈T&&Head(tᵢ)=Sᵢ){
04.          if(((tᵢ.P||tᵢ.I) ∩Sᵢ.V)= Φ)
05.              STconf.add (<Sᵢ,tᵢ>);
06.          }
07.      return STconf;
08.      }
09. }
```

（3）确定性验证

1）静态确定性验证

RT-EFSM 的静态确定性是指在任意一个状态下，对确定的状态迁移条件，其迁移的目标状态是唯一的，即应满足下列条件：

$\exists S_i \in S^*, \exists S_j \in S^*, t_i \in T(S_i), t_j \in T(S_j), t_{ij}=<S_i, I(t_{ij}), C(t_{ij}), act_{ij}, O(t_{ij}), S_j>$，且 $|t_{ij}|=1$

从上述描述可以看出，若 RT-EFSM 模型是不确定的，则意味着在特定迁移条件下，系统可完成不可预期的状态迁移，这无疑将使系统建模存在隐患，导致无法预期的执行结果。

将图 3-7 的状态进行变异后，可给出状态不确定的示例。图 3-12 中状态 S_2 和 S_3 的迁移条件中对高度的判断存在缺陷，使得当 $h==0xFA5$ 时，既可进行状态 S_2 的自迁移，也可进行 S_2 到 S_3 的迁移。

RT-EFSM 模型静态不确定性判定算法如表 3-7 所示。

表   3-7

算法 3.4   RT-EFSM 模型的静态不确定性判定

输入：RT-EFSM 模型 $M=<S^*, S_0, I, O, T, V, E, L>$。
输出：当 M 为不确定时返回 FALSE，否则返回 TRUE。

```
01.    M_Certain(Sᵢ,tᵢ,tⱼ) {
02.      for_each Sᵢ∈S*{
```

（续）

算法 3.4　RT-EFSM 模型的静态不确定性判定

```
03.          for_each t_i, t_j∈T(Head(t_i)==Head(t_j)=S_i){
04.              if((t_i.I== t_j.I)&&( t_i.P== t_j.P)&&(t_i.o==t_j.o)
05.                      &&(t_i.O==t_j.O)&&(Tail(t_i)!=Tail(t_j)))
06.                  return FALSE;
07.              }
08.          }
09.      return TRUE;
10.      }
```

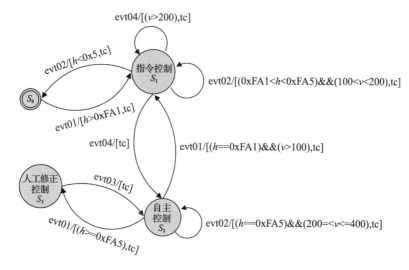

图 3-12　RT-EFSM 状态不确定示例

2）动态确定性验证

我们提出的面向实时嵌入式软件的 RT-EFSM 模型是后续进行模型验证的基础。由 RT-EFSM 的定义可知，RT-EFSM 八元组中的 V 是一个三元组 <IV，CV，OV>，其中 CV 代表环境变量的集合，它不受测试人员的控制，其值由状态迁移的操作来确定。因此，当 RT-EFSM 模型中的状态迁移中包含前置条件，且前置条件中包含内部环境变量，则 RT-EFSM 存在不确定性，此时下一个状态不仅与当前状态和输入有关，而且与内部环境变量有关，我们称这种不确定性为动态不确定性。

对于 RT-EFSM 的动态不确定性，处理方法如下：

❑ 对于前置条件中仅包含输入参数的 RT-EFSM，可通过算法 3.4 进行判定，从而保证模型的确定性。

❑ 对于前置条件中包含输入参数和内部环境变量的 RT-EFSM 模型，可采用状态分解的方法，消除由内部环境变量所引起的状态迁移的不确定性，即保证从任意状态出发的迁移都不受内部环境变量的约束。具体做法是采用等价类划分的方法，将受内部环境变量约束的状态迁移划分为相互独立的子状态。RT-EFSM 模型的动态不确定性处理算法如表 3-8 所示。

表   3-8

算法 3.5   RT-EFSM 模型的动态不确定性处理

设 M 为 RT-EFSM 模型，M 中的状态集合为 S^*，$S_i \in S^*$，对于 $t_i \in T_{out}(S_i)$，$T_{out}(S_i)$ 为从 S_i 出发的所有迁移的集合。若 t_i 存在前置条件，且该前置条件中包含内部环境变量，则可将该前置条件分解为两个子状态，处理方法如下：

令 S^* 为原 RT-EFSM 中状态的集合。

1）从 S^* 中任取一个状态 S_i，令从 S_i 出发的状态集合为 $T_{out}(S_i)$。

2）考察 $T_{out}(S_i)$ 中前置条件不为空的状态迁移，若该前置条件存在内部环境变量，则 S_i 可以分解为 S_{i1} 和 S_{i2} 两个子状态：S_{i1} 为前置条件不等于 TRUE 时的子状态，S_{i2} 为前置条件等于 TRUE 时的子状态。

3）若 $T_{out}(S_i)$ 中还存在未考察且前置条件不为空的状态迁移，则继续进行状态分解，即若某个子状态中内部环境变量的取值区间包含了该前置条件，则对该子状态根据当前的前置条件继续进行分解。

4）若 $T_{out}(S_i)$ 中的状态迁移都已经考察完毕，令 $S^*=S^*-S_i$，且在状态迁移可执行路径表格中填入分解后的每一个子状态以及从每个子状态出发的可执行的状态迁移。若 $S^*=\varnothing$，分解结束，否则转到步骤 1。

3.3   基于实时扩展 UML 与 RT-EFSM 的测试用例生成

3.3.1   UML 与 OCL 基本概念及技术

1. UML 的概念

20 世纪 60 年代软件危机的产生，直接导致了软件工程思想和方法的诞生，特别是面向对象方法的产生和发展，极大地提高了软件开发的效率和质量。统一建模语言（UML）是面向对象技术与可视化建模技术发展的里程碑，是一种对软件系统的组成部分进行规约说明、可视化、创建和文档记录的语言，它融合了 Booch、OOSE（Object-Oriented Software Engineering）和 OMT（Object Modeling Technology）等建模方法中的基本概念和优点，广泛应用于各种应用领域，得到了工业界和其他业界的广泛支持。

1997 年 UML 被美国工业标准化组织（OMG）接受，发布了 UML 的标准版本。经过 UML1.x 版本的不断发展，目前 UML 版本已经更新到 2.x。UML 是对软件系统中的人工制品进行可视化表示、详细刻画、构造和存档的标准语言，它同样适用于业务建模以及其他非软件系统。与其他的建模模型相比，UML 提供了不同的建模元素，从不同的视角和层次描述面向对象软件系统，降低了建模的复杂度。由于建立了基于模型的体系结构，UML 提供了灵活的扩充机制，使开发人员可以根据不同的领域需求定制自己的铅版（Stereotype），从而易于加入新的建模概念和元素。UML 可以用在软件开发的各个阶段，进行需求分析、详细设计，最近还有相关研究用 UML 来进行软件开发以及测试。UML 可以方便软件开发团队中各角色之间的沟通与交流，还能通过一种直观的方式向用户演示软件未来的模样，验证软件设计与需求之间的一致性，减少软件开发过程中出现的问题。

UML 是一种半形式化规约语言，因为它允许一定程度的模糊性且并不完全要求完备性。但是，如果建模者对 UML 在语法和语义方面进行适当扩展，则可构造出一个完备的、一致的、不模糊的规约，这正是自动化测试所要求的基本条件。

2. UML 的基本技术

UML 的主要内容包括以下三个部分：UML 的定义、UML 的规则及 UML 的公共机制。UML 的定义包括 UML 语义和 UML 表示法两个部分。UML 语义描述了 UML 的精确元模型定义，元模型为 UML 的所有元素在语法和语义上提供了简单、一致、通用的定义性说明。UML 表示法定义 UML 符号的表示法，为开发者或开发工具使用这些图形符号和文本语法进行系统建模提供了标准，在语义上它是 UML 元模型的实例，由五类视图（共 9 种图形）来定义。UML 的规则用来将 UML 图形符号有机地结合在一起。UML 的公共机制提供了对 UML 进行详述、修饰和扩展等机制和功能。

（1）UML 语义

UML 的语义描述了 UML 的精确元模型定义，它定义在一个四层的建模概念框架中，不同的层次表达不同的抽象语义。这四层分别是：

- ❑ 元元模型（Meta-meta Model）层：定义了 UML 元模型的语言，是 UML 元建模体系结构的基础结构。元元模型层的元素包括 MOF 类、MOF 属性和 MOF 关联等。
- ❑ 元模型（Meta Model）层：组成 UML 的基本元素，包括面向对象和面向组件的概念，这一层的每个概念都是元元模型的实例。元模型层的元素包括 UML 类、UML 状态、UML 活动等。
- ❑ 模型（Model）层：组成 UML 的模型，这一层中的每个概念都是元模型层中概念的一个实例，主要负责定义描述信息论域的语言。这一层的模型通常叫作类模型（Class Model）或类型模型（Type Model）。模型层元素的例子包括银行自动取款机系统的组件图、用例图等。

❑ 用户模型（User Object）层：这一层中的所有元素都是 UML 模型的实例。这一层中的每个概念都是模型层的一个实例，主要用于描述一个特定的信息领域。这一层的模型通常叫作对象模型或实例模型。用户模型层的例子包括银行自动取款机系统等。

UML 通过这种元数据管理框架来对元数据进行定义、交换、存储和共享。它在每一层都递归地定义语义结构，从而使语言更精确、更正规，并且可以用它来定义重量级和轻量级的扩展机制。

（2）UML 表示法

UML 表示法是 UML 语义的可视化表示，是用来实现模型系统的工具，是模型的图形化表示。

对于一个软件系统，尤其是一个复杂的软件系统，需要从多个方面对它进行描述，因此就有了视图（View）的概念，不同的视图从不同的角度描述了系统的不同方面。UML 由 5 类视图组成，每个视图都侧重描述系统的一个方面。这 5 个视图是彼此相关、交互的，运用它们可以对软件系统进行全面的描述。UML 提供了 9 种图（Diagram），为系统的不同视图建模提供了工具，这些图从不同的应用层次和不同角度为软件系统的开发全过程提供了有力的支持，在不同的阶段可以根据不同的目的建立不同的模型。

❑ 用例视图（Use Case View）：从外部用户的角度出发，通过用例描述了系统的行为，供最终用户、分析人员和测试人员观察和分析，主要包括用例图（Use Case Diagram）。

❑ 静态视图（Static View）：包括类图（Class Diagram）、对象图（Object Diagram）和包图（Package Diagram）。其中，类图描述了系统中类的结构以及类之间的关系；对象图是类图的实例，一个类图可以形成多个对象图的实例；包图用于描述系统的分层结构，是多个类图的集合形成的一个更高层次的单位。

❑ 行为视图（Behavior View）：描述系统的动态模型，包括状态图（State Chart Diagram）和活动图（Activity Diagram）。状态图描述一个特定对象所有可能的状态以及状态间的相互转换，活动图描述系统的工作流程和并发活动。

❑ 交互视图（Interactive View）：描述对象间的动态交互关系，包括顺序图

（Sequence Diagram）和协作图（Collaborate Diagram）。顺序图着重体现对象交互的时间和顺序，协作图着重体现交互对象间的静态联系。

❑ 实现视图（Implementation View）：描述系统实现的一些特性，包括构件图（Component Diagram）和配置图（Deployment Diagram）。构件图描述代码部件的物理结构及部件之间的依赖关系，配置图定义系统中软硬件的物理体系结构。

（3）UML 的公共机制

UML 通过公共机制为图附加一些信息，这些信息通常无法用基本的模型元素表示。常用的公共机制有修饰、笔记和规格说明等。

❑ 修饰：在图的模型元素上添加修饰，为模型元素附加一定的语义，方便建模者把类型和实例区别开。比如，当某个元素代表一个类型时，它的名字显示为黑体字，当用这个类型代表其对应类型的实例时，在其名字下加下划线，同时指明实例的名字和类型的名字。

❑ 笔记：为了在模型中添加一些额外的模型元素无法表示的信息，UML 提供了笔记功能，笔记可以放在任何图的任何位置，可以包含各种各样的信息，作为对某个元素的解释或说明信息。通常用虚线把含有信息的笔记与图中的元素联系起来。

❑ 规格说明：模型元素具有一些性质，这些性质以数值方式体现。一个性质用一个名字和一个值表示，通常又称作加标签。加标签值用整数或字符串等类型详细说明。

（4）UML 的扩展机制

UML 为描述软件蓝图提供了一种标准的语言，但是，没有一种语言能够充分地表达所有领域中的所有模型，例如实时嵌入式系统。因此，UML 被设计成开放的，可以通过受控的方式对其进行扩展。扩展机制允许使用者在不改变基本建模语言的情况下做一些通用的扩展，UML 的扩展机制包括构造型、标记值和约束：

❑ 构造型（Stereotype）：在已有模型的基础上构造的一种新的模型元素。构造型只是扩展了语义，但不能改变已经存在的类型或类的结构。可以将构造型看成特殊的类——它们有属性和操作，但是在使用上以及与其他元素的关系上有着特殊的约束。

❑ 标记值（Tagged Value）：扩展 UML 构造块的特性，允许在元素的说明中添加新的信息。标记值由一对字符串组成：一个标记字符串和一个值字符串。

标记是建模者要记录的一些特性的名字，而值是给定元素的特征值。例如 Student.name=Kate，其中 name 是标记，而 Kate 是值。标记值可以用来存储任何元素的任何信息。

❑ 约束（Constraint）：扩展 UML 构造块的语义，允许加入新的规则或者修改已存在的规则。约束是用文字表达式表示的语义限制。约束可以表示 UML 表示法不能表示的约束关系，可以附加在表元素、依赖关系或注释上。

3. 对象约束语言及其应用

（1）OCL 功能简介

对象约束语言（OCL）是一种用于表达施加在模型元素上的约束的语言。OCL 表达式以附加在模型元素上的条件和限制的形式来指定规则。这包括指定附加在模型元素上的不变量或约束的表达式，附加在操作和方法上的前置条件和后置条件以及模型元素间的导航。OCL 的主要功能可以归纳为：对模型进行语义约束，对模型进行查询。其详细功能如下：

❑ 详细说明类中的常量以及类模型中的类型；

❑ 详细说明原型扩展（Stereotype）的类型常量；

❑ 描述操作和方法的前置条件和后置条件；

❑ 描述成立条件（Guard Condition）；

❑ 详细说明消息和活动的目标（集合）；

❑ 详细说明操作的约束条件；

❑ 详细说明任一 UML 模型表达式的属性的语义规则。

（2）OCL 的语法

OCL 的语法主要分为表达式、数据类型、操作、模型类型等。OCL 表达式由若干表达式和所使用的相应的类型特性构成。上下文声明由关键字 context 和约束的类名或操作名组成。约束由上下文声明和跟随其后所指定固化类型的表达式的列表组成。Self 关键字表示上下文实例。其中，固化类型包括：

❑ inv：<invariant> 表示常量、不变量；

❑ Pre：<precondition> 表示前置条件；

❑ Post：<postcondition> 表示后置条件。

下面介绍几种常用的表达式。

❑ 导航表达式：OCL 应当能够表示从一个上下文对象开始，沿着链接得到其他对象，以确定所需要的模型元素。由于这个过程需要遍历对象网的一部分，所以称表示这些对象的表达式为导航表达式。导航的基本形式是从一个对象到另一个对象的链接。

❑ 包上下文表达式：

```
package Package::SubPackage
      context X inv:
      ... 不变量定义 ...
      context X::opertionName()
   Pre:
      ... 前置条件定义 ...
Endpackage
```

❑ 操作体表达式：

```
context Typename::operationName(param1:Type1,...):Return Type
body:-- 某些表达式
```

❑ 初始和提取值表达式：

```
context Typename::attributeName:Type
init:-- 表示初始值的表达式
context Typename::assocRoleName:Type
derive:-- 表示提取值的表达式
```

OCL 数据类型和操作名如表 3-9 所示。

表 3-9　OCL 数据类型及操作名

基本类型	值	操 作
Boolean	True,false	And,or,nor,not,implies,if-then-else
Integer	1, −10, 1002, ⋯	*, +, -,/,abs(),round(),floor()
Real	3.14, −2.6, ⋯	*,+,-,/,floor()
String	'just in time'	ToUpper(),Size(),Concat()

OCL 的模型类型包括抽象数据类型和具体数据类型，其中抽象数据类型主要是聚集（Collection），具体数据类型主要是集合（Set）、袋（Bag）和序列（Sequence）。

3.3.2　UML 与软件测试

前面介绍了 UML 的定义、公共机制及扩展机制，可以看出 UML 已被广泛应用于工业和研究领域。UML 提供的五类视图从不同的角度反映了软件系统各个方面的特征，不仅能作为软件开发过程中分析和设计的建模工具，还能为软件测试提供解决方案。例如，UML 类图可以用于辅助完成单元测试；构件图和协作图能够反映软件构件的接口和调用关系，以及对象动态合作关系，可用于集成测试；用例图和一些动态图（状态图、活动图、顺序图等）能够分析系统的功能及动态行为，可用于系统测试。

从软件测试的角度来看，UML 模型是获取测试信息的重要基础，通过 UML 模型自动分析生成测试用例，能够减轻测试工作的负担，大大提高测试效率和质量。嵌入式软件由于复杂性、高可靠性和实时性等特点，对测试技术提出了新的挑战，在嵌入式软件的测试中引入 UML 是目前研究和发展的趋势。

1. 基于 UML 的软件测试研究现状

目前有关如何从 UML 分析模型（用例图、类图、顺序图、合作图）生成测试用例的研究多处于理论阶段，早期研究都是将这些 UML 分析模型转换或扩充为其他的形式化描述（如 FSM、EFSM），然后从中提取测试用例，如基于 UML 状态图、活动图、用例图、顺序图及基于多种 UML 图相结合的测试方法。

2. 基于 UML 的软件测试的优点

通过对以上各种 UML 模型在软件测试中的应用分析可见，UML 模型在测试方面有如下优点：

❑ 通用性：UML 作为标准的建模语言，具有广泛的适用性，被软件开发界广泛采用，指导软件工程各个阶段的工作，并且有大量商业化工具的支持。

❑ 强大的描述能力：UML 提供多种视图和模型，使得建模者能从不同的层次和角度去描述软件系统的结构和行为。

❑ 可重用性：UML 模型支持软件开发各阶段对系统各方面的信息进行建模。这些模型不但便于软件的开发，还可以指导测试的设计，避免了专门为测试构造模型，实现了模型的重用，同时也把软件的测试与开发过程集成起来。

❑ 可迭代性：可以在软件需求阶段就开始测试活动，并随着软件设计活动的细化不断修改和细化建立的测试模型。通过这种迭代过程，可以尽早发现软件需求中的缺陷，使得测试活动和开发活动可以并行进行，让测试工作贯穿软件开发的全过程。

❑ 强大的管理能力：UML 的视图分层机制和包机制具有强大的管理能力，而且在一定的程度上解决了状态空间爆炸的问题。

❑ 较坚实的理论基础：UML 的理论基础为后续相关研究奠定了基础，提供了良好的支持。

3. 基于 UML 的软件测试的缺点

尽管 UML 有以上种种优点，但它并不能适用于所有领域的所有细节建模，基于

UML 模型的软件测试往往存在以下缺点:

❑ 对实时嵌入式领域的系统进行建模时,缺乏时间特性的描述,并且缺乏详细定义的语法和语义的支持,因此需要进行实时扩展才能用于实时嵌入式软件测试。

❑ UML 模型众多,在测试前,关于选择哪些模型建模、如何进行软件功能划分和模型构造,需要一些前期探索和研究。

3.3.3 UML 实时扩展

尽管 UML 提供了强大的描述能力,深受工业界的欢迎,但是对实时嵌入式软件测试的建模存在一些缺陷,比如对于嵌入式软件的实时性、无二义性及其他特性缺乏有力的描述手段,容易存在歧义,因此无法满足实时嵌入式软件测试的要求。本节将利用 UML 的扩展机制,从构造型、标记值和约束等方面,完成对 UML 的实时扩展。

1. UML 状态图的实时扩展

UML 状态图基于 Harel 经典状态图,是有限状态机模型的扩展,强调对复杂实时系统进行建模,同时提供了层次、并发和广播等机制的描述,因此越来越多地应用于实时嵌入式软件测试领域。UML 状态图可表述为:

$$\text{UML 状态图} = \text{FSM} + \text{嵌套} + \text{并发} + \text{广播机制}$$

鉴于 FSM 和 EFSM 的相关理论已取得相当多的研究成果,并已成功应用于电信、网络、嵌入式系统等领域,这些研究为基于 UML 状态图和 RT-EFSM 的实时嵌入式软件测试技术提供了良好的支持,因此本节采用基于 UML 状态图的实时扩展完成实时嵌入式软件系统的建模过程。UML 状态图的实时扩展主要从状态的改进和扩展、状态迁移的改进和扩展、引入时间约束机制三个方面展开。

(1)状态的改进和扩展

在 UML 表示中,状态表示对象在其生存期中的一种条件或状况,状态行为描述了对象活动的过程。实时嵌入式软件测试建模中,被测系统在生存期中的状态必须是有限的,而系统在某状态下行为的时序特征也是确定的。

UML 状态图由状态与状态之间的迁移构成,一般而言,状态的分类如下:

❑ 简单状态:不含层次、复合和并发的状态。

❑ 复合状态:一个状态内嵌套了若干个状态,即状态图包含层次关系,称包含其他状态的状态为超状态,被嵌套的状态为子状态。

❑ 伪状态：一种特殊表示的抽象状态，如初始状态和终止状态。

在基于 UML 状态图的测试动态行为建模过程中，除初始伪状态和终止伪状态外，为了更好地描述被测系统，我们在 UML 状态图建模中对状态进行了改进和扩展，主要是增加了部分伪状态来定义和描述实时嵌入式软件动态行为。表 3-10 给出了实时嵌入式软件测试中，扩展后各伪状态的功能描述。

表 3-10　UML 状态扩展后的伪状态

伪状态	描　　述
分支伪状态	一组可能的目标状态，最多只有一个"或状态"会在监护条件被激活，是现有转换段上监护的结合
连接伪状态	将多个状态转换连接起来，或将一个转换分割成一组连续的转换段
合并连接伪状态	连接状态的一种，其中多个传入转换可以结合起来创建一个进入或状态的转换，尤其是当多个由不同事件触发的转换共享一个动作列表和（或）监护时
选择伪状态	一种在进入下一个转换之前执行其动作列表的连接。该状态允许动作绑定到第一个转换段中，以便它们能在后续监护表达式赋值之前执行
与（AND）状态	UML 状态图使用"与状态"表示可与其他状态同时并发处于活动状态的独立状态
或（OR）状态	UML 状态图使用"或状态"表示不能与其他状态同时并发处于活动状态的独立状态
广播事件	所有对等状态同时收到同一事件
传播事件	在一个"与状态"或对象中进行的转换结果被发送出去
IS_IN( ) 操作符	括号里的参数为某一状态，表示使用该操作符时正处于这个状态

（2）状态迁移的改进和扩展

在利用 UML 状态图对实时嵌入式系统进行动态行为描述时，沿着状态图进行遍历是通过接收事件和执行状态迁移完成的。状态迁移由事件的接收触发，而在指定了传出迁移的状态中，迁移是被该事件触发的。

在实时嵌入式软件测试中，将 UML 状态图中迁移的类型扩展为如下四种类型：

❑ 自迁移：源状态和目标状态均为同一状态；

❑ 内部迁移：某状态的内部活动，状态总体并不发生变化；

❑ 完成迁移：根据状态内动作的完成而自动触发的迁移；

❑ 复合迁移：把简单迁移通过分支、判定、并发等组合而一起触发的迁移。

状态迁移一般由触发事件、参数、监护以及动作等组成，状态迁移可定义为：

$$\text{event-trigger(parameters)[guard]/action list}$$

其中：

❑ 事件－触发（event-trigger）是触发转换的事件，它和参数列表一起组成了转换事件的标识，若迁移上未标注触发转换的事件则表示迁移自动进行。

❑ 监护（guard）是布尔表达式，表示触发状态迁移必须满足的条件，对于将要进行的转换，它的值必须为 TRUE。实时嵌入式软件测试中将 OCL 与 UML 状态图相结合来描述被测系统动态行为执行过程中的约束，即采用 OCL 来描述状态图迁移中的前置条件、监护条件、变量、时间约束等。

❑ 动作列表（action list）作为正在进行的转换的结果被执行，这些操作将作用于某些对象，执行动作是原子的，不可中断。对于触发入口和出口的迁移，实时扩展后状态中的局部时钟 lt 会发生响应变化。

（3）引入时间约束机制

在实时嵌入式软件测试中，一般都存在与时间有关的事件，即对事件发生的时序及时间都有着严格的要求，而这些在原 UML 状态图中无法体现，因此需要通过增加 OCL 约束来提供时间约束描述机制，主要包括如下几种：

❑ 引入时钟变量。实时嵌入式软件的行为与时间密切相关，因此需要用时钟来记录状态迁移的发生和结束。状态图是分层描述的，为了降低建模的难度以及不同状态图之间的耦合关系，需引入全局系统时钟 gt 和各状态内局部时钟 lt_i。全局时钟 gt 用来记录主状态图从开始到结束经历的时间，局部时钟用来记录各子状态之间的迁移经历的时间，子状态局部时钟可通过相应的计算规则得到相应动态行为的全局时钟值。如图 3-13 所示，当发生 event 且系统时钟到达 1000 后迁移到状态 $state_i$，且激活状态 $state_i$ 后首先进行状态内局部时钟 lt_i 的初始化工作。

特别需要说明的是，在某些情况下，状态的自迁移不需要重置当前状态的局部时钟，而由于外部迁移均会激活 entry 活动，这会导致状态内局部时钟的重置。解决办法是使用自迁移，由于自迁移不存在目标状态，因此迁移不会改变当前状态，即使迁移存在动作，也不会激活 entry 动作，可保证局部时钟不被重置。

❑ 超时事件约束。这是指在某个状态只能保持规定的时间，超时之后，系统将迁移到另一状态。在图 3-14 所示的状态迁移中，在超时时间 time1 内，一直处于 state1，超时后，自动迁移到 state2。

❑ 操作时间延迟约束。这是指状态迁移中附带的操作需延迟一段时间。在图 3-15 所示的状态迁移中，SendData( ) 操作应当延迟 delaytime 后才能执行。

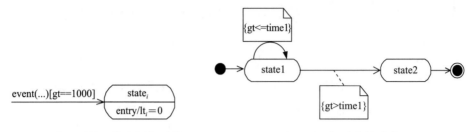

图 3-13　全局时钟和状态局部时钟　　　　　　图 3-14　超时事件约束

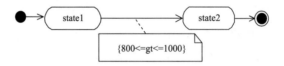

图 3-15　操作时间延迟约束

❑ 受时间约束的迁移。这是指状态迁移只能发生在某个时间段。在图 3-16 所示的状态迁移中，允许在 800～1000 个时钟周期内发生相应的迁移。

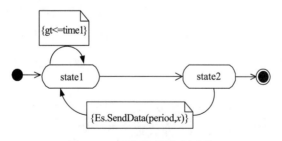

图 3-16　受时间约束的迁移

❑ 周期事件约束。这是指某些操作属周期性执行，或者事件、迁移在状态图中周期性发生。在图 3-17 所示的状态迁移中，在系统时钟大于 time1 后，每隔 period 时间，state2 自动迁移到 state1，共发生 x 次。

图 3-17　周期事件约束迁移

❑ 时间反馈行为。实时嵌入式系统往往对外部激励存在时间反馈问题，即必须在某个时间约束内做出响应，因此本节给出了时间反馈行为的描述方法。在

图 3-18 所示的状态迁移中，状态 state2 接收到事件 event1 后，反馈时间（状态内局部时钟 lt_2）必须满足时间约束 $a \leqslant lt_2 \leqslant b$。

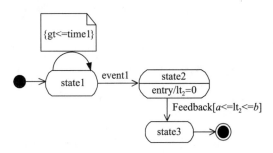

图 3-18　状态迁移中的反馈时间约束

基于上述实时扩展方案，图 3-19 给出了基于实时扩展 UML 的某航电实时嵌入式系统 – 惯性 / 卫星组合导航系统的模型实例。

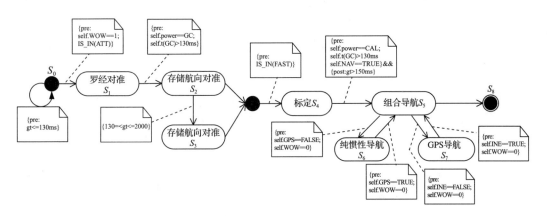

图 3-19　基于实时扩展 UML 的航电实时嵌入式系统模型实例

2. UML 类图的扩展

类图是面向对象系统建模中最常用的图，它展示了一组类、接口、协作和它们之间的关系。在实时嵌入式软件测试需求分析中，类图表述系统中对象与对象间的关系，主要表述软件系统的静态结构。类图中的操作和属性为状态图中的迁移提供了必要的信息，是状态图动态建模中不可缺少的一部分。

UML 类图的扩展主要完成实时嵌入式软件静态行为建模，扩展时增加了一些与嵌入式系统密切相关的构造型。针对实时嵌入式软件测试，类图的扩展方案遵循以下原则：

❑ 不需要为 UML 增加基本的模型元素。在原有 UML 模型元素的基础上，进行了语义和词汇的扩展。

❑ 扩展的构造型适用于大多数实时嵌入式系统，可全面表述实时系统的结构特点。

在实时嵌入式软件测试中，对类图的扩展描述如下：

❑ 增加构造型 <<EQUIPMENT>>，用于描述实时嵌入式设备。实时嵌入式设备是被测系统及其周围交联设备的对象，在实时嵌入式软件仿真测试中，应依据系统接口控制文档（Interface Control Document，ICD）构造被测系统周围交联设备的仿真模型，并在测试过程中通过测试仿真模型按照 ICD 要求的时序发送和接收测试数据。只有这样才能保证被测系统的运行环境与实际运行环境相一致，才能完成逼真的实时、闭环、非侵入式的系统测试。如图 3-20 所示，若航电系统中的惯导系统为被测系统，其周围交联的设备，如飞控系统、任务机系统、显控系统、大气数据计算机系统等，无法全部采用真实设备构建完整的闭环交联系统，因此应采用设备仿真的方式来实现，即在实时嵌入式软件系统测试环境构建中，仅被测系统是真实设备，而与被测系统交联的其他设备均采用仿真模型代替。

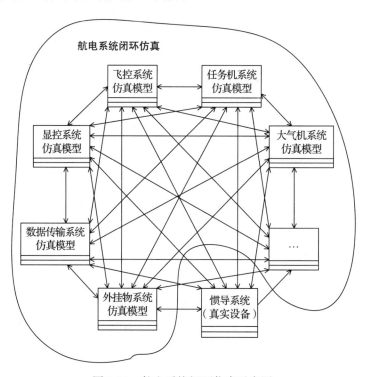

图 3-20　航电系统闭环仿真示意图

❑ 增加构造型 <<IODATAVAR>> 和 <<BLOCK>>，用于描述实时嵌入式设备之间的数据传输类型。实时嵌入式系统之间通过 I/O 和数据总线进行通信，数据协议的格式种类繁多，而总线数据以"块数据"为主要特征。为了更好地描述这些总线数据，定义构造型 <<BLOCK>> 来表示实时嵌入式系统及其交联设备之间通信的块数据类型，如 MIL-STD-1553B、ARINC429、RS232、RS422、AD/DA、DI/DO、CAN 等，图 3-21、图 3-22 及图 3-23 分别给出了 MIL-STD-1553B 总线消息中命令字、状态字和数据字的结构。

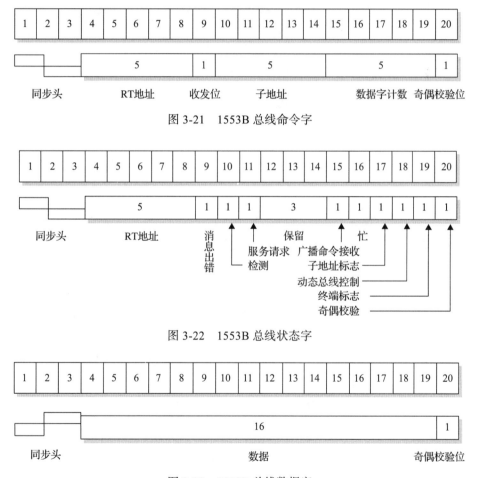

图 3-21　1553B 总线命令字

图 3-22　1553B 总线状态字

图 3-23　1553B 总线数据字

❑ 增加构造型 <<IOLINK>>，用于描述实时嵌入式设备之间的 I/O 总线连接类型。用于连接实时嵌入式系统的设备及其周围交联设备，可分为单向和双向两种连接关系。由于实时嵌入式设备之间可能存在多种连接，因此对象之间可以建立多种关联，不同的关联表示不同的连接类型。为了表示连接的数据协议类型，通过添加标记值来表示上述特征：

```
IOLINK.TransType = value    // 表示连接的数据类型
IOLINK.SrcEqpmt = value     // 表示连接的源设备
IOLINK.DesEqpmt = value     // 表示连接的目标设备
```

基于上述扩展思路，图 3-24 给出了实时嵌入式软件测试的静态建模框架。

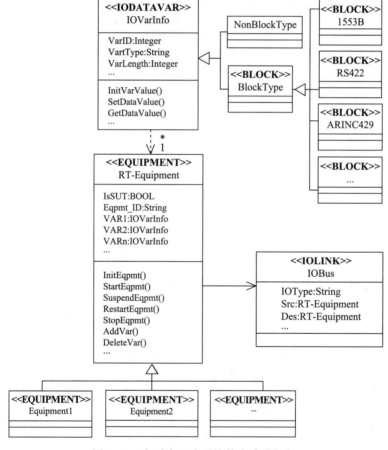

图 3-24　实时嵌入式系统静态建模框架

如图 3-24 所示，实时嵌入式系统静态建模框架主要包含如下几个类：

❑ IOVarInfo（属于构造型 <<IODATAVAR>>）是 I/O 接口数据类，隶属于某一个实时嵌入式设备，按照接口数据类型的分类可以派生出两个子类 NonBlockType

和 BlockType。其中，BlockType 属于构造型 <<Block>>，表示块数据类型；
NonBlockType 表示其他常用非块数据类型，如 double、char、float、int、long 等。
BlockType 类又能根据典型的实时嵌入式软件数据传送协议类型继承出 1553B、
ARINC429、RS422 等子类。从数据传输的角度来看，一个数据变量应该包括
以下特性：数据源、数据目的、数据类型、数据值、数据的时间标签和传输介
质。不同的被测软件有不同的接口数据要求，包括 I/O 类型以及数据格式，以
1553B 接口为例，如表 3-11 所示，一个完整的 1553B 块信息包括以下内容，
因此 1553B 类需要增加相应的属性来表示这些信息。

表 3-11　1553B 总线接口属性

名　称	属　性	含　义
Variable	int	变量标识
Source	string	源模型
RT_Source	int	源模型 RT 值
Target	string	目标模型
RT_Target	Int	目标模型 RT 值
SA	string	子地址
Interface	string	总线类型
PRI	string	优先级
Coment	string	注释信息
TransferType	string	传输类型
Period	int	周期值
AllowDelay	int	最大延迟
WriteProtect	string	重写允许
SystermCondition	string	系统状态
InterruptAllow	string	中断允许
DataLeght	int	数据项字长
DataItem	string	第 0 个数据项
…	…	…

❑ RT-Equipment（属于构造型 <<EQUIPMENT>>）是通用实时嵌入式设备类，
包含的属性和操作如表 3-12 所示。

表 3-12   RT-Equipment 属性

分 类	说 明	类 型	描 述
属性	IsSUT	BOOL	是否为被测系统，否则为 SUT 的交联设备
	Eqpmt_ID	Integer	设备唯一标识
	VAR1…VARn	Variable	设备间通信接口变量，用于存储接口数据，变量类型可分为复杂数据类型 <<BLOCK>> 或一般数据类型，通过约束表示变量取值范围
操作	InitEqpmt()	BOOL	初始化设备，返回初始化是否成功
	StartEqpmt()	VOID	启动设备运行，开始接收或发送数据
	SuspdEqpmt()	VOID	挂起设备，用于等待特定条件或消息
	ReStartEqpmt()	VOID	重启动设备
	StopEqpmt()	VOID	停止设备
	AddVar()	VOID	增加变量
	Delete()	VOID	删除变量
	…	…	…

❑ IOBus（属于构造型 <<IOLink>>）表示设备之间的总线连接关系，可分为单向连接和双向连接。

3. 实时扩展 UML 形式语义研究

UML 标准文档中给出的状态图的语义是半形式化的，主要采用自然语言结合 OCL 对状态图进行描述，这会导致模糊性和不确定性，不利于 UML 状态图与有限状态机模型之间的转换。为了精确地将实时扩展 UML 状态图自动转换为 RT-EFSM 模型，本节将结合 UML 实时扩展方案对状态图形式化语义进行研究，为后续状态图与 RT-EFSM 的转换奠定基础。

定义 3.1 实时扩展 UML 状态图 RT−SD=(ρ, tp, θ, gt)，其中：

❑ $\rho:S^* \mapsto 2^{S^*}$ 为状态精化函数，用于描述状态之间的层次关系。令 $\rho(s)$ 为状态 $s \in S^*$ 的子状态集，2^{S^*} 幂集表示 S^* 的所有子状态。令 $\rho^*(s)$ 表示 $\forall s \in S^*$，均有 $\rho(s) \in S^*$，即 $\rho^*(s)$ 定义了状态 S^* 包含自身及其所有子状态的集合。

❑ tp:$S^* \mapsto$ {smp, AND, OR, psdo} 为状态类型函数，其中：

● tp(s)=smp 表示 s 为简单状态，且 $\rho(s) \neq \varnothing$；

● tp(s)=AND 表示 s 为 AND 状态；

● tp(s)=OR 表示 s 为 OR 状态；

● tp(s)=psdo 表示 s 为伪状态。

- $\theta:S^*\mapsto 2^{S^*}$ 为缺省函数，$\theta(s)$ 定义包含在 $s\in S$ 内的缺省子状态，则有：

$$\theta(s)=\begin{cases}\theta(s)=S_{\text{def}} & \rho(s)\ne\varnothing\wedge\text{tp}(s)=\text{OR}\\\theta(s)=\varnothing & \rho(s)=\varnothing\vee\text{tp}(s)=\text{AND}\end{cases}$$

- gt 为系统的全局时钟，是系统从开始到结束的计时器。当发生状态迁移时，每个状态的入口处局部时钟 lt 重置为 0，出口处 gt 根据 lt 的值递增，具体算法参见后面的迁移结构定义及时间处理方法。

定义 3.2　父状态 $\pi:S^*\mapsto S^*$ 为 $\forall s\in S^*$ 的直接父状态。令 $s'=\pi(s)$，则 s 是 s' 的直接父状态，即有 $\forall s\in\rho(s')\Rightarrow s'=\pi(s)$。

根据上述定义，则根节点 root 的唯一性可表述为：

$$\forall s\in S^*, \exists s'\in S^*, \text{tp}(s')=\text{psdo}, s\in\rho^*(s')\Rightarrow s'=\text{root}$$

非根节点父状态的唯一性可表述为：

$$\forall s\in S^*, s\ne\text{root}, \exists s_1, s_2\in S^*, s_1=\pi(s)\wedge s_2=\pi(s)\Rightarrow s_1=s_2$$

定义 3.3　**迁移结构**。令 $\text{src}:T\mapsto S^*$, $\text{evt}:T\mapsto\text{evt}$, $\text{grd}:T\mapsto\text{grd}$, $\text{act}:T\mapsto\text{act}$, $\text{trgt}:T\mapsto S^*$ 分别表示迁移 $\forall t\in T$ 的源状态、触发事件、监护条件、动作和目标状态。则对于迁移

$$s_1\xrightarrow{\text{evt[grd]/act}}s_2$$

有：

$$\text{src}(t)=s_1, \text{evt}(t)=\text{evt}, \text{grd}(t)=\text{grd}, \text{act}(t)=\text{act}, \text{trgt}(t)=s_2$$

此时全局时钟 gt 和局部时钟 lt 的变化如下：

$$\Delta t=\text{lt}(s_2)-\text{lt}(s_1), \text{gt}=\text{gt}+\Delta t$$

定义 3.4　**状态格局**。定义 $\text{conf}:S\mapsto 2^{2^{S^*}}$ 为状态格局函数，则对于 $\forall s\in S^*$，$\exists\text{root}\in S^*$ 为根状态，格局 $C\in\text{conf}(s)$，满足：

- $\text{root}\in c$
- $\forall s\in c:\text{tp}(s)=\text{OR}\Rightarrow(\exists s'\in\rho(s):s'\in C)$
- $\forall s\in c:\text{tp}(s)=\text{AND}\Rightarrow(\forall s'\in\rho(s):s'\in C)$

定义 3.5　**活跃状态**。在实时扩展 UML 状态图中，当系统状态由状态 s_1 迁移到 s_2 后，则 s_2 变为活跃状态，s_1 变为非活跃状态。令 $\text{actv}:S^*\mapsto\{\text{TRUE, FALSE}\}$ 为状态活跃函数，则对于 $\forall s\in S^*$，当 $\text{actv}(s)=\text{TRUE}$ 时表示 s 处于活跃状态，当 $\text{actv}(s)=\text{FALSE}$ 时表示 s 处于非活跃状态。

根据上述定义，显然有：

- 当组合状态 s 为 AND 状态时，s 中所有子状态均是活跃的，可表述为：

$$\exists s_1, s_2 \in S^*, \forall s \in S^*, \text{tp}(s)=\text{OR}, \{s_1, s_2\} \subseteq \rho(s)$$

则有：

$$\text{actv}(s_1)=\text{TRUE} \lor \text{actv}(s_2)=\text{TRUE}$$

- 当组合状态 s 为 OR 状态时，s 中只有一个子状态是活跃的，可表述为：

$$\exists s_1, s_2 \in S^*, \forall s \in S^*, \text{tp}(s)=\text{AND}, \{s_1, s_2\} \subseteq \rho(s)$$

则有：

$$\text{actv}(s_1)=\text{TRUE} \land \text{actv}(s_2)=\text{TRUE}$$

定义 3.6　迁移使能。 当满足下列条件时：

- 迁移的源状态是活动的
- 迁移的触发条件满足当前事件
- 迁移的监护条件为 TRUE

表明处于某个状态格局的迁移是使能的，若令 enb:CT $\mapsto$ {TRUE, FALSE} 为迁移使能函数，令 cur_evt 表示当前事件，则有：

$$\text{actv}(\text{src}(ct))=\text{TRUE} \land \text{evt}(ct)=\text{cur\_evt} \land \text{grd}(ct)=\text{TURE} \Leftrightarrow \text{enb}(ct)=\text{TURE}$$

定义 3.7　迁移冲突。 定义 conflict(t_i, t_j, c) 表示迁移 t_i, t_j 从状态格局 c 退出时产生的迁移冲突。若某个状态格局中存在多种迁移同时使能，则这些迁移必然与其他迁移存在冲突，可表述为：

$$\text{conflict}(t_i, t_j, c) \Leftrightarrow \text{enb}(ct_i)=\text{TRUE}, \text{enb}(ct_j)=\text{TRUE}, ct_i \neq ct_j, \text{src}(ct_i)=\text{src}(ct_j)$$

定义 3.8　迁移优先级。 对于 $\forall t_i, t_j \in T$，令 prior(t_i, t_j) 表示状态迁移优先级函数，若 prior(t_i, t_j)=TRUE，表示 t_i 的优先级高于 t_j。则有：

- 若状态 s_i 是状态 s_j 的子状态，且迁移 t_i 和 t_j 分别源于 s_i 和 s_j，则显然 t_i 比 t_j 优先级高，即

$$s_i \in \rho^*(s_j) \Rightarrow \text{prior}(t_i, t_j)$$

- 若状态 s_i 和状态 s_j 不属于同一状态格局，且迁移 t_i 和 t_j 分别源于 s_i 和 s_j，则 t_i 和 t_j 不可能出现迁移冲突，也就无优先级的区分，即

$$\neg \exists(s_i \in c_i \land s_j \in c_j) \Rightarrow \neg \exists \text{prior}(t_i, t_j)$$

定义 3.9　迁移连接。 对于 $\forall t_i, t_j \in T$, tp(src(t_j))=psdo，则令 $t_i \leftrightarrow t_j$ 表示迁移 t_i 与缺省迁移 t_j 为连接关系，即

$$\exists t_i, t_j \in T, t_i \leftrightarrow t_j \Rightarrow \text{trgt}(t_i)=\text{trgt}(t_j)$$

定义 3.10　迁移划分。 对于 $\forall t_i, t_j \in T$，令 $t=t_i \otimes t_j$ 表示迁移 t 被划分为迁移 t_i 与迁移 t_j，则此时迁移 t_i 和 t_j 为划分关系，即

$$\exists t\in T,\ t=t_i\otimes t_j\Rightarrow t_i\in T,\ t_j\in T$$

3.3.4　基于实时扩展 UML 与 RT-EFSM 的测试用例生成过程

1. 测试用例生成过程

随着 UML 建模技术与形式化方法的不断发展，将 UML 与传统的形式化方法相结合，已成为当前实时嵌入式软件测试领域研究的重要内容之一。一方面，作为事实上的工业标准，UML 自推出之后已经获得了广泛的支持，许多大公司纷纷加入其阵营并推出了支持 UML 的 CASE 工具，如 Rational 公司的 Rose 系列工具，iLogix 公司的 Rhapsody 等，方便用户利用已有的建模工具；另一方面，形式化方法能够消除测试中的二义性，因此增强了测试的准确性和一致性，提高了测试的自动化程度和测试效率。综上所述，将 UML 与形式化方法相结合是软件测试领域研究的热点。

实时嵌入式软件系统测试的依据是被测软件的相关文档，主要包括软件任务书、软件需求规格说明书、接口控制文档（ICD）、用户手册等。通过分析被测软件的结构、功能、接口和状态信息，明确系统的输入、输出及其映射关系，建立被测软件的静态和动态模型，分别对系统的结构和行为进行描述，再结合测试用例生成方法，从而自动生成测试用例。

基于实时扩展 UML 与 RT-EFSM 的测试用例生成过程建模原理如图 3-25 所示。

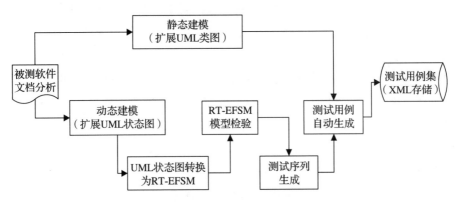

图 3-25　基于实时扩展 UML 与 RT-EFSM 的测试用例生成过程

基于实时扩展 UML 与 RT-EFSM 的测试用例生成过程如下：

1）被测软件文档分析。对开发单位提供的被测实时嵌入式软件文档，如软件研制任务书、需求规格说明书、ICD、用户手册及 POP 手册，在文档分析过程中应当与软件开发人员进行充分交流，以获取软件的相关信息（包括功能和非功能特性）。

2）基于扩展 UML 类图的静态建模。主要工作是识别被测软件的输入、输出静态信息，包括被测系统周围交联设备信息、总线及 I/O 接口变量（元素）信息、数据交互的时序要求、硬件接口等。例如用扩展的构造型描述被测系统及其周围交联的各个设备，用构造型 <<BLOCK>> 描述 I/O 及数据总线上的块信息，一般包括信息块名称、描述、刷新周期、传输类型、传送周期、接收对象等。此外，应该理解软件内部的数据交换和计算过程，一般包括块数据、信号量、模拟量、变量信息等。

3）基于实时扩展 UML 状态图的动态建模。使用实时扩展的状态图和 OCL 语言完成实时嵌入式系统的动态行为建模，主要工作是：识别系统功能实现过程中呈现的可观测的状态信息，包括前置条件约束、触发事件、迁移约束、相应的系统动作以及预期状态，结合系统状态迁移信息，构造各超状态和子状态；记录测试输入发生条件和响应发生条件；研究输入序列和软件的逻辑控制流，如输入发生时刻、软件系统接收特定输入的条件、输入处理顺序等。

4）实时扩展 UML 状态图到 RT-EFSM 的转换。正如本章开篇所述，UML 作为事实上的工业标准，具有强大的工具资源优势，我们推荐采用实时扩展 UML 对被测实时嵌入式软件进行建模。为得到 RT-EFSM，必须首先将实时扩展 UML 状态图（含层次、并发）转换为展平 UML 状态图，展平状态图可直接对应 RT-EFSM，进而可完成模型验证，以及测试序列和测试用例自动生成。

5）RT-EFSM 模型验证。为保证模型质量，需要对生成的 RT-EFSM 模型进行确定性、可达性和一致性验证，使其成为完备的、一致的、强连通的，为后续基于 RT-EFSM 的测试用例自动生成奠定基础。

6）基于 RT-EFSM 的测试序列和测试用例自动生成。本书引入实时嵌入式系统时间区域划分方法和时间约束迁移等价类的概念，采用基于测试场景树的方法自动生成测试序列和测试用例，并最终将测试用例以 XML 格式存储，便于测试人员将其转换为特定测试平台识别的测试描述，以驱动测试执行。

2. 实时扩展 UML 状态图到 RT-EFSM 的转换

对于 UML 状态图与有限状态机之间的转换方法，国内外已有不少研究成果，如基于 D. Harel 及其 STATEMATE 工具支持的展平法，基于 Y. G. Kim 的平坦化方法，基于 Petri 网逐步求精使层次化状态图转化为结构化等。下面结合 RT-EFSM 及实时扩展 UML 状态图的形式语义，对现有技术和方法进行了扩展，提出了一种实时扩展 UML 状态图到 RT-EFSM 的转换方法。

显然，根据实时扩展 UML 状态图的形式语义，不带层次和并发结构的简单状态图可等价于有限状态机，因此实时扩展 UML 状态图转换后得到的（展平后）RT-EFSM 可定义如下。

定义 3.11　实时扩展 UML 状态图转换后得到的（展平后）RT-EFSM=<Gstates, S_0, Gtrans>，其中，Gstates 是全局状态（状态格局）的集合，S_0 是全局状态的初始状态，Gtrans 是全局迁移（格局迁移）路径的集合。

（1）构建全局状态

一个系统可以同时拥有的最大的状态集合称为全局状态，记为 GS。构造全局状态的规则如下。

GS∈S，且满足：① GS 包含根状态 root；②对于每一个 AND 复合状态 s，或者 s 和它的子状态都在 GS 中，或者它们都不在 GS 中；③对于每一个 OR 复合状态 s，或者 s 和它的仅有的一个子状态在 GS 中，或者 s 和它的所有子状态都不在 GS 中。

基于上述性质，获取 GS 的步骤如下：

1）由 UML 状态图产生状态树，步骤如下：

　　a）将状态图的根状态作为状态树的根状态 root。

　　b）对状态图进行广度优先搜索，将其子状态作为 root 的孩子结点。

　　c）继续对孩子结点进行操作 b，直到没有孩子结点，即搜索到原子状态。

　　d）对状态树中的兄弟结点的关系进行改进：

❑ 如果在状态树中，兄弟之间是或状态的关系，则不用改变。

❑ 如果在状态树中，兄弟之间是与状态的关系，则将其中一个兄弟及其所有的孩子结点作为另一个兄弟的所有叶子结点的孩子。

2）搜索状态图的所有状态，找到根状态 root。

3）从根状态开始深度优先搜索所有的状态，如果状态 S_i 是原子状态，则把该结点及其所有的父状态一起作为一个 RT-EFSM 中的 GS。

由实时扩展 UML 状态图获得状态树的算法如表 3-13 所示。

表　3-13

算法 3.6　由实时扩展 UML 状态图获得 RT-EFSM 状态树

```
INPUT:  W( as the Real-time Extened UML Diagram)
OUTPUT: ST(State Tree)
01.   SD_Convert_ST) {
02.       stack=newStack():
03.       root=initState;                    // 将初始伪状态赋给根节点
04.       while(!W. Empty()){
05.         e=W. getNextEvent();              // 取出下一迁移事件
06.         w=W. getNextState();              // 取出下一目标状态
```

（续）

算法 3.6 由实时扩展 UML 状态图获得 RT-EFSM 状态树

```
07.        if(w. isAtomicState())                    // 若为原子状态
08.            stack. push(e, w);                     // 将 (e, w) 入栈
09.        else if(w. isORState()){                   // 若 w 为"或"状态
10.            if(!stack. Empty()){
11.                child=newState(stack. popAll());   // 将堆栈中的所有事件和状态出栈
12.                root.addState(child, e);            // 事件 e 作为相连状态的迁移事件
13.            }
14.            ORchild= SD_Convert_ST (w);            // 或状态, 迭代分解
15.            root. addState(ORchild, e);            // 将子树插入根节点
16.        }
17.        else{                                       //w 为"与"状态
18.            if(!stack. Empty()){
19.                child=newState(stack. popAll());   // 将堆栈中的所有事件和状态出栈
20.                root.addState(child, e); // 插入根节点, 第一个事件作为 RT-EFSM 迁移事件
21.                ANDFather=newANDFather();          // 创建与中间节点
22.                for(i=0; i<w. size(); i++){        // 遍历与状态的所有子状态
23.                    ANDchild= SD_Convert_ST (w. substate(i)); // 将各子状态代入, 迭代分解
24.                    ANDFather. addANDchild(ANDchild); // 插入与中间节点
25.                }
26.                root. addState(ANDFather,e);       // 将与中间节点插入根节点
27.            }
28.    if(!stack. Empty()){                           // 若堆栈不为空
29.     child=newState(stack. popAll());
30.     root. addState(child, e); // 将状态插入根节点, 第一个事件作为该状态树的迁移事件
31.    }
32.    return(root);
33.  }
```

（2）构建全局迁移路径

由前文可知，GS 代表全局状态，evt 代表事件，则对于 $t \in T$，如果 T 中的任一迁移 t 满足 $src(t) \in GS$ 且 $evt(t)=evt$，并且 T 中的任意两个迁移没有冲突，则称 T 对 GS 关于事件 evt 触发。如果对 GS 关于 evt 触发而不包含在 T 中的迁移都与 T 中的某一迁移存在冲突，则称 T 是对 GS 关于 evt 有效的最大迁移集合。

RT-EFSM 中的全局迁移路径 GT 可以定义为一个五元组，即 GT=(GS, evt, grd, act, GS')，它表示一个全局状态 GS 到另一个全局状态 GS' 的迁移。在 UML 状态图中，求出满足下列条件的 T，即可获得 GT：

❑ T 在 GS 中被事件 evt 触发，T 达到最大状态；事件 evt 的触发必然导致 GS 状态的改变，T 达到最大状态时，将使 GS 到达一个确定的状态 GS'。

❑ GS' 的状态为将 GS 中的源状态集转换为目标状态集。

❑ grd=$\cup_{t \in T}$grd(t)。

❑ act=$\cup_{t \in T}$act$_1$(t)$\cup$act$_2$(t)$\cup$act$_3$(t)。其中 act$_1$(t) 是所有 exit 事件发生时的全部动作，act$_3$(t) 是所有 entry 事件发生时的全部动作，act$_2$(t) 是当前状态内部的所有动作。

求全局迁移路径的算法如下：

1）任取 GS 和 GS'。

2）求 $S=\{s|s \in GS \cap s \in GS'\}$。

3）令 S_1=GS-S，S_2=GS'-S，搜索状态图中的所有迁移 t，得到 $T_1=\{t|src(t) \in S_1 \cap trgt(t) \in S_2\}$；搜索状态图中的所有迁移 t，得到 $T_2=\{t|src(t) \in S_2 \cap trgt(t) \in S_2\}$。

4）$T_3=\{t|t \in T_1 \wedge t \notin T_2\}$，则 T_3 即为所求得的全局迁移路径。

通常 GT 是被一个事件 evt 触发的一系列的迁移。得到了全局状态和全局迁移路径，就生成了 RT-EFSM。

对于转化得到的 RT-EFSM，由于从 UML 状态图得到全局状态时考虑了所有的组合情况，包括不可达的全局状态，因此转换以后的简单 UML 状态图在操作语义上无法与原 UML 状态图等价，在此基础上产生的测试用例包含错误的测试用例，会使某些测试不能正常进行。因此，还要对简单 UML 状态图进行处理，去除不可达状态以及到达该状态和从该状态出发的状态迁移。

3. 基于 RT-EFSM 的测试序列生成

（1）概念、定义及假设

我们假定测试人员基于实时扩展 UML 对被测系统进行建模，或直接采用 RT-EFSM 模型进行建模，且建模后已按照前文提供的转换方法将 UML 模型转换为 RT-EFSM 模型，并采用书中提供的模型验证方法对所生成的 RT-EFSM 模型进行了验证，最终获得最小的、强连通的、完备的 RT-EFSM 模型。具体说明如下：

❑ 静态确定性的验证和等价状态的消除可以保证该 RT-EFSM 是最小的；

❑ 可达性的验证和状态 – 迁移冲突的验证可以保证该 RT-EFSM 是强连通的；

❑ 动态确定性的验证可以保证该 RT-EFSM 是完备的。

实时嵌入式软件行为的正确性不仅仅取决于输入，还取决于时钟处理是否满足规定的要求，因此在基于 RT-EFSM 的测试方法中，必须解决如下两个核心问题：

❑ 时间约束处理问题；

❑ 测试序列生成问题。

基于以上分析，本节将结合 RT-EFSM 的扩展，首先提出实时嵌入式软件测试序列生成中时间约束相关的定义和假设（如时间区域、时间迁移等价类等），随后给出扩展测试序列的定义，最后采用基于测试场景树的方法生成测试序列。

定义 3.12　时间区域。 RT-EFSM 元素中的全局时钟 L 是全部状态迁移时钟的集合，L 的取值范围为（$0,+\infty$），将全局时钟 L 划分为 k 个时间区域，则 L 中包含的时间点表示为：

$L_1, L_2, \cdots , L_k$，且 $L_1 < L_2 < \cdots < L_k$

则称 $\{L_1, L_2, \cdots , L_k\}$ 为时间约束 ω 在 L 上的时间区域划分，如图 3-26 所示。

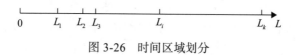

图 3-26　时间区域划分

根据上述定义，则时间约束 $\omega: t_1 < l < t_2$ 可确定三个时间区域：$(0, t_1]$，(t_1, t_2)，$[t_2, +\infty)$。

定义 3.13　有效时间区域。 设 E 为 RT-EFSM 中的状态迁移事件的集合，$e \in E$，l_i 为 L 上的一个时间区域划分，$l_i \in L$，若事件 e 在 l_i 内发生且可触发状态迁移，则称 l_i 是事件 e 的一个有效时间区域。

定义 3.14　无效时间区域。 设 E 为 RT-EFSM 中的状态迁移事件的集合，$e \in E$，l_i 为 L 上的一个时间区域划分，$l_i \in L$，若事件 e 在 l_i 内发生但不能触发任何状态迁移，则称 l_i 是事件 e 的一个无效时间区域。

定义 3.15　时间约束迁移等价类（time-Constrained Transition Equivalence Class, timeCTEC）。在实时嵌入式软件状态迁移中，除一般状态变量（指令）约束可触发迁移外，时间约束往往作为监护条件决定能否触发迁移。基于时间区域的划分，图 3-27 给出了 RT-EFSM 表示的带时间和变量约束的状态迁移示意图。

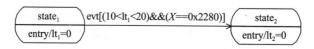

图 3-27　带时间和变量约束的状态迁移

图 3-27 所示的状态迁移中，I 为触发迁移的输入，监护条件包括时间约束（$10 < lt < 20$）和输入变量约束（$X == 0x2280$），显然，当变量约束满足（$X == 0x2280$）为真时，若输入 I 在无效时间区域 $(0, 10]$ 和 $[5, +\infty)$ 内发生，则不会导致状态迁移发生。只有在有效时间区域（$10, 20$）内，变量约束满足（$X == 0x2280$）为真，且输入事件到来才会触发状态迁移。

基于以上分析，我们提出时间约束迁移等价类的概念，即将状态迁移按照时间区域划分为有效时间区域和无效时间区域，对事件在不同时间区域引发的迁移进行了等价类划分，为后续测试序列生成奠定基础。时间约束迁移等价类的形式化定义如下：

timeCTEC=$\{(S_{src} \rightarrow S_{trgt})\_[C]\_?I\_!O\}$

其中：

❑ S_{src}：表示源状态；

❑ S_{trgt}：表示目标状态；

❑ C：表示迁移发生的监护条件，且 C=<tCnd, vCnd>，即监护条件包括时间约束 tCnd 和变量约束 vCnd；

❑ []：表示可选，由于不是每一次状态迁移都包括前置条件，所以当没有前置条件时可以省略；

❑ ?：表示输入；

❑ I：表示输入的变量（包括时钟约束变量）及操作，且 I=<ivVle, iAct>；

❑ !：表示输出；

❑ O：表示输出的变量（包括时钟约束变量）及操作，且 O=<ovVle, oAct>。

图 3-28 给出了时间约束迁移等价类的示意图。根据上述时间迁移等价类的定义，图 3-27 可划分为三个时间约束迁移等价类，如图 3-29 所示（也可采用表格形式描述）。

图 3-28　时间约束迁移等价类

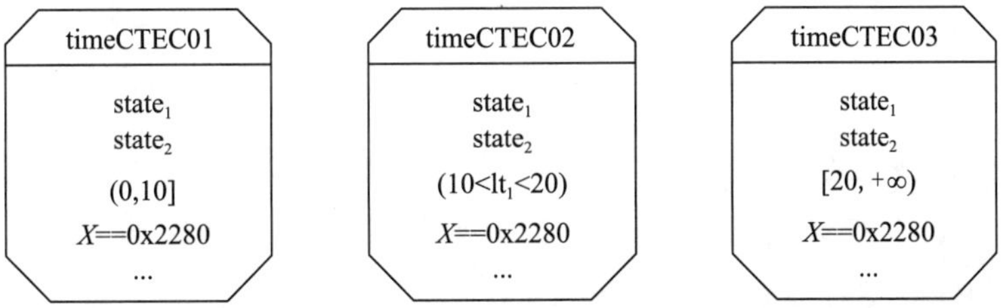

图 3-29　时间约束迁移等价类示例

定义 3.16　扩展测试序列 US_ex。 根据时间约束迁移等价类的定义，我们采用基于测试场景树的方法生成测试序列，而测试场景树是由时间约束迁移等价类构成的，是对测试路径的完整描述，因此引入扩展测试序列 US_{ex}，用于表示测试路径，具体定义如下：

$$US_{ex}=<timeCTEC_1 \cup timeCTEC_2 \cup \cdots \cup timeCTEC_i \cup \cdots \cup timeCTEC_n>$$

$$=\{(S_i \to S_j)\_<tCnd_{i \to j}, vCnd_{i \to j}>\_?<ivVle_{i \to j}, iAct_{i \to j}>\_!<ovVle_{i \to j}, oAct>_{i \to j}\} \cup$$

$$\{(S_j \to S_k)\_<tCnd_{j \to k}, vCnd_{j \to k}>\_?<ivVle_{j \to k}, iAct_{j \to k}>\_!<ovVle_{i \to j}, oAct>_{i \to j}\} \cup \cdots$$

其中 $0 \leq i < j < k \leq n$，n 为系统最大的状态空间值，即扩展的测试序列是时间约束迁移等价类的集合。

由以上定义可以看出，此时对应于 US_{ex} 序列的每次状态迁移的有限状态机 UIO 序列的定义不适合此处，应重新定义。

定义 3.17　扩展唯一输入/输出序列。 $UIO_{ex}=\{[C]\_?I\_!O\}$，UIO_{ex} 序列中各元素的含义参见定义 3.16。

定义 3.18　测试场景。 实时嵌入式软件测试场景是基于 RT-EFSM 状态迁移的，实际上是一系列状态迁移的过程，对应于 RT-EFSM 状态图中的一条典型的执行路径。

（2）测试序列生成过程

获得 RT-EFSM 模型后，基于上述定义及假设，基于时间约束迁移等价类的 RT-EFSM 测试序列生成过程如图 3-30 所示。

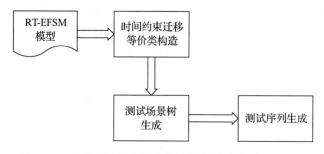

图 3-30　基于时间约束迁移等价类的测试序列生成过程

时间约束迁移等价类的构造。时间约束迁移等价类是测试序列生成的基础，因此应首先分析 RT-EFSM 模型，获取时间约束等价类，具体步骤如下：

1）遍历 RT-EFSM 中的状态集合 S^* 及输入事件集合 I，对于每一个状态 $s \in S^*$，获取 s 的触发事件 $e \in I$。

2）生成事件 e 触发的迁移集合 T^*，根据 T^* 中的触发约束条件 C^*，选取 $c \in C^*$，计算 c 的时间区域划分，并根据时间区域划分获取迁移监护条件（通常包括时间约束、变量约束），明确输入变量和触发事件，以及输出变量及输出事件。若无时间约束，则等价类中的时间约束为空。

3）基于以上分析，将获得的全部时间约束迁移等价类以列表的方式列出。

测试场景树的构造。测试场景树（Test Scenario Tree，TST）的构造基于时间约束迁移等价类，是对测试路径的完整描述，可通过遍历测试场景树生成所需的测试序列。测试场景树的构造算法如表 3-14 所示。在获得测试场景树后，采用深度优先搜索算法可以遍历每棵树从根节点到叶子节点的所有可能路径，根据每条路径中的时间迁移约束等价类信息，从而生成测试序列。

表　3-14

算法 3.7　测试场景树的构造

INPUT: RT-EFSM Model
OUTPUT: TST
STEP01:
```
01.     Let TST contains only the root node of RT-EFSM Model; // Initialization Process
02.     Let the node variable, named Node, point to the root node;
03.     Let the current node variable, named curNode, point to the subsequent state of the root node;
```
STEP02:
```
04.     IF  the childNumber of node==0
05.         IF  the subsequentState ==NULL;
06.         THEN  END;
07.     ELSE
08.         curNode point to the subsequent state of node;
09.         construct timeCTEC of curNode;
10.         FOR  EACH  timeCTEC
11.             Back to previous node;
12.             IF  timeCTEC is not avilible in back path   THEN
13.                 Let curNode be the child of node
14.             IF  childNumber==0   THEN
15.                 Let node point to the parent of curNode, Jump to STEP02 ;
16.             ELSE
17.                 Let node point to the first child of curNode, Jump to STEP02 ;
18.         END FOR
```
STEP03:
```
19.     IF  the childNumber of node>0   THEN
20.         FOR  EACH child of node
21.             IF  child is not visited   THEN
22.                 node point to the child;
```

（续）

算法 3.7　测试场景树的构造

```
23.              Mark the child as visited, Jump to STEP02 ;
24.          END FOR
25.          IF  (All child nodes have been visited) AND (node==root)   THEN   END;
26.          ELSE
27.             Let node point to the parent of curNode, Jump to STEP02 ;
```

　　测试序列生成。RT-EFSM 中的每次状态迁移均对应测试场景树中的若干个时间约束迁移等价类，每个测试序列均可用扩展测试序列 US_{ex} 的集合来表示。基于测试场景树的测试序列的构造算法如表 3-15 所示。在获得测试序列后，需要对测试序列中的同步问题（含第一类和第二类同步问题）进行处理，下一步可按照测试覆盖准则生成测试用例。

表　3-15

算法 3.8　基于测试场景树的测试序列生成

INPUT:TST
OUTPUT:TS(Test Sequence)
STEP01:

```
01.   Let TS be empty; // Initialization Process
02.   Let current timeCTEC , named curNode, point to the root of TST;
03.   Let evt be the event of the curNode;
```

STEP02:

```
04.   IF  curNode is the root   THEN
05.       IF  curNode has not been visited  THEN
06.             Output the current timeCTEC to TS;
07.             Mark curNode as visited;
08.       FOR  EACH child of curNode
09.          IF  child has not been visited  THEN
10.             Let curNode point to child, Jump to STEP02 ;
11.          IF  All nodes have been visited   THEN   END;
12.       END FOR
```

STEP03:

```
13.    IF curNode is not the root   THEN
14.        IF  curNode has not been visited THEN
15.              Output the current timeCTEC to TS;
16.              Mark curNode as visited;
17.        IF  the childNumber of curNode==0   THEN
18.              Output TS;
19.               Let evt of the last timeCTEC in TS be empty;
20.              Bask to the parent node, Jump to STEP02 ;
21.        ELSE
22.           FOR EACH child of curNode
```

（续）

算法 3.8　基于测试场景树的测试序列生成

```
23.              IF  child has not been visited THEN
24.                  Let child point to curNode, Jump to STEP02 ;
25.          END FOR
```

测试序列的同步问题。对于基于 RT-EFSM 生成的测试序列，测试序列中的状态并发迁移可能会存在同步问题，我们将 RT-EFSM 状态迁移的同步问题划分为第一类同步问题和第二类同步问题。

1）第一类同步问题。令 M 为 RT-EFSM 模型，则 $M=<S^*, S_0, I, O, T, V, E, L>$，$t$ 是 M_i 内的一个状态迁移 $t\in T$，S^* 是 $M_j(i\neq j)$ 内的一个局部状态，如果存在 $t'(S^*=head(t'))$，且 t' 和 t 有相同的输入，则 S^* 是 t 的一个同步输入状态，S^* 构成的集合记为 $\mathrm{Con}(t)$。

设 t_i、t_j 分别是 M_i 和 $M_j(i\neq j)$ 内的迁移，如果迁移序列 $<t_i\cdots t_j>$ 满足：

❑ $\mathrm{Tail}(t_i)\in\mathrm{Con}(t_j)$

❑ 迁移 $t_k(k\neq i, j)$ 不是 M_i 内的迁移

则该迁移序列称为第一类同步输入迁移序列。

包含第一类同步输入迁移序列的测试序列存在第一类同步问题。存在第一类同步问题的测试序列 R 对应的输入序列可能导致一个不同于 R 的测试序列 R' 被执行。为了避免出现第一类同步问题，应通过增加同步锁声明来解决：

```
Check Lock L;  // 检查 L 是否为 0
Lock L;        // L++，L 变为 1，同步锁 L 被锁定
Unlock L;      // L--，L 变为 0
```

Lock L 执行操作 L++，Unlock L 执行操作 L--，Check Lock L 检查 L 是否为 0。Lock L 和 Unlock L 的执行是非阻塞的。如果同步锁 L 被锁住（即 L≠0），则 Check Lock L 的执行被阻塞，否则不被阻塞。

表 3-16 给出了解决第一类同步问题的测试序列生成算法。

表　3-16

算法 3.9　解决 RT-EFSM 第一类同步问题

输入：RT-EFSM 的连续状态迁移序列集 $T(T_1, T_2, \cdots, T_n)$。

输出：测试序列 R。

步骤 1：建立一个同步锁队列 Q。对 $\mathrm{Con}(t)$ 不为空的 t，如果存在 $S\in\mathrm{Con}(t)$ 被 T 遍历，则为 t 定义一个同步锁 $L_i=0$。

步骤 2：清空每一个 T_i。

步骤 3：对于 E 中的每一个迁移 t：

（续）

算法 3.9　解决 RT-EFSM 第一类同步问题

① 如果 t 是同步锁队列 Q 中的一个迁移，在 t 对应的所有声明前增加声明 Check Lock L_i；
② 如果 Tail(t)∈Con(t')，t' 是同步锁队列 Q 中的一个迁移，其对应的同步锁为 L_j，则对 t 增加声明 Lock L_j；
③ 如果 M_i 的迁移 t 的输入为全局输入 A，则在 T_i 的队列尾部加入 "Input A"；
④ 如果 M_i 的迁移 t 的输入为来自 M_j 的局部输入 B，则在 T_i 的队列尾部加入 "Receive B from M_j"；
⑤ 如果 M_i 的迁移 t 的输出为指向 M_j 的局部输出 C，则在 T_i 的队列尾部加入 "Send C to M_j"；
⑥ 如果 Head(t)∈Con(t')，t' 是同步锁队列 Q 中的一个迁移，其对应的同步锁为 L_j，则在 t 对应的所有声明后增加声明 Unlock L_j。

步骤 4：对 T 中的每一条声明进行处理，如果一个局部迁移对应的所有声明被处理完毕，则向测试序列队列输出该迁移。

2）第二类同步问题。t_i、t_j 分别是 M_i 和 $M_j(i \neq j)$ 内的迁移，如果迁移序列 <$t_i \cdots t_j$> 满足：

❑ Head(t_i)∈Con(t_j)，

❑ 迁移 $t_k(k \neq i、j)$ 不是 M_j 内的迁移

则该迁移序列称为第二类同步输入迁移序列。

包含第二类同步输入迁移序列的测试序列存在第二类同步问题。存在第二类同步问题的测试序列 R 对应的输入序列可能导致一个不同于 R 的测试序列 R' 被执行，表 3-17 给出避免出现第二类同步问题的测试序列生成算法。

表　3-17

算法 3.10　解决 RT-EFSM 第二类同步问题

输入：RT-EFSM 的连续状态迁移序列集 $T(T_1, T_2, \cdots, T_n)$。
输出：测试序列 R。
步骤 1：与算法 3.9 中的步骤 1~4 相同。
步骤 2：如果生成的测试序列中包含第二类同步输入迁移序列 <$t_i \cdots t_j$>，则标记迁移 t_j，使得在生成相应的输入序列时不生成该迁移的输入。

---

4. 测试用例生成

（1）测试序列遍历

在生成测试序列的基础上，通过遍历（基于测试场景树生成的）测试序列，可获得各测试序列中所涉及的时间约束迁移等价类信息，然后根据一定的充分性覆盖准则（见后文），便可生成测试用例。测试序列的遍历过程如下。

首先，设置一个堆栈 STACK(x) 来保存测试场景 SCENARIO(x) 所经历的状态节点 NODE(x) 和迁移 TRANSPORTATION(x, y) 的信息，同时设置一个哈希表 HASH(x)

来保存测试序列中从判定节点出发的已经被访问的状态迁移信息。另外，在测试序列遍历过程中，开始节点记为 A，目标节点记为 B，中间节点记为 C。具体搜索过程如表 3-18 所示。

表　3-18

算法 3.11　测试序列的遍历

输入：测试序列（基于测试场景树）。

输出：遍历得到的状态迁移信息。

STEP 01:

```
01. ACK(s), (∃h)HASH(h), (∃c)SCENARIO(c),
```

STEP 02:

```
02. CTIVITYDGRM(g) ∧ (∃a)STARTNODE(a,g)
03. →COPY(a,c) ∧ RECORD(a,A) ∧PUSH(a,s),
04. P1:
05. (∃B)(TRANSPORTATION(B,A)∧JUDGENODE(B))
06. →SETFLAGTRUE(B),
07. (∃C)(TRANSPORTATION(C,B)∧FLAGFALSE(C))
08. →SETFLAGTRUE(C)∧COPY(C,c),
09. INSTEAD(A→B→C,A→B,B,B→C),
10. COPY(A→B→C,c),
11. PUSH(A→B,s), PUSH(B,s), PUSH(B→C,s), PUSH(C,s),
12. SAVE(B→C,h),
13. RECORD(C,A),
14. P2:
15. (∃B)(TRANSPORTATION(B,A)∧¬JUDGENODE(B))
16. →COPY(A→B,c)∧COPY(B,c),
17. PUSH(A→B,s), PUSH(B,s),
18. RECORD(B,A),
```

STEP 03:

```
19. (∃a)NODE(a,g)∧¬END(a,g)→P1∨P2,    (∃a)NODE(a,g)∧END(a,g)∧(∀n)INSTACK(n,s)
20. →STACKTOPPULL(n,s),
21. (∃a)NODE(a,g)∧END(a,g)∧(∀i)INSTACK(i,s)
22. →STACKTOPPULL(i,s),
```

STEP 04:

```
23. ISSTACKTOP(n,s)∧CORRENT(n)∧JUDGE(n)→(P1∨P2)∧P3,
24. ISSTACKTOP(n,s)∧CORRENT(n)∧¬JUDGE(n)
25. →STACKTOPPULL(n,s).
```

（2）测试用例生成

在遍历测试序列的基础上，获得了所有时间约束迁移等价类的信息，如时间区域、监护条件、状态迁移的输入/输出信息等，通过对时间约束迁移等价类中的时间约束、变量约束、输入/输出信息等进行实例化，同时结合一定的测试用例覆盖准则，可自动生成测试用例。在基于有限状态机的测试方法中，常用的较成熟的测试覆盖准则一般从状态覆盖、迁移覆盖、布尔覆盖、全谓词覆盖、转换对覆盖等方面进行研究，不同的覆盖准则生成的测试用例集不同，揭示错误的能力也各不相同，鉴于这些覆盖准则算法已比较成熟，下面仅进行简要说明。

状态覆盖准则：要求生成的测试用例集能够测试每一个状态，即应该使 RT-EFSM 中的每一个状态至少被访问一次。状态覆盖准则是最简单、最容易满足的测试准则，需要的测试用例也往往是最少的。

按照 3.3.4 节的算法生成的测试序列可以覆盖所有的状态和迁移，在此基础上对变量进行适当的赋值即可生成满足状态覆盖、转换对覆盖准则要求的测试用例，方法较为简单。

迁移覆盖准则：要求生成的测试用例集应该使 RT-EFSM 的每一个迁移都至少被激活一次。先使系统到达某一个状态（当前状态），如果一个迁移的"事件"被接受，并且这个迁移的"条件"的值为真，则这个迁移被激活。迁移覆盖准则是这些测试准则中比较简单、比较容易满足的测试准则，需要的测试用例也往往是比较少的。

布尔覆盖准则：要求 RT-EFSM 的所有迁移的布尔条件各取 TRUE 或 FALSE 一次。迁移覆盖测试准则只是简单地测试了规约中的迁移是否实现，并不能保证每一个迁移的正确实现。为了有效测试 RT-EFSM 中的每一次迁移，需要在迁移中的布尔条件（前置条件）的值为真或为假时都用相应的测试用例进行测试。如果布尔条件值为真，则系统状态根据迁移关系迁移到相应的下一个状态；否则，系统不会执行迁移关系，而是停留在原来的状态。

全谓词覆盖准则：迁移关系中有多个布尔条件时，覆盖准则被称为迁移条件全谓词覆盖准则。即要求每一个布尔条件都各取 TRUE 或 FALSE 一次。布尔覆盖准则是全谓词覆盖准则的一个特例。

转换对覆盖准则：要求独立考虑每一个状态，每个状态的输入转换与其输出转换相匹配，即用状态的这些输入与输出迁移的结合来创建测试用例。

除上述覆盖准则外，我们结合实时嵌入式软件的时间约束特点，提出了一种时间条件覆盖准则，即对 RT-EFSM 中的每次状态迁移，除满足全谓词覆盖或布尔覆盖准则外，迁移所用的时间必须满足时间约束条件，具体可分为固定时间、服从某种分布函数或按时间区间分别进行处理。该覆盖条件定义如下。

定义 3.19 时间条件覆盖准则。定义如下：

$$\exists S_i \in S^*, \exists S_j \in S^*, \forall t \in T\{S_i \to S_j\}$$

且满足

$$t=\{t|t=t_S||t{\leqslant}t_F||t\in t_I\}$$

根据上述准则，要求 RT-EFSM 的所有迁移中与时间相关的布尔条件各取 TRUE 或 FALSE 一次。对满足时间约束及不满足时间约束的情况，都用相对应的测试序列进行测试，以保证自动生成的测试序列能够满足充分性要求。

基于时间条件覆盖充分性判定准则的测试用例生成算法如表 3-19 所示。

表　3-19

算法 3.12　基于时间条件覆盖准则的测试用例生成

输入：扩展测试序列 USex。

输出：满足时间条件覆盖判定准则的测试用例集。

StateTo(s)：到达 s 的状态。

transitionOut(s)：状态迁出的转换集合。

event(s')：触发 s' 状态的事件。

preCondition(s')：s' 的前置条件，分为变量约束和施加约束。

Follow(s')：s' 的下一个状态。

ExpectedState：转换后的后置状态。

ValueTransPara(s')：当 s' 的前置条件变量满足时，分配一个引发触发事件的值。

timSimple(F)：按照时间约束分布函数 F 进行抽样。

ExpressionParse(exp, value)：对表达式 exp 进行语法分析得到表达式中变量的取值。

```
01.    TimeConstraintCoverageTestCaseGen (USex )
02.    BEGIN
03.        TestcaseSet=EMPTY;
04.        FOR EACH source state in USex // 遍历测试序列
05.            Get StateTo(s);
06.            Get transitionOut(s);
07.            FOR EACH outgoing transition ∈ transitionOut(s)
08.                ExpectedState= Follow(s');
09.                ValueTransPara(s')=EMPTY;
10.                Get event(s') and preCondition(s');
11.                FOR EACH conditioni in preCondition(s')
12.                    IF(conditioni. varConstrain==TRUE))
13.                        IF(conditioni. timeConstrain.type==tS) // 时间约束为固定时间值
14.                            IF(ValueTransPara(s')<=conditioni.timeConstrainValue)
15.                                TestcaseSet= TestcaseSet ∪ { StateTo(s) ,
16.                                    ValueTransPara(s') , ExpectedState }; // 变量实例化
17.                            END IF
18.                        END IF
19.                        IF(conditioni. timeConstrain.type==tF) // 时间约束为分布函数 F
20.                            ValueTransPara(s') = timSimple(F) // 抽样取值
21.                            IF(ValueTransPara(s')<=conditioni.timeConstrainValue)
22.                                TestcaseSet= TestcaseSet ∪ { StateTo(s) ,
23.                                    ValueTransPara(s') , ExpectedState };
24.                            END IF
25.                        END IF
```

（续）

算法 3.12　基于时间条件覆盖准则的测试用例生成

```
26.          IF(conditioni. timeConstrain.type==tI) // 时间约束区间
27.                ValueTransPara(s') = timSimple(F)
28.                 IF(ValueTransPara(s')>=conditioni.timeConstrain.minValue&&
29.                        ValueTransPara(s')<=conditioni.timeConstrain.maxValue)
30.                        TestcaseSet= TestcaseSet ∪ { StateTo(s) ,
31.                        ValueTransPara(s') , ExpectedState };
32.                   END IF
33.          END IF
34.             BEGIN
35.                IF(a condition variable var ∈StateTo(s),.
36.                 var.name==conditioni.name∧var.value== conditioni.value)
37.                   ValueTransPara(s')= ValueTransPara(s') ∪ {conditioni.name,
38.                                         conditioni. Value};
39.                END
40.             ELSE((conditioni. varConstrain ==expression) &&
41.                             (conditioni. timeConstrain==time)
42.                BEGIN
43.                IF(a condition variable exp ∈ StateTo(s) ,
44.                    exp.name==conditioni.name∧exp.value== conditioni.value)
45.                    ExpressionParse(exp.name, exp.value);
46.                    ValueTransPara(s')= ValueTransPara(s') ∪ { vari.name, vari. Value};
47.                END
48.                END IF
49.          END FOR
50.          ValueTransPara(s')= ValueTransPara(s')∪{ event(s').name, event(s').afterValue};
51.          TestcaseSet= TestcaseSet∪{ StateTo(s) , ValueTransPara(s') , ExpectedState };
52.          ExpectedState=current state;
53.          FOR EACH variable var in ValueTransPara(s') // 遍历，所有变量实例化
54.             ValueTransPara(s')= ValueTransPara(s') - {var.name, var.value};
55.             var.value= var.value;
56.             ValueTransPara(s')= ValueTransPara(s') ∪ {var.name, var.value};
57.             TestcaseSet= TestcaseSet ∪ { StateTo(s) , ValueTransPara(s'), ExpectedState };
58.          END FOR
59.       END FOR
60.    END FOR
61.    END TimeConstraintCoverageTestCaseGen
```

（3）对测试类型支持的说明

　　基于黑盒测试方法的实时嵌入式软件系统测试要求采用不同的测试类型，以完成对被测软件不同特性的验证。本书提供的测试序列和测试用例生成方法，不但可以生成正常功能测试用例，还可以生成异常、边界、性能、接口、安全性、强度等测试

类型。具体说明如下。

正常功能测试用例，可完成对系统正常工作流程情况的考察。通过遍历测试序列中的时间约束等价类，选取变量约束和时间约束的正常等价类，按照系统正常工作流程进行测试，可生成正常功能的测试用例。

异常测试用例，可完成对系统异常情况下功能实现情况的考察。在本书提出的测试序列及测试用例生成方法中，可通过人为设置不可达的状态迁移、错误时序的状态迁移、多变量约束情况下的变异测试等，或通过对变量、时间约束在非正常等价类范围内选取用例，完成异常测试用例的设计。

边界测试用例，可完成对系统在边界情况下的功能实现情况的考察，包括系统输入或输出域的边界或端点的测试、状态转换的边界或端点的测试、功能界限的边界或端点的测试、性能界限的边界或端点的测试、容量界限的边界或端点的测试。在本书提出的测试序列及测试用例生成方法中，可通过对时间约束迁移等价类中的变量、时间约束进行分析，选取状态迁移、功能、性能的边界点（值）用例，完成边界测试用例的设计。

性能测试用例，可完成的测试包括：系统获得定量结果时程序计算的精确性（处理精度），系统时间特性和实际完成功能的时间（响应时间），系统为完成特定功能所处理的数据量，以及系统对并发事物和并发用户访问的处理能力。本书提出的测试序列及测试用例生成方法完全可以完成上述系统性能的考察，即可支持生成性能测试用例。

接口测试用例，可完成对系统所有外部接口的测试，包括考察接口通信协议的格式规范性和内容正确性，需对系统每一个外部输入/输出接口进行正常和异常情况的测试。在实时嵌入式软件系统测试中，接口测试是测试的核心内容之一，根据本书对系统及其周围交联设备建模的支持机制，以及对时间约束迁移等价类的定义，显然，书中提出的测试序列及测试用例生成方法完全可以生成接口测试用例。

安全性测试用例，可完成系统对防止危险状态发生、异常情况下的处理和保护能力、故障模式处理及安全关键的操作错误等方面的测试。在本书提出的测试序列及测试用例生成方法中，可通过人为设置不可达的状态迁移、错误时序的状态迁移、其他变异测试等方式，完成异常测试用例的设计。

强度测试用例，可完成对系统处理的最大信息量、数据能力的饱和实验指标的测试，并且能够完成持续规定的、连续不能中断的测试。在本书提出的测试序列及测试用例生成方法中，通过在给定时间内对被测系统的全部接口施加大量的接口数据，及增加对系统运行的长时间考察，可实现强度测试用例的设计。

除上述测试类型外，采用本书提出的测试序列及测试用例生成方法，还可完成恢复性测试、数据处理测试等类型的测试用例设计。此外，经过扩展，还可支持可靠性测试用例的设计。

（4）基于 XML 的测试用例存储

采用本章所提供的方法生成的测试用例独立于特定的测试平台，为了使所生成的测试用例能够方便地转换为特定测试平台支持的测试描述（或测试脚本），必须用一种通用的、便于测试人员掌握的中间语言形式来表达，这样既能够实现测试数据的可读性，又有利于计算机的识别。在这种中间语言形式的测试用例数据的基础上，可通过进一步加工，生成特定测试平台支持的测试描述（或测试脚本）。

近些年来，随着计算机技术的不断发展，标记语言已成为软件领域数据存储和转换的重要手段。XML（Extensible Markup Language）是一种标记语言，它提供了一种结构化的元数据表示方法，具有平台和语义无关性、开放性和可扩展性等特点。由于 XML 的自解释性，可以很方便地读取和保存结构化的数据，因此将生成的测试用例保存为 XML 格式，可为后续自动转换为测试平台支持的测试描述（脚本）提供支持。

在实时嵌入式软件测试中，基于 RT-EFSM 生成的测试用例描述了一个完整的系统活动执行过程，测试用例应保存的内容包括如下几个方面：

❑ 测试用例索引信息 <TC: IndexInfos>，可细分为用例编号信息 <TC: SNInfo>、用例编制人员信息 <TC: PersonInfo>、用例编制时间信息 <TC: DateInfo>、用例版本信息 <TC: VersionInfo> 等。

❑ 被测软件信息 <TC: SUTInfos>，可细分为被测软件名称 <TC: SUTNameInfo>、被测软件版本信息 <TC:SUTVersionInfo>、被测软件开发单位信息 <TC: SUTDeve-loperInfo> 等。

❑ 测试用例静态信息 <TC:StaticInfos>，可细分为仿真设备信息 <TC: SEquipment-Info>、总线类型信息 <TC: IOBusInfo>、变量信息 <TC: VarDataInfo> 等。

❑ 测试用例动态信息 <TC: DynamicInfos>，可细分为状态信息 <TC: StateInfo>、约束信息 <TC: ConstraintInfo>、状态迁移信息 <TC: StateTransition>、输入信息 <TC: InputInfo> 和输出信息 <TC: OutputInfo> 等。

采用 XML 格式存储的测试用例的层次结构如表 3-20 所示。

表 3-20　测试用例的 XML 存储结构

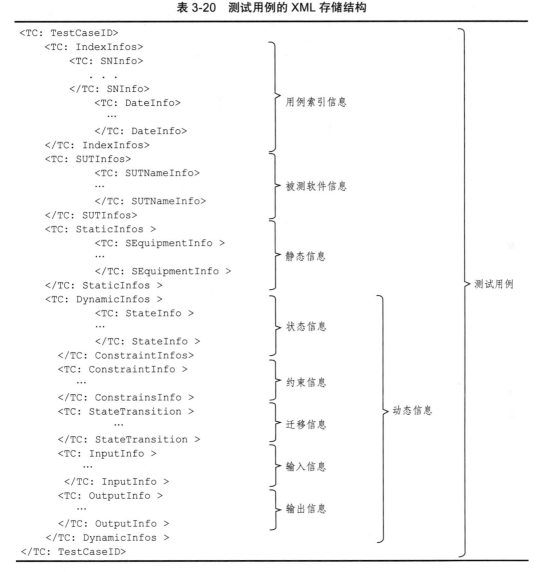

```
<TC: TestCaseID>
    <TC: IndexInfos>
        <TC: SNInfo>
            . . .
        </TC: SNInfo>
            <TC: DateInfo>
                ...
            </TC: DateInfo>
    </TC: IndexInfos>
    <TC: SUTInfos>
            <TC: SUTNameInfo>
            ...
            </TC: SUTNameInfo>
    </TC: SUTInfos>
    <TC: StaticInfos >
            <TC: SEquipmentInfo >
            ...
            </TC: SEquipmentInfo >
    </TC: StaticInfos>
    <TC: DynamicInfos >
            <TC: StateInfo >
            ...
            </TC: StateInfo >
      </TC: ConstraintInfos>
      <TC: ConstraintInfo >
         ...
      </TC: ConstrainsInfo >
      <TC: StateTransition >
            ...
      </TC: StateTransition >
      <TC: InputInfo >
         ...
       </TC: InputInfo >
       <TC: OutputInfo >
          ...
       </TC: OutputInfo >
    </TC: DynamicInfos >
</TC: TestCaseID>
```

用例索引信息

被测软件信息

静态信息

状态信息

约束信息

迁移信息

输入信息

输出信息

动态信息

测试用例

下面给出了无人机飞控软件测试用例的 XML 格式存储实例。

```
<TC: TestCase20091210>
    <TC: IndexInfos >
        <TC:SNInfo >T01-GN-101</ TC:SNInfo >
        <TC: PersonInfo >HEEJUN</ TC: PersonInfo >
        <TC: DateInfo>2010/12/10</ TC: DateInfo>
        <TC: VersionInfo> V1.0</.TC: VersionInfo>
    </TC: IndexInfos >
```

```
<TC: SUTInfos>
    <TC: SUTNameInfo>UAVFCS</ TC: SUTNameInfo>
    <TC: SUTVersionInfo>V3.45</ TC: SUTVersionInfo>
    <TC: SUTDeveloperInfo>CCTC</ TC: SUTDeveloperInfo>
</ TC: SUTInfos>
<TC: StaticInfos>
    <TC: SEquipmentInfo>NULL</ TC: SEquipmentInfo>
    <TC: IOBusInfo>
        <IOBus001> MIL-STD-1553B </ IOBus001>
        <IOBus002> RS-422</ IOBus002>
        <IOBus003> RS-232</ IOBus003>
    </ TC: IOBusInfo>
    <TC: VarDataInfo>
        <VarData001>
            <VarData001Name>A1</VarData001Name >
            <VarData001Type>Int</ VarData001Type >
        <VarData001>
        . . .
        <VarData006>
            < VarData006Name>C1</VarData006Name >
            <VarData006Type>Int</ VarData006Type >
        <VarData006>
    <TC: VarDataInfo>
</ TC: StaticInfos>
<TC: DynamicInfos>
    <TC: StateInfo>
        <TC: State001>
            <StateID>MA</ StateID>
            <StateName>ManualAmendment </ StateName>
            <StateDescribe>NULL</ StateDescribe>
            <StateAttribute> ManualAmendment</ StateAttribute>
        </ TC: State001>
        . . .
        <TC: State006>
            <StateID>CRC</ StateID>
            <StateName> CarriageRemoteControl </ StateName>
            <StateDescribe>NULL</ StateDescribe>
            <StateAttribute> CarriageRemoteControl </ StateAttribute>
        </ TC: State006>
    </ TC: StateInfo>
    <TC: ConstrainsInfo>
        <varConstraint>{(C1= =1)&&(A2= =1,vg= =552.8)}< varConstraint >
        <timeConstraint>{gt>0&&lt<=20ms}<timeConstraint>
    </ TC: ConstrainsInfo>
    <TC: StateTransition>
        <StateTransitionID>AC-MA</ StateTransitionID>
        <SourceState>AC</ SourceState>
```

```
                <DestState>MA</ DestState>
                <eventID>event1</ eventID>
                < VarDataInfo >C1</ VarDataInfo >
                < VarDataInfo >A2</ VarDataInfo >
                < VarDataInfo >vg</ VarDataInfo >
                < ConstrainsInfo >
                    <varConstraint>{(C1= =1)&&(A2= =1,vg= =552.8)}< varConstraint >
                    <timeConstraint>{gt>0&&lt<=20ms}<timeConstraint>
                </ ConstrainsInfo >
                <TransitionActivityList>NULL</ TransitionActivityList>
        </TC: StateTransition >
        <TC: InputInfo>
            <VarData001Name>A2</VarData001Name >
            <VarData001Type>Int</ VarData001Type >
            <VarData003Name>vg</VarData003Name >
            <VarData003Type>Double</ VarData003Type >
            <VarData006Name>C1</VarData006Name >
            <VarData006Type>Int</ VarData006Type >
            <eventInfo>
                <eventID>event1</ eventID>
                <event>
                    ReceiveData(C1, 1, STATE_OF_OPERATION, 1);
                    GetGlobalTime(gt);
                    GetLocalTime(lt);
                    ConstraintCAL(C1,A2,vg,gt,lt);
                <event>
            </ eventInfo >
        </ TC: InputInfo>
        <TC: OutputInfo>
            <VarData005Name>B2</VarData005Name >
            <VarData005Type>Int</ VarData005Type >
        <eventInfo>
            <eventID>event2</ eventID>
            <event>
                SendData(A2, vg, STATE_OF_OPERATION, 0);
            <event>
        </ eventInfo >
    <</ TC: OutputInfo>
</ TC: DynamicInfos>
</TC: TestCase20091210>
```

3.4　本章小结

形式化方法的引入有助于提高实时嵌入式软件测试的自动化程度，也是软件测试领域未来的发展趋势和方向。在本章中，我们系统地介绍了基于形式化方法的嵌入式软件系统测试技术。首先对软件形式化测试技术进行了全面总结和梳理，并对基于 FSM 和 EFSM 的测试技术进行了重点说明，给出了实时扩展有限状态机（RT-EFSM）模型，并对模型验证技术进行了深入研究，为后续基于 RT-EFSM 的测试用例生成奠定基础。

第 4 章
实时嵌入式软件自动化测试描述技术

自动化测试是基于编程的测试，嵌入式软件系统测试中的测试描述（脚本）是驱动自动化测试的核心要素，如何设计并实现符合嵌入式软件特点的测试描述语言直接关系到后续自动化测试环境构建的成败，本章将对实时嵌入式软件测试描述技术进行详细讲解和说明。

4.1 测试描述的概念及分类

4.1.1 测试描述的概念

现代软件业的发展，使得软件的规模越来越大，而长期以来，传统的软件测试采用手工的方式进行，效率低，当软件规模很大时，测试代码的数量是非常惊人的，这就必然导致软件测试费用和软件测试周期增加。可维护的、有效的软件测试可以大大降低工程代价，因此，对软件测试自动化的需求也日益迫切。

实时嵌入式软件因运行环境和接口交联关系复杂，对测试输入和反馈处理的实时性要求较高，使得传统的手工测试很难保证测试的有效性。因此，越来越多的研究将自动化测试技术引入实时嵌入式软件测试领域。

实时嵌入式软件自动化测试本质上是基于用户编程的测试，因此测试描述技术的引入是实现测试自动化技术的有效手段，可以减少测试人员的工作量，提高软件测试的可维护性。同时，通过增强测试描述语言的可移植性，有利于实现跨平台功能，可提高测试代码的可重用性，同时提高测试的可重复性。

测试描述的目的是：①定义测试用例的运行场景；②允许测试人员定制自己的测试"元数据"，以利于在特定测试平台上运行。测试描述主要是对测试用例的描述，从目前文献调研的结果来看，关于测试描述尚没有统一的标准和规范，通常情况下，测试描述也被称为测试描述语言、测试用例定义语言、测试规约语言、测试脚本语言等。

　　所谓测试描述就是对软件测试事件和测试指令序列的规范化描述。测试描述和测试脚本是紧密相关的，测试人员可通过图形化或非图形化的测试描述来表达测试过程和测试意图，然后由测试描述生成测试脚本来驱动测试。测试描述方法直接影响用户构建测试的效率和难度，因此一种好的测试描述方法必须有以下几个特点：

- ❑ 准确清晰，无歧义；
- ❑ 无论图形化的还是非图形化的测试描述，都有一套规范化语言的支持；
- ❑ 图形化的测试描述应该具有自动生成规范化语言的机制；
- ❑ 具有一定规范的测试描述一般都能够重用。

4.1.2　测试描述的分类

　　测试描述可从用途、描述手段等方面进行分类。按用途的不同，测试描述可分为如下几类：

- ❑ 用于辅助软件开发和设计过程，如在基于测试的软件开发模型中，测试设计要先于软件实现，此时测试描述用于辅助测试开发，帮助编程人员梳理开发意图，提高开发的正确性和有效性。
- ❑ 用于测试用例执行，目的在于提高测试的自动化程度，大多采用测试脚本的方式存储和执行测试用例，驱动测试过程，达到自动化测试执行的目的。
- ❑ 用于测试设计和测试执行，如测试及测试控制标记法版本 3（Testing and Test Control Notation 3，TTCN-3），采用树表组合符号的方式指导软件开发过程，并可完成测试用例的自动化执行。

　　按描述手段的不同，测试描述可分为自然语言描述方式、结构化表格方式、基于形式化方法的描述方式以及测试语言描述方式。

- ❑ 自然语言描述方式。主要适用于传统的手工测试过程，一般采用手工操作方式完成测试数据输入，优点在于对测试人员而言直观明了。但是这种描述方式的质量和粒度完全取决于用例设计者，计算机无法识别，不能采用自动化测试工具进行自动化测试，只能用于手工测试。此外，自然语言具有模糊性和歧义性，因此这种描述方式容易造成测试设计者和测试执行者之间的理解错误。
- ❑ 结构化表格方式。采用表格定制的方法，将测试内容分栏目填写在事先定制好的表格中，使测试用例一目了然。在测试设计阶段，这是经常使用的描述形式。由于表格中填写的内容是仍旧是自然语言，因此也具有自然语言描述的固有缺点。

□ 基于形式化方法的描述方式。这种方式大多仅描述测试输入的语言，包括基于形式化规约生成的测试输入数据及自定义数据。采用这种方式生成的测试用例的形式依赖于需求规约的形式和基于数学理论的用例生成算法，是计算机无法理解的抽象形式，且算法复杂，不便于测试人员之间的交流。此外，基于形式化规约生成的测试数据仍需进一步转化为计算机能处理的语言，之后才能执行测试。

□ 测试语言描述方式。随着自动化测试技术的不断发展，国际上的测试组织以及各测试工具供应商不断探索测试描述语言的新技术，陆续推出了应用日益广泛的众多测试语言。这些测试语言可分为两类：

- 专用测试语言，如 TTCN-3、ATLASGOAL、PLACE、ELATE、DIMATE 等。
- 基于现有通用编程语言的扩展，如 TeCL、TestTalk、ESSTSL，以及基于 Basic、C++、Java、Tcl/Tk、Perl、Python 扩展的测试脚本语言等。

4.2　实时嵌入式软件测试描述的特性

4.2.1　实时嵌入式软件测试的特点

实时嵌入式软件的特性决定了其测试的特殊性，无论是测试方法、测试策略还是测试工具，均具有其他软件所不具备的特有属性，具体体现在如下几个方面。

□ 测试方法的针对性强。作为一个大系统的组成部分，实时嵌入式系统往往接口种类繁多、类型复杂，这直接导致了针对实时嵌入式软件的测试方法通常只针对某一类型甚至某一个典型系统开展，同时往往需要专门为其开发配套测试工具，而这些工具却难以适用于其他嵌入式系统的测试，即通用性较差。

□ 测试用例数量大，情况复杂。实时嵌入式系统的交联关系复杂，一般运行在特定的硬件环境下，往往与周围的交联设备存在实时通信，且具有较强的反应性和实时性，这导致软件的输入规模较大、实时性强、时序关系及复杂度较高。因此，为了充分测试，必须增加测试用例的数量并提高测试用例的质量。

❑ 特别强调系统测试。实时嵌入式软件中有大量的硬件信息，软硬件耦合程度较高，在软件没有与硬件环境集成之前许多单独针对软件的测试往往是不充分的（如被测系统实际运行中的实时反馈及时序关系很难真正模拟），真正有效的测试是在实时嵌入式系统集成之后（软硬件一体化的实装环境）的系统级测试，且往往以基于软件需求的动态测试为主。

❑ 对测试工具（环境）的依赖。实时嵌入式系统软件的系统测试必须依靠测试工具为其提供自动化的测试输入，并实时收集输出信息，因此对测试环境的要求较高且依赖性较强。

❑ 对自动化测试的需求强烈。随着嵌入式系统应用的不断增多，往往要求用较短的时间、较少的费用和人力来完成实时嵌入式系统的测试，尤其在系统升级频率较高、交付时间受限的情况下。这就要求测试用例和测试环境具有较高的通用性和可复用性，因此对自动化测试需求强烈，越来越多的测试工具（环境）都引入了自动化测试描述（脚本）。

4.2.2　RT-ESTDL 的设计原则

基于以上分析，实时嵌入式软件测试描述语言（RT-ESTDL）应遵循如下设计原则。

❑ 便于测试人员理解和掌握。RT-ESTDL 的目的是为测试人员提供一种直观的、易于编写且易于维护的针对实时嵌入式软件仿真测试的测试描述语言，因此必须保证 RT-ESTDL 的简单性、清晰性，并且应具有良好的设计结构，使测试人员容易理解和掌握。

❑ 满足实时嵌入式软件对实时性的要求。作为一种面向实时嵌入式软件自动化测试的专用测试描述语言，RT-ESTDL 必须能够支持实时嵌入式软件的实时性要求，能够处理对实时、并发输入的描述，同时也应支持对测试实时反馈的处理。

❑ 具备良好的通用性和可移植性。实时嵌入式软件测试平台的实时处理往往建立在实时操作系统（RTOS）（如 VxWorks、μC/OS、RT-Linux）之上。RT-ESTDL 的可移植性可理解为在不同测试运行平台（或实时操作系统）下的移植，即在装有 RT-ESTDL 及其执行系统的运行环境下，测试人员所生成的测试描述序列均可运行，从而保证较好的通用性和可移植性。

❑ 具备良好的测试平台适配性。作为一种较通用的测试描述语言，RT-ESTDL 及其执行系统应具备良好的测试平台适配性，确保由一种测试平台移植到另一种测试平台时，无须或仅做少量改动即可迅速完成新平台的适配。

❑ 支持实时嵌入式系统交联环境建模及设备间通信。被测实时嵌入式系统往往
具有周围交联设备，在实时嵌入式软件仿真测试中，应依据接口控制文档
（ICD）完成被测系统及其周围交联设备的建模，并在测试过程中支持对设备
间实时通信的描述。

❑ 具备较好的复用性。RT-ESTDL 应采用较通用的编程语言扩展的方式来设计，
使得在被测软件升级的情况下，测试人员已开发的测试描述无须或仅做少量
改动即可迅速组织新一轮测试，保证测试描述具备良好的复用性，便于节省
测试时间，提高测试效率。

❑ 具备良好的封装性和可扩展性。RT-ESTDL 应具备良好的封装性和可扩展性，
具体表现在如下两个方面：

- 可根据测试的不同需要方便地扩展语言的文法，使之更适合不同的实时嵌
  入式软件测试描述的需要。
- 应对实时嵌入式软件测试常用的测试函数进行封装，以便测试人员用较少
  的语句量描述复杂的测试逻辑。另外，这些已封装的测试库函数应便于测
  试人员新增或修改，即测试函数库应具备较好的扩展性。

❑ 具备良好的可靠性和健壮性。作为一种专用测试语言，RT-ESTDL 应具备良
好的可靠性和健壮性，具体体现在：

- 具备完备的文法、语义；
- 采用 RT-ESTDL 编写的测试描述必须能够给出精确且可重现的测试结果，
  不允许由于 RT-ESTDL 及其执行系统本身的缺陷而导致出现问题；
- 测试运行时，如果出现意外情况，应避免非法退出或终止，尽力给出尽可
  能多的提示信息；
- 应尽量保证测试描述之间的相互独立性，减少依赖关系，防止因一个或几
  个测试描述的失败，导致测试异常终止情况的发生。

4.2.3 RT-ESTDL 的地位和作用

在自动化实时嵌入式软件的半实物仿真测试中，RT-ESTDL 扮演着驱动测试执行
过程的核心角色。图 4-1 给出了 RT-ESTDL 在实时嵌入式软件自动化仿真测试中的
地位和作用，具体的测试环境设计请参见第 6 章。

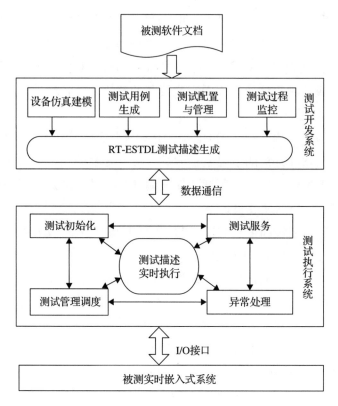

图 4-1　RT-ESTDL 的地位和作用

4.3　实时嵌入式软件测试描述语言的设计

在实时嵌入式软件自动化测试中，测试描述语言是非常关键的因素。相对于通用编程语言而言，测试描述语言一般采用基于通用编程语言的扩展和改进来实现，即在通用编程语言的基础上进行扩展，添加一些适合实时嵌入式软件测试的描述和实现方法，如对被测系统建模的描述、对测试流程的控制、对测试用例的描述，以及对实时、并发及测试反馈的处理等。

4.3.1　RT-ESTDL 的词法

RT-ESTDL 在词法、语法等方面主要参照 C 和 C++ 语言，并根据实时嵌入式软件测试的特点做了改进：剔除 C、C++ 语言中不需要的语言元素；引入面向对象思想，增加实时嵌入式软件测试必需的元素，如增加对象支持，以便完成实时嵌入式软件设备建模；允许测试人员自定义测试原语；增加航电总线数据类型支持；增加设备通信支持；取消数据类型的显式声明，以便测试人员更多地关注测试用例描述本身；等等。

下面对 RT-ESTDL 的词法进行简要描述，具体细节请参见附录 2。

针对语言本身（简化的 C/C++ 语言格式），包含如下内容：

- ❑ 全局变量、局部变量，带参数的函数、过程
- ❑ 数字常量、字符串常量
- ❑ C、C++ 及 shell 格式注释语句
- ❑ include 语句、using 语句
- ❑ if 语句、if-else 语句
- ❑ new 语句（用于设备对象构造）
- ❑ switch-case 语句、for 语句、while 语句、do 语句
- ❑ continue 语句、break 语句、return 语句
- ❑ 常用标准库函数支持（可扩展）
- ❑ 一般常用的算术 / 位运算符
- ❑ 支持用户自定义函数

针对实时嵌入式软件仿真测试的特点，在上述基础上引入如下特性：

- ❑ 测试中对全局时钟的表示与引用
- ❑ 设备仿真模型的构造
- ❑ 设备仿真模型及其变量的描述及操作
- ❑ 设备仿真模型之间的通信
- ❑ 时间等待函数
- ❑ 标准信号发生函数等

RT-ESTDL 的所有符号（token）如表 4-1 所示。

表 4-1　RT-ESTDL 符号分类表

分　类	描　述				
关键字	var	const	procedure	include	equipment
	static	string	array	object	function
	resource	if	else	switch	for
	do	while	break	continue	return
	case	default	new	bool	int
	float	complex	vec2	vec3	vec4
	mat2	mat3	mat4	using	

（续）

分　类	描　述
运算符	算术运算符：+、-、*、/、幂（^）、取模（%）等 关系比较运算符：>、>=、<、<=、同一性比较运算符＝＝和 !=
标识符	如变量名、常量名、过程、函数名等；首字符必须是字母，下划线也被当作字母，大小写字母敏感，标识符可为任意长度
常　量	数字常量及字符串常量
界　符	如逗号、分号、括号等

4.3.2　RT-ESTDL 的语法

BNF（Backus-Naur Form）表示法是目前编程语言常用的文法表示法，由 John Backus 和 Peter Naur 首先引入，用于描述计算机语言语法的符号集，可以严格地表示语法规则，便于定义编程语言的语法规则。本书提出的 RT-ESTDL 是在通用语言的基础上，增加了实时嵌入式软件常用的总线数据类型支持和时钟描述机制，并对语言文法进行了完善和扩展，使之更加适合完成实时嵌入式软件测试描述。下面仅给出 RT-ESTDL 的语法描述，具体的语义及用法请参见附录 2。

RT-ESTDL 的语法描述（基于 BNF）如下：

```
Terminals:
        identifier
translation-unit:
        (procedure-definition
        | declaration)+
procedure-definition:
        declaration-specifiers? declarator declaration* block
declaration:
        declaration-specifiers init-declarator% ";"
declaration-specifiers:
        (type-specifier)+
type-specifier:
        ( "var"
        | equipemnt-specifier
        | procedure-specifier
        | function-specifier )
equipemnt -specifier:
        ("equipemnt ") (identifier
        | dentifier "::" equipemnt -specifier )
equipemnt variable -specifier:
        equipemnt -specifie "." dentifier
procedure-specifier:
        ("procudure " ) (identifier? "{" field-declaration+ "}"
```

```
        |identifier  )
function -specifier:
        ("function " ) (identifier? "{" field-declaration+ "}"
        |identifier  )
init-declarator:
        declarator ("=" initializer)?
field-declaration:
        (type-specifier )+ field-declarator%
field-declarator:
        declarator
        | declarator? ":" constant-expression
declarator:
        (identifier
        | "(" declarator ")") ( "(" parameter-type-list ")"
        |"(" identifier%? ")" )*
parameter-type-list:
        parameter-declaration% ("," "...")?
parameter-declaration:
        declaration-specifiers (declarator
        | abstract-declarator)?initializer: assignment-expression
        | "{" initializer% ","? "}"
statement:
        ((identifier
        | "case" constant-expression
        | "default") ":")* (expression? ";"
        | block
        | "if" "(" expression ")" statement
        |"if" "(" expression ")" statement "else" statement
        | "while" "(" expression ")" statement
        | "do" statement "while" "(" expression ")" ";"
        | "for" "(" expression? ";" expression? ";" expression? ")" statement
        | "continue" ";"
        | "break" ";"
        | "return" expression? ";"   )
block type:
        ( "var"
        | "1553BBLOCK"
        | "ARINC429BLOCK"
        | "ARINC629BLOCK"
        | "RS422BLOCK"
        | "RS232BLOCK"
        | "RS485BLOCK" )
block:
        "{"[block type*]declaration* statement* "}"
expression:
        assignment-expression%
assignment-expression:
        ( unary-expression ("="
        | "*="
        | "/="
```

```
            | "%="
            | "+="
            | "-="
            | "<<="
            | ">>="
            | "&="
            | "^="
            | "
            |=" ) )* conditional-expression
conditional-expression:
        logical-OR-expression ( "?" expression ":" conditional-expression )?
    constant-expression: conditional-expression
    logical-OR-expression:
        logical-AND-expression ( "||" logical-AND-expression )*
    logical-AND-expression:
        inclusive-OR-expression ( "&&" inclusive-OR-expression )*
    inclusive-OR-expression:
        exclusive-OR-expression ( "|" exclusive-OR-expression )*
    exclusive-OR-expression:
        AND-expression ( "^" AND-expression )*
    AND-expression:
        equality-expression ( "&" equality-expression )*
    equality-expression:
        elational-expression ( ("==" | "!=") relational-expression )*
    relational-expression:
        shift-expression ( ("<"
        | ">"
        | "<="
        | ">=") additive-expression )*
    additive-expression:
        multiplicative-expression ( ("+" | "-") multiplicative-expression )*
    postfix-expression:
        (identifier
        | string
        | "(" expression ")") ("[" expression "]"
        | "(" assignment-expression% ")"
        | "++"
        | "--" )*
    systemClock:   "::"gt
    number:        0 | 1 | 2 | 3 | 4 | 5 | 6 | 7 | 8 | 9
    letter:        a | b | c | ... | z | A | B | C | ... | Z
```

4.4　RT-ESTDL 对实时嵌入式软件测试的支持机制

4.4.1　对实时嵌入式设备建模的支持

根据 3.3.3 节 UML 类图的扩展，RT-ESTDL 采用基于面向对象思想的技术完成对实时嵌入式设备的建模，测试人员可采用继承、多态的方式，通过实时嵌入式软件静态建模框架（参见图 3-24）完成实时嵌入式软件及其周围交联设备的静态建模工作。下面以航空电子实时嵌入式设备建模为例，说明扩展 UML 类图在 RT-ESTDL 中的应用。

作为航空器的重要组成部分和神经中枢系统，航空电子设备是航空器完成飞行姿态控制、任务管理及武器管理的核心组件，同时也是决定战机作战效能的重要因素。航电设备软件就是指航空电子设备系统中用于实现数据采集、数据解算、自动化控制及数据交互等功能的计算机软件，一般具有实时、嵌入式、高可靠性、高安全性等特点。

现代综合化航空电子系统是基于航空数据总线的分布式计算机网络系统，对于设备量大、功能复杂的分系统，通过分系统控制管理计算机实现二次综合。典型的航空电子系统和分系统的结构如图 4-2 所示。

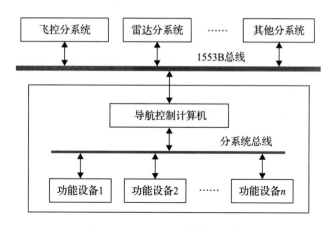

图 4-2　典型航电系统体系结构

特别需要强调的是，航电静态建模的重要依据是航电设备之间的接口控制文档，它是航空数据总线接口定义的标准文件，是航电设备建模的基础。ICD 描述了系统中各组件之间的接口关系，包括数据、消息、遵循的协议、时间序列等方面，其中数据块描述是航电总线数据的典型格式，一般包括源设备、目的设备、数据更新周期等。每个数据块还包括若干数据元素，每个元素有自己的格式定义和说明。表 4-2 给出了典型航电系统 ICD 的格式和内容。

表 4-2　典型航电系统 ICD 的格式和内容

BLOCK NAME:	块名
SOURCE:	源
DESTINATION:	目的
COMMUNICATION:	通信格式
PRIORITY:	优先级
TRANSMISSION:	传输类型
REFRESH CYCLE:	更新周期
MAXIMUM:	最大延迟
OVERWRITE PERMITTED:	允许覆盖标志
SYSTEM STATE:	系统状态
INTERRUPT:	是否允许中断
SIZE:	大小
BLOCK REMARKS:	块描述
BLOCK ELEMENTS:	块元素，包含各个信号的名字
SIGNAL NAME:	信号名
SIGNAL LABEL:	信号标签
SIGNAL TYPE:	信号类型
SIGNAL SOURCE:	信号源
DISTRIBUTION:	信号分布
SIGNAL FORMAT:	信号格式
SIGNAL RANGE:	信号范围
COMPUTATION RATE:	运算率
DATA BIT DESCRIPTION:	数据位描述
（举例：）	
BIT　0　STATIC-PRESSURE—BU　USED	
BIT　1　STATIC-PRESSURE—BU　USED	
…	
ACCURACY:	精度

　　基于以上分析，在 RT-ESTDL 中引入航空电子设备类（CAVIEqpmt）来描述航电设备（派生于通用设备类 CEQUIPMENT）。与之对应，引入航电 I/O 接口数据类 CAVIIODATAVAR（派生于通用接口数据类 CIODATAVAR），用于描述实时嵌入式设备之间的数据传输类型；引入航电总线连接类 CAVIIOLINK（派生于通用总线连接类 CIOLINK），用于描述实时嵌入式设备之间的 I/O 总线连接类型；引入 C1553BBLOCK、CARINC429BLOCK、CARINC629BLOCK、CRS422BLOCK、CRS232BLOCK 等派生类，用于描述航电设备之间的总线数据连接。基于实时嵌入式软件静态建模框架派生的航电设备软件静态建模如图 4-3 所示。

　　基于以上分析，典型航电系统惯性 / 卫星组合导航系统（I/GNS）的静态建模的 RT-ESTDL 描述如表 4-3 所示。

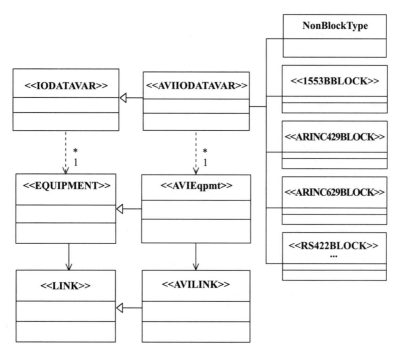

图 4-3　航电设备软件静态建模示意图

表 4-3　典型航电系统模型的 RT-ESTDL 描述

```
// avioniceqpmt.mdl
using "RT-ESTDL.mdl"
using "aviiodatavar.mdl"
using "1553bBlock.mdl";


CAVIEqpmt AvionicEqpmt::CEQUIPMENT
{
    BOOL IsSUT;                 //是否为被测系统
    var Eqpmt_ID;               //设备标识
    CAVIIODATAVAR ioDataVar;    //I/O接口数据
    CAVIIOLINK ioLink;          //总线连接类型
    ...
    procedure InitEqpmt(ioData, ioLink);
    procedure StartEqpmt()

    procedure SendDataValue (srcEqpmtID,dstcEqpmtID, ioData, sndVar);
    procedure GetDataValue (srcDevID,ioLink, recVar);
    ...
}
/******** 下面为 I/GNS 模型 **************/
// IGNS.module
```

（续）

```
IGNSMDL :: AvionicEqpmt
{
    IsSUT = TRUE;
    Eqpmt_ID = "IGNS";
    ioLink.ioType = "MIL-STD-1553B";
    var APP;
    var WOW;
    1553BBLOCK  B_ADIN_01_00;
    1553BBLOCK  B_DCIN_00_00;
    1553BBLOCK  B_DCIN_01_01;
    1553BBLOCK  B_DCIN_01_02;
    ...
}
```

4.4.2　对实时嵌入式软件测试时间约束及并发处理的支持

RT-ESTDL 采用实时调度的方式，可完成对多个实时嵌入式软件测试任务的处理。此外，测试任务动作序列中允许对系统时钟的引用，以保证实时软件测试时间约束和并发处理。具体分析如下：

❑ RT-ESTDL 的设计基于时间约束迁移等价类的描述方法，可较好地完成实时嵌入式软件测试过程中各个状态迁移的时间特性描述。

❑ 通过利用实时任务调度算法（基于 SBRMS 调度算法，见 6.5.3 节），RT-ESTDL 执行引擎可完成不同测试任务之间的并发执行，可支持不同优先级顺序的测试任务的实时调度。

❑ RT-ESTDL 的设计中引入了对系统（全局）时钟的引用和时间等待机制，如通过调用已封装的函数 GetCurTestTime()，可获取当前全局时钟值（自测试开始计时）。通过这种方式可保证时钟的统一和协调，进而保证测试进程完全可控。

❑ 在 RT-ESTDL 执行引擎的设计中，允许用户对在线测试任务的执行优先级进行定制，这样可最大限度地满足测试人员的实际要求，同时最小限度地减少对测试执行系统运行时序的干扰。

4.4.3　对实时嵌入式设备模型实时通信的支持

在 RT-ESTDL 的设计中，完成各设备模型建模后，若各设备模型相互可见并可访问，则可采用函数调用的方式完成设备间的实时通信，其实现过程如图 4-4 所示。

采用这种方式的优点是交互直接、实现简单、速度较快,可较好地满足通信的实时性,并降低系统的复杂度。

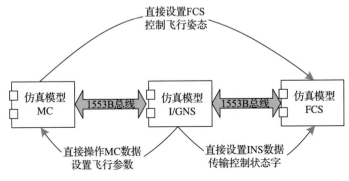

图 4-4　实时嵌入式设备模型的实时通信

4.4.4　对重用已有设备模型及测试描述的支持

RT-ESTDL 支持预编译机制,可以很好地实现实时嵌入式设备模型和已有测试描述的重用,从而最大限度地重用已有测试资源,提高测试效率,缩短测试时间。具体分析如下:

- ❑ 通过 using 语句可预包含已建立好的实时嵌入式设备模型,实现对已有设备模型的重用。此外,在这种情况下,测试人员若想基于现有模型开发一个新设备模型,则只需少量改动即可完成新设备模型的开发,大大提高了建模的效率。
- ❑ 通过 include 语句可预包含已建立好的测试描述序列。同样,测试人员仅需做少量改动即可完成新的测试语句序列的编程工作。

4.5　本章小结

本章在第 3 章形式化测试理论的基础上,介绍了实时嵌入式软件测试描述的特点和设计原则,全面总结了实时嵌入式软件的常用测试方法,给出了通用实时嵌入式软件测试任务的概念,并在此基础上设计实现了 RT-ESTDL,研究了该语言的文法和语义,最后分析了实时嵌入式软件测试的支持机制。

第 5 章
智能终端应用软件系统测试技术

基于 Android 的应用是当前智能终端应用软件的主流，其客户群体巨大、市场投入周期要求高、软件质量参差不齐。本章将对如何有效测试这一类嵌入式软件提出解决方案，特别是解决智能终端应用软件的测试生成、回归测试、压力测试等核心技术问题。

5.1 智能终端应用软件基础

5.1.1 Android 操作系统

Android（安卓）操作系统是 Google 公司 2007 年 11 月 5 日宣布推出的基于 Linux 平台的开源手机操作系统，主要用于移动设备，如智能手机和平板电脑等。Android 操作系统最初由 Andy Rubin 于 2003 年在美国加州开发，主要支持手机，2005 年 8 月由 Google 公司收购并注资。2007 年 11 月，Google 与 84 家硬件制造商、软件开发商、电信运营商及芯片制造商等组建开放手机联盟，共同研发改进版本的 Android 系统。该联盟将支持 Google 发布的手机操作系统以及应用软件，并共同开发 Android 系统的开放源代码。随后 Google 以 Apache 开源许可证的授权方式，发布了 Android 的全部源代码。

2008 年，在 Google I/O 大会上，Google 提出了 Android HAL 架构图，同年 8 月 18 日，Android 获得美国联邦通信委员会（FCC）的批准，并于 2008 年 9 月正式发布 Android 1.0 系统，这是 Android 系统最早的版本。第一部 Android 智能手机也于 2008 年 10 月正式发布。随着时间的推移，Android 系统已逐渐扩展到平板电脑及其他智能领域，如电视、数码相机、游戏机、智能手表等。2011 年第一季度，Android 在全球的市场份额首次超过 Symbian（塞班）系统，跃居全球第一。2013 年第四季度，Android 平台手机的全球市场份额已经达到 78.1%。2014 第一季度，Android 平台已占所有移动广告流量来源的 42.8%，首度超越 iOS。目前，Android 已具备完整的生态链条，成为业界主流的移动设备开发平台。

Android 操作系统发展到现在，已具备很大的平台优势，具备开放性、丰富的硬件支持和开发便捷性。本质上，Android 系统是一个包括操作系统（内核）、中间件、用户界面和关键应用软件的移动设备软件栈。换言之，Android 是基于 Java 并运行在 Linux 内核上的轻量级操作系统，其功能全面，包括 Google 公司在其上内置的一系列应用软件，如电话、短信等基本应用功能。Android 操作系统自顶向下可以分为应用程序层、应用程序框架层、运行时和系统库以及 Linux 内核层，如图 5-1 所示。

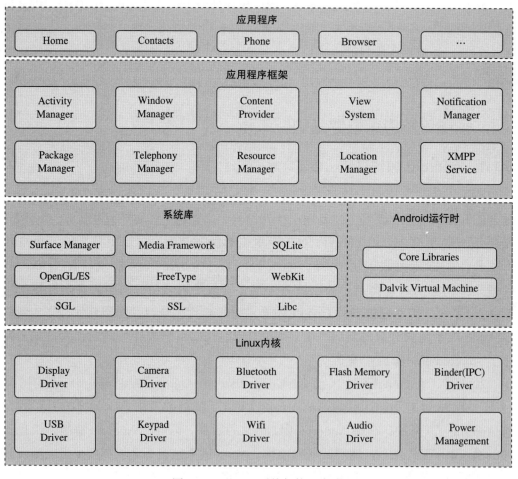

图 5-1　Android 系统架构示意图

应用程序（Application）层是 Android 系统中最外层的框架，用于与用户交互。

应用程序层包含 Android 系统自带的应用程序和第三方开发的应用程序，用户通过这些应用程序来实现自己的需求。其中包括拨号程序、记事本程序、闹钟程序、视频程序、游戏程序等，用户可以根据需要安装或卸载这些程序，非常灵活和便利。

应用程序框架（Application Framework）层在应用程序层下面，提供各种系统 API，供应用开发人员编写应用程序时调用。应用程序框架层包含的主要模块包括：

- ❑ 活动管理器（Activity Manager）：管理各个应用程序的生命周期。
- ❑ 窗口管理器（Window Manager）：管理所有的窗口程序。
- ❑ 内容提供器（Content Provider）：主要管理应用程序之间的内容共享。
- ❑ 包管理器（Package Manager）：管理应用程序的安装、升级、卸载。
- ❑ 通知管理器（Notification Manager）：管理系统的通知栏。

系统运行库层位于应用程序框架层和 Linux 内核层之间，由系统库（Library）和 Android 运行时（Android Runtime）组成。系统库支撑应用程序框架层，为整个 Android 系统提供特性支持，是连接应用程序框架层和 Linux 内核层的重要纽带，分为 Surface 管理器、SQLite 库、Media 框架、OpenGL/ES 库、FreeType 等部分，主要负责 2D/3D 绘图、多媒体、数据库等。Android 运行时又可以分为核心库和 Dalvik 虚拟机两部分：前者是由 Java 语言实现的，包含应用程序开发所需的核心 API 等；后者是一个基于寄存器的 Dalvik 虚拟机，可以确保每个运行中的应用程序都有自己的独立进程，不至于跟其他应用程序发生资源冲突。

Linux 内核（Linux Kernel）层是 Android 系统最底层的架构。内核层为 Android 移动设备的硬件提供底层驱动，也提供了安全管理、电源管理、内存管理、进程管理、网络驱动、显卡驱动等核心服务。

5.1.2　Android 开发环境

Android 程序开发主要依赖于以下工具：

- ❑ Android SDK（Software Development Kit）：Google 提供的用于 Android 开发的工具包，包含应用所需调用的所有 API 接口库。
- ❑ Android Studio：Google 推出了专门用于 Android 应用程序开发的 Android Studio，作为集成开发环境，其中集成了开发环境和 SDK。

5.1.3　Android 应用程序组件

Android 应用程序拥有四个基本组件，分别是活动（Activity）、服务（Service）、内容提供者（Content Provider）和广播接收者（Broadcast Receiver）。

- ❑ 活动是最基本的包含用户界面的组件，通过用户界面和用户进行直接交互来完成某项任务，不同活动之间通过 Intent 进行通信，一个应用程序可以包含一个或者多个活动。
- ❑ 服务没有独立的进程，依赖于创建服务的应用程序。服务没有自己的用户界面，当程序被切换到后台时，也可以继续工作。
- ❑ 内容提供者用于在不同应用程序之间实现数据共享，并且提供了一套安全机制，当其他程序来访问当前程序时，可以保障被访问数据的安全。
- ❑ 广播接收者主要用于接收 Android 系统内部应用程序和第三方应用程序的广播通知。

5.1.4　Android 模拟器和 ADB 工具

在开发测试过程中，往往需要 Android 设备来运行正在开发或者测试的 Android 应用程序，但是由于成本因素和 Android 平台的碎片化，研究人员更倾向于使用模拟器来完成部分功能测试。Android 模拟器可以基本实现除了发送短信、拨打电话这些通信功能以外的所有功能，而且可以在自己的计算机里模拟各种型号的 Android 手机、平板电脑、Android 可穿戴设备、Android 电视。Android 模拟器包含在 Android SDK 中，极大地方便了研发测试人员的工作。即使没有真机，Android 模拟器也可以模拟测试所需的所有 Android 平台。使用模拟器进行实验不仅可以模拟真机测试时的点击、滑动、选中等操作以及程序中断、切换等情况，而且可以记录 Android 内核的运行情况，帮助测试人员获取系统状态以及程序运行状态。

ADB（Android Debug Bridge）是一个命令行工具，通过 ADB 可以实现宿主机与 Android 模拟器或者真机的通信。ADB 是包含在 Android SDK 中的一个工具，属于 C-S（Client-Server，客户端服务器）程序。ADB 由三部分组成：客户端（Client）、服务器（Server）、守护进程（Daemon）。其中，客户端运行在宿主机上，通过在命令行中运行相关命令来调用客户端进行操作，用户通常可以使用 install、push、shell、devices、delete 等 ADB 提供的接口来与 Android 模拟器或真机进行操作。ADB 客户端的主要工作是解析用户输入命令行的参数，然后进行处理，再发送给服务端。ADB 服务器是运行在宿主机上的后台进程，主要工作是管理客户端，同时负责与守护进程进行通信。ADBD（ADB Daemon）运行于 Android 模拟器和真机上，主要用来连接 Android 模拟器或真机以及 ADB 服务器，其中 Android 模拟器是通过 TCP 来连接的，真机是通过 USB 来连接的。

5.1.5　Android UI

Android UI（User Interface，用户界面）中所有元素的基类都是 View 类或 ViewGroup 类。View 类实例化对象的作用是绘制具体的界面内容，用于与用户交互；ViewGroup 类实例化对象的作用是作为容器容纳 View 类实例化的对象和 ViewGroup 类实例化的对象，方便定义用户界面的布局。

ViewGroup 是用来容纳 ViewGroup 对象或者 View 对象的对用户不可见的容器，View 对象则是用户可见的，可以是输入控件，也可以是用来绘制 UI 的小部件。视图层次结构可以很复杂，也可以很简单，但是整体上，视图的所有控件对象按照包含关系的层次结构组成了一个树形结构。

控件是 Android UI 设计中另一个重要的概念，是构成 UI 的基本元素。输入控件是指用于和用户进行交互从而获取用户输入信息的 UI 元素，常用的有按钮（Button）、复选框（Check Box）、文本字段（Text Field）、滑动条（Slider）、切换按钮（Switch Button）等，如图 5-2 所示。

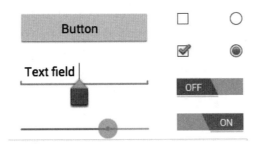

图 5-2　Android UI 中的基本控件

在 Android UI 设计中，布局是一个很重要的概念。布局的作用是定义用户界面的视觉结构，用户可通过两种方式来声明 Android UI 中的布局，一种是通过 XML 文件声明 UI 布局元素，另一种是通过编写代码直接实例化 UI 对象。现在主要通过 XML 文件声明 UI 的方式来实现 UI 布局，这种方式很好地实现了应用程序图形界面和应用程序内部行为逻辑的解耦，研发人员不需要修改代码就能轻松创建出适用于不同平台、不同尺寸的布局，提高了代码的可重用性。

输入事件是在 Android 系统与用户交互的过程中截获的。在 View 类中存在很多回调函数用于响应 Android UI 事件。Android 系统提供了很多种处理 UI 事件的方

式，其中最典型的是基于监听器的事件处理。这种处理方法的三个概念是：事件源
（Event Source）、事件（Event）、事件监听器（Event Listener）。事件源指的是可以产
生事件的控件，一般包括按钮、滑动条、窗口、图片等。事件是指用户通过与 UI 控
件交互产生的特定消息，一般通过事件监听器获得。事件监听器是 Android 系统提
供的 View 类中包含着的回调方法接口，负责监听并处理事件源触发的事件。例如，
onClick() 方法位于 View.OnClickListener 中，当用户按下某一按钮时会调用此方法。

5.1.6　Android Log 系统

图 5-3 所示为 Android Log（日志）系统的架构。Android Log 系统为应用程序提
供了运行时的日志记录机制，在 Android 应用程序的开发、测试和调试工作中都离
不开日志记录系统，利用系统日志可以快速定位应用程序中的错误信息，方便开发、
测试人员进行错误的定位和分析。日志的每条信息包含标签（Tag）、时间戳（Time
Stamp）、日志级别（Log Level）、日志信息（Log Info）四个部分。

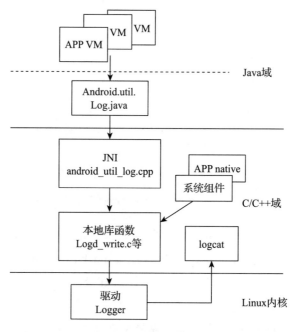

图 5-3　Android Log 系统的架构

Android Log 一般可以分为 6 级，等级从弱到强分别为 Verbose、Debug、Info、
Warn、Error、Assert。Verbose 是等级最低的日志，打印输出的信息最详细，含有

不少冗余数据，但是可以显示全部信息；Debug 日志是用来打印调试信息的，只在 Debug 版本输出，在 Release 版本不会输出；Info 日志用来输出一般提示信息；Warn 日志用来打印警告信息，这种级别的日志一般用来提醒开发者可能出错的位置或可能的出错行为；Error 日志属于级别较高的日志，一般用来打印应用程序崩溃退出时的错误信息，例如在 try-catch 机制的 catch 模块中输出捕获到的执行异常信息；Assert 在 6 级日志中属于级别最高的日志，表示当前输出的打印信息属于非常严重的错误等级。日志的输出量很惊人，一个应用程序的输出量一般在 MB 级别，通过区分不同级别的日志有助于开发人员快速定位当前错误。

按照用途的不同，日志可以分为应用程序日志（Application Log）、事务日志（Event Log）、系统日志（System Log）。Android 操作系统框架中的很多类是通过使用系统日志来和应用程序日志区分开来的。

5.1.7　Android 应用代码覆盖

代码覆盖（Code Coverage）是软件测试中一种重要的度量指标。在测试时我们经常关心代码是否都被执行到了，这种源代码被执行到的比例就称为代码覆盖率。在讨论代码覆盖率时，经常有多种粒度，主要包括以下几种：

- ❏ 行覆盖（Line Coverage）也叫作语句覆盖（Statement Coverage），行覆盖率的判断标准是该程序中的每条可执行语句（不包括注释、空行等）是否都在测试过程中被执行到了。行覆盖率是目前最常使用的一种度量指标，但也是相比其他统计方式来说最弱的一种方式。行覆盖率只能简单判断该行是否测试到了，但没有考虑代码中的分支、程序块是否被测试到。
- ❏ 分支覆盖（Branch Coverage）指的是程序中每个判定的分支是否都覆盖到了。
- ❏ 函数覆盖（Function Coverage）指的是程序中的函数是否都覆盖到了。

目前行业主流的代码覆盖率工具包括以下几种（限于篇幅，本书不做详细介绍，有兴趣的读者可参阅线上资源）：

- ❏ Emma 是一个开源的、面向 Java 程序的代码覆盖率工具，用于收集和报告代码覆盖率。Emma 本身使用 Java 代码编写，可以方便地集成到 Eclipse、Android Studio 等 IDE 以及测试环境中。Emma 获得代码覆盖率的原理是通过插桩字节码，插桩完成后指令的每次执行都会发送信息给 BroadcastReceiver，而 BroadcastReceiver 则负责将覆盖率信息写到 coverage.ec 文件中，这样就可以实现追踪程序执行过程中的运行状态，获取行覆盖、分支覆盖、函数覆盖等不同粒度的覆盖率信息。Emma 覆盖率信息可以以报告的形式输出，用户可以选择 .txt、.html 等格式。

- [ ] Ella 也是一款开源的、面向 Android 应用程序的代码覆盖率获取和报告工具，不同于 Emma 程序，Ella 实用性更强，对无源代码的应用也可以插桩。Ella 源码为 Python 语言，插桩程序时不需要集成到 IDE 环境中，只需要在命令行输入命令即可完成插桩，可操作性较强。使用 Ella 对应用完成插桩后，Ella 可以获得该应用程序的所有方法，并放到名为 covid 的文件中，在程序运行过程中会对程序执行情况进行记录。与 Emma 可以拿到行覆盖、分支覆盖、函数覆盖等多种粒度的覆盖信息不同，Ella 最细粒度也只能拿到函数覆盖率，无法获得更细粒度的覆盖信息。

- [ ] Jacoco 与 Emma 属于一个开发团队，可以理解为 Emma 的升级版，也用于测量和报告 Java 代码的覆盖率。Jacoco 通常集成在 Eclipse、Gradle、Maven 等 Java 集成开发环境中。Jacoco 获得覆盖率的原理与 Emma 类似，都是通过插桩程序的字节码文件跟踪代码执行信息，然后通过 BroadcastReceiver 记录覆盖情况，解析生成的报告文件以得到多种粒度的覆盖率信息，其中包括指令覆盖、行覆盖、分支覆盖等。

- [ ] Clover 是 Cenqua 公司开发的 Java 代码覆盖率分析工具。Clover 的实现机制是基于源码的插桩，与 Jacoco 和 Emma 插桩字节码不同。Clover 生成的覆盖率信息报告同样也支持不同的输出格式。除了可以获得覆盖率报告之外，Clover 还能追踪覆盖率的变化踪迹，这样研发人员就能够关注测试到的代码量的增长情况是否可以跟产品的代码量的增长情况相匹配，并可以追踪本次测试是否可以执行之前没有覆盖到的代码，即增量覆盖率。

5.1.8　Android GUI 测试框架

1. UiAutomator 测试框架

UiAutomator 是随着 Android 系统的发展逐渐开发出来的，从 4.1 版本开始，Google 发布了 UiAutomator 作为 Android 应用测试的标准工具。UiAutomator 作为 Android 原生的测试框架，有着其他测试框架无法比拟的优势。使用该工具可以获得丰富的 API，支持测试人员定义各种 UI 操作与目标应用程序进行交互。同时，UiAutomator 测试框架有两个强大的专有特性：UiAutomator Viewer 提供了一整套扫描和分析用户界面的 API，这套 GUI 接口可以查询获得 Android 应用的 UI 控件树信息，并获取到细粒度的界面状态；UiDevice 类可以获得目标设备的状态信息，并允许部分操作更改设备状态，比如返回键、Home 键或菜单按钮。基于 UiAutomator 二次开发新的 Android 测试框架或展开测试研究是很多开发人员的首选。

2. Instrumentation 测试框架

Instrumentation 测试框架与 UiAutomator 不同，它并不是一个单纯的 GUI 测试框架，而是提供了一套技术方案，可以独立于 Android 应用构建代理程序，通过该代理程序直接检测目标应用的程序状态，甚至直接控制应用的生命周期函数和内部对象。作为 Android 测试的核心框架，使用 Instrumentation 可以创建各种测试用例，向 Android 应用发送 UI 事件和系统事件，检查程序的实时运行状态，控制 Android 应用的加载、执行和组件生命周期等。开发人员可以借助它进行 Android 应用的单元测试和复杂的自动化测试。Instrumentation 是 Android 系统内一系列控制方法的集合，通过设置钩子函数在应用正常的生命周期之外控制 Android 组件的运行。与单纯的基于 GUI 进行黑盒测试不同，Instrumentation 框架将测试程序和目标应用运行在同一进程中，可以直接调用 UI 控件方法，对控件属性进行查询和修改。对于 GUI 测试中难以实现的复杂需求，通常可以借助 Instrumentation 框架实现。但是，Instrumentation 框架需要能够直接访问被测应用的代码，因此更适合于展开应用开发者自行设计的测试，而不是第三方测试。

5.2　智能终端应用软件系统的测试生成技术

在 Android 应用的测试中，为 Android 应用系统编写有效的测试用例非常花费时间。由于一个复杂的应用常常存在多种使用场景，即使仅编写测试用例来覆盖重要的场景也需要耗费大量的测试开发时间。要提高测试的效率，就需要自动化测试用例生成技术的支持。目前已经有多种技术和工具实现了 Android 测试用例生成，主要区别在于生成输入的方式、遍历应用程序所用的策略以及等价状态的判定等。测试输入生成工具既可以分析单独的应用程序，也可以分析应用程序和其他应用程序或者 Android 框架层的交互。本节主要针对基于 GUI 遍历的测试生成技术的不同工具进行分析，找出关键的策略点。

5.2.1　Android 测试用例生成技术

本节主要介绍目前相对成熟的 Android 测试用例生成技术。

　　Monkey 是 Google 公司开发的一个 Android 应用自动化测试工具，主要用于进行压力测试和可靠性测试。顾名思义，Monkey 就是像猴子一样随机点击应用程序来进行测试，以期望找到目标应用中的错误。图 5-4 所示为 Monkey 的架构及运行原理。Monkey 通过 PC 端的 ADB 工具来实现与 Android 模拟器或者真机的交互，模拟伪随机的用户事件流来实现对 Android 设备的测试，验证应用程序是否会在 Monkey 发送的随机事件测试过程中闪退、崩溃或者抛出异常。虽然可以达到系统地测试应用程序的目的，但是其局限性也显而易见：其发送的事件流是完全随机的，重复率较高，遍历的效率较低。当然，如果测试资源充足且 Monkey 运行的时间足够长，往往也能够找到应用程序中隐藏的错误。

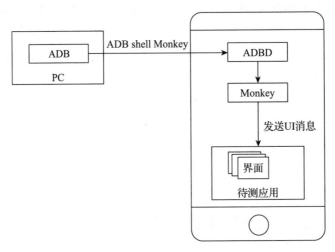

图 5-4　Monkey 运行原理图

　　SwiftHand 工具是加州大学伯克利分校的 Wontae Choi 提出的能够自动化生成 Android 测试用例的技术。该技术的实现原理是在应用程序的测试过程中使用机器学习方法学习一个模型，再使用所学的模型来生成用户输入，探索未到达的应用程序的状态，在使用生成的输入遍历应用程序状态的过程中，再进一步用数据完善学习模型。SwiftHand 采用主动学习算法构建出大致的程序状态转移图，然后用被动学习算法对该模型进行重构和优化，从而既提高了建模速度，加速应用程序的遍历，又确保了构建出的应用程序模型的准确性。同时，该技术还有一个关键特征是可以通过最大程度地减少重启次数来减少无效测试的时间，从而大幅节省时间。Wontae Choi 对比了 SwiftHand 工具、Monkey 工具和机器学习中的 Angluins L* 算法，以分支代码覆盖率（Branch Coverage）、耗费的重启时间（Time Spent on Reset）、构建模型的状态数（State in Model）等为评判标准，结果显示 SwiftHand 算法相对于其他两种算法占有极大的优势。

A3E 是一个开源的 Android 应用测试工具，采用两种不同又互补的策略实现遍历。第一种策略 A3E-Depth-First 在应用程序的动态模型上进行深度优先搜索，动态模型将每个活动抽象成一个状态，而不考虑活动上的组件的不同状态，这种抽象可能会导致捕获不到活动的很多行为。第二种策略是 A3E-Targeted，该策略通过污点分析方法构建应用程序活动的静态状态转移图，该图可替代采用 A3E-Depth-First 构建出的有限状态机模型，以达到更好的效果。但 A3E-Targeted 并不是开源的，所以难以分析其内部逻辑，也难以进行定制开发。

Dynodroid 是基于随机搜索的 Android 应用测试工具，它与 Monkey 的原理类似，但是比起 Monkey 来效率更高。Dynodroid 主要在以下几方面进行了优化：①通过检查哪些系统事件与应用程序有关来产生该类系统事件，Dynodroid 需要插桩 Android 框架层，在框架层注册一个监听器，从而获取相关信息；② Dynodroid 的随机事件生成策略优于 Monkey，它既可以用频率策略（Frequency Strategy）选择频率最小的事件，也可以通过贝叶斯随机策略（Biased Random Strategy）选择上下文相关的事件。

Aravind MacHiry 提出 Android 测试用例生成系统必须具备如下 5 个条件：

- 鲁棒性（Robust）：该系统是否能有效测试真实的应用程序；
- 黑盒（Black-Box）：该系统是否必须获得应用程序的源码文件才能完成测试，以及是否能有效反编译应用程序的二进制文件；
- 通用性（Versatile）：该系统是否能正确地测试应用程序必要的功能；
- 自动化（Automated）：该系统是否能自动化地完成测试活动；
- 有效性（Efficient）：该系统是否能生成有效的用户输入。

上述 5 个标准是检验 Android 测试用例生成系统是否有效和成熟的标准，Dynodroid 是完全符合的。与其他 Android 测试生成工具不同的是，Dynodroid 不需要插桩应用程序本身，而是插桩 Android 框架层。Dynodroid 工具可以分为执行部件（Executor）、观察部件（Observer）和选择部件（Selector）。执行部件负责触发与用户交互的事件，原理是利用 ADB（Android Debug Bridge）发送事件给正在运行测试应用程序的 Android 模拟器，事件分为用户界面事件（UI Event）和系统事件（System Event）。观察部件负责计算发送的事件与当前应用程序的相关度，并将这些事件按顺序放到时间集 E 中。选择部件负责按一定的逻辑从 E 中选择出下一次要执行的事件。Aravind MacHiry 选取 50 个应用程序对 Dynodroid 与 Monkey 的测试程序集进行了对比实验，以代码覆盖率和发现的程序 Bug 数为判断标准，结果 Dynodroid 的表现更优。

Acteve 是一款 Android 应用自动化测试工具。Acteve 的理念是基于混合符号执行（concolic testing）技术来自动地、系统地生成测试用例。该工具通过符号执行技术对系统的 API 函数进行建模，动态地生成遍历每个程序分支的事件序列，从而系统地测试目标应用。但是，Acteve 需要在实验时插桩 Android 框架层和 Android 应用程序，需要基于 Android 的源代码，并且限制了生成 Android 测试用例的事件序列的长度，所以应用起来存在较大的限制。

此外，与上述技术在测试方法上相类似的还有 IntentFuzzer、DroidFuzzer、ORBIT、AndroidRipper 等自动化测试工具或技术。与传统自动化测试技术相比，它们或监控 Android 应用程序 GUI 事件的执行状态，或构建应用程序的状态模型，以期在测试过程中能够生成尽可能全面的测试用例（事件序列），提高测试效率及代码覆盖率，达到更好的测试效果。

PUMA 是由 Shuai Hao 和 Bin Liu 提出的通过模拟用户点击事件与 Android 应用程序的 GUI 界面进行交互从而完成随机探索的工具。PUMA 是一个功能强大的测试用例生成框架，它的强大之处不仅仅在于能够系统地生成测试用例，还在于可以根据用户的需求进行扩展和动态分析。在目前已有的研究工作中，Shuai Hao 在 PUMA 框架中扩展实现了 7 种不同的功能检测，分别是应用程序访问违反检测（Accessibility Violation Detection）、基于内容的应用搜索（Content-based App Search）、UI 结构分类（UI Structure Classifier）、广告欺诈检测（Ad Fraud Detection）、网络使用分析（Network Usage Profiler）、流量使用监测器（Permission Usage Profiler）和压力测试（Stress Testing），并在 3600 个 Android 应用程序上进行验证，取得了很好的效果。PUMA 框架的设计灵活，实现了遍历应用程序的过程与结果分析过程的解耦，既提高了应用程序的探索效率，又简化了结果的分析过程。

PUMA 是一个基于 GUI 遍历的测试用例生成框架和动态分析框架，用户可以自定义动态分析类型和测试用例生成方式。图 5-5 是 PUMA 框架的整体系统结构，使用时，用户需要先准备好 Android 应用程序的字节码文件以及 PUMA Script，其中 PUMA Script 是基于 Java 语言的。PUMA 解释器（Interpreter）会将 PUMA Script 解释成两部分指令，一部分针对应用程序，另一部分针对应用程序的遍历行为。第一部分用于指导 PUMA 插桩器（Instrumenter）插桩应用程序，操作步骤为 PUMA 插桩器先通过静态分析识别出与本次测试相关的代码，然后进行插桩，生成的插桩后的版本可以由 PUMA Script 中针对应用程序的指令代码实现调度。第二部分基于

UiAutomator 完成，类似 Monkey 所实现的模拟用户点击界面控件以实现自动化测试，但是遍历方式、等待时间等都可由用户定制。程序运行完成后，会生成相应的日志文件和覆盖率信息，用于判定本次测试的成功与否。

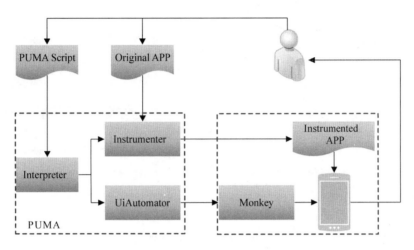

图 5-5   PUMA 系统结构

5.2.2   基于 GUI 的测试用例生成通用框架

本节将系统地讨论基于 GUI 的 Android 应用测试用例生成通用框架。GUI（Graphical User Interface，图形用户界面）也称为图形用户接口，指的是使用图形的方式来实现计算机或者移动设备的用户界面。GUI 事件指的是点击 GUI 界面中的控件产生的事件。本节要讨论的就是基于 GUI 的 Android 测试生成技术。基于 GUI 的 Android 测试生成技术近几年来已经成为 Android 应用程序功能测试的主流选择，利用该技术可以模拟用户操作，有目的地实现程序遍历，大大节省了人力物力。我们针对其中比较流行的工具和技术进行研究，如 Monkey、PUMA、SwiftHand、A3E、Dynodroid、Acteve、GUIRipper 等，经过对比分析，总结出了基于 GUI 的 Android 测试生成的通用算法，如表 5-1 所示。算法的主要思路为：启动被测应用程序，当前状态集 S 为空，将该应用程序初始页面放入状态集 S 中，从当前状态集中按一定的策略选出未遍历完的状态进行 GUI 遍历，即按一定策略选出当前状态 s_i 的可点击控件集中下一个将要点击的控件进行点击。等待一定的时间至新状态稳定，将新状态与当前状态集中的状态逐一进行状态等价判定，当新状态与状态集中的状态均不等价时，放入状态集中。直到状态集为空，对当前应用程序的搜索完成，退出程序。

表　5-1

算法 5.1　基于 GUI 的 Android 测试生成

```
01. while not all apps have been explored do
02.    pick a new app and start the app
03.    S ← empty stack
04.    push initial page to S
05.    while S is not empty do
06.      pop an unfinished page si from S
07.      go to page si
08.      pick next clickable UI element from si    // 关键策略点 2：状态搜索策略
09.      perform the click
10.    wait for next page sj to load              // 关键策略点 3：等待时间策略
11.    flag ← sj is equivalent to an explored page // 关键策略点 1：状态等价策略
12.    if not flag then
13.        add sj to S
14.        update finished clicks for si
15.    if all clicks in si are explored then
16.        remove si from S
17.    if S is empty then
18.        terminate this app
```

1. Android 应用程序状态转移图

图 5-6 所示是 Android 手机中常备应用程序"备忘录"的 4 个主要活动界面。主界面中有 4 个可操作控件，分别是按钮"返回""编辑""新建""附件"，通过点击不同的键可以到达不同的界面。我们可以称这 4 个界面为 4 个状态，一个应用的状态是指当前活动中所有控件的状态的集合。点击图 5-6a 中的 1 个按钮，比如"编辑"，界面跳转到图 5-6b，3 个文本框由不可操作控件变为可操作控件，共 7 个可点击按钮，即可以理解为状态发生了变化，成为一个新的状态。

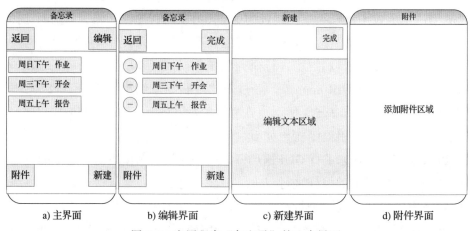

图 5-6　应用程序"备忘录"的 4 个界面

Android 应用程序的状态转移图是一个有向图，图中的点为探索应用程序过程中可以到达的不重复的状态，图中的边为 GUI 事件。下面我们以"备忘录"应用程序为例来构建状态转移图，如图 5-7 所示。为方便表示，退出应用后的 Android 桌面用 $q0$ 表示，备忘录主界面用 $q1$ 表示，编辑界面用 $q2$ 表示，新建界面用 $q3$ 表示，附件界面用 $q4$ 表示。以上文介绍的基于 GUI 的 Android 测试生成的通用算法来遍历该程序。如图 5-7 所示，先将备忘录主界面 $q1$ 放入初始的空状态集中，主界面中的可点击控件集是 { 返回按钮、编辑按钮、新建按钮、附件按钮 }，点击"返回"到达 $q0$，点击"编辑"到达 $q2$，点击"新建"到达 $q3$，点击"附件"到达 $q4$。逐一点击以到达各个状态，当到达的状态与状态集中的任何一个状态都不等价时，就把它放入状态集中，直到状态集中的任何一个状态都被遍历完毕，视为完成应用程序探索，退出。

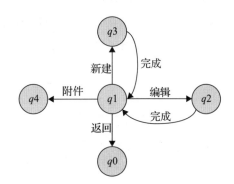

图 5-7　应用程序"备忘录"的状态转移图

2. 状态等价策略

基于 GUI 状态遍历的测试生成算法的核心操作，就是将当前状态与之前访问过的状态进行比较，如果当前状态与之前访问过的状态等价，返回 false，否则返回 true。关于状态等价的定义有很多，不同的定义会产生不同的状态等价判定结果，从而影响模型构造，进而影响代码覆盖率和错误检测率。本节就现有的测试生成工具的状态等价策略进行提炼和总结，并在此基础上提出新的思路。

典型的状态定义有 3 种粒度，从粗到细分别是 ActivityID 等价、UI 层次结构等价以及组件集合等价。ActivityID 等价策略只要求两个状态的 ActivityID 相同就认为是等价的，这是最粗粒度的状态等价策略。显然，很多时候这种状态等价策略并不精确，两个活动的 ID 相同时，其内部控件的状态甚至结构都可能发生变化。UI 层次结构等价策略只需考虑控件的 DOM 树结构的相似度，并不考虑状态中特定控件的状态。组件集合等价则需要考虑当前状态中所有控件的类型和内容集合是否一致，对于这类等价策略，状态的相似度又可以转化为集合的相似度计算问题。因此，组件集合信息可以和不同的集合相似度计算方法结合，进而构建出余弦相似度策略、Jaccard 策略和 Hamming 策略。

一般来说，粒度越细的状态等价定义可能会构造出粒度越细的程序状态图，这就意味着可能会有更大的概率覆盖到程序中更多的部分，实现更好的测试效果。但另一方面，复杂的程序状态图也可能导致更多开销，而这是否能够带来有效的测试收益，还需要通过实践进行验证。

（1）余弦相似度策略

在 DECAF 的相关研究工作中，作者用 DOM 树的形式来表示当前活动的组件结构，进而抽取特征向量。如表 5-2 所示，作者用控件的类型（Type）、控件在 DOM 树中的级别（Level）、该控件所在 DOM 树中该层次同类型控件的当前序号（Count）、该控件的文本（Text）作为特征向量的其中一维，当前状态包含的控件总数即为抽象出的特征向量的维度。

表 5-2

算法 5.2　GUI 的组件粒度向量化

```
01.    node←get root node in current state   // 获取当前状态的根结点
02.    L←empty set                           // L用于放置当前状态的所有结点信息
03.    while node is not null do              // 子结点不为空时
04.        type←node's classname
05.        level←node's height in DOM tree
06.        count←number of the node of the same type at current level
07.        text←node's text
08.        keyMatch←string of type@level@count@text
09.           // 将子结点 type、level、count、text 抽象成字符串
10.        put keyMatch into L
11.        node ← current node's childnode
12.    end-while
13.    return current node set L
```

如图 5-8 所示，有 3 个可操作控件，分别为按钮"是"、按钮"否"、滑动栏。按钮"是"位于组件树的第二层，Count 为 1，文本内容为"Yes"，它可以表示为（Button@2@1@Yes）。同理，按钮"否"可以表示为（Button@2@2@No），滑动栏可以表示为（Scrollbar@3@1@）。状态的特征向量即为当前控件状态的合集，所以当前活动的状态抽取出的特征向量可以表示为（Button@2@1@Yes、Button@2@2@No、

Scrollbar@3@1@）。

不同状态之间的比较采用求取两个对应的特征向量之间的余弦相似度的方法，假设当前要比较的两个特征向量分别为 $V=<v_0, v_1, v_2, \cdots, v_n>$ 和 $U=<u_0, u_1, u_2, \cdots, u_n>$，余弦相似度的计算公式如下：

$$\mathrm{Cosine}(V, U) = \sum_{i=1}^{n} v_i u_i \Big/ \left(\sqrt{\sum_{i=1}^{n} v_i^2} \times \sqrt{\sum_{i=1}^{n} u_i^2} \right)$$

余弦相似度的取值范围为 [-1,1]，当取值越趋近于 -1 时，两个特征向量的方向越相反，也就意味着两个状态越不一致；当取值越趋近于 1 时，两个特征向量的方向越相近，代表两个状态越一致，称为状态等价。所以，当相似度大于某个值时，可以认为这两个状态等价，这个值称为阈值，在 DECAF 工具中采用的阈值为 0.95。

图 5-8　应用程序 aLogcat 示例

具体算法如表 5-3 所示，首先取得状态 s_1 和 s_2 的特征向量的并集 U，依次遍历 U 中的元素，当两个状态的特征向量中包含该元素时，各自的取值置为 1，否则为 0，最后对两个向量进行余弦相似度的计算。

表　5-3

算法 5.3　余弦相似度策略

```
01.   get state s2 and s1
02.   U←empty set
03.   feature←s1's node set    // 状态 s1 的特征向量
04.   feature2←s2's node set   // 状态 s2 的特征向量
05.   put union elements in feature and feature2 into U // U为状态 s1 和 s2 的特征向量的并集
06.   N1,N2,dot←0
07.   while U has next element do
08.       int v1←(if feature has the element) ? 1 : 0
09.       int v2←(if feature2 has the element) ? 1 : 0
10.       dot←sum of dot and v1*v2
11.       N1←sum of N1 and v1*v1
12.       N2←sum of N2 and v2*v2
13.   end-while
14.   cosine←Cosine similarity calculation(dot / (sqrt(N1) * sqrt(N2))) // 余弦相似度公式
15.   return cosine
```

（2）Jaccard 策略

Jaccard 策略源于相似度计算中的 Jaccard 相似系数，用于比较两个样本之间的相似度和差异性，取值范围为 [0,1]，当取值越趋近于 1 时，代表两个样本之间的相似性越高。为方便策略的比较，本节选取的 Jaccard 的阈值也为 0.95，当计算出的 Jaccard 相似系数大于 0.95 时，认为要比较的两个状态等价。本节实现的 Jaccard 策略与余弦相似度策略一致，首先基于当前状态提取出其中的组件树结构，将其抽象成特征向量。当前两个进行比较的状态的特征向量分别抽象成 $V=<v_0, v_1, v_2, \cdots, v_n>$ 和 $U=<u_0, u_1, u_2, \cdots, u_n>$ 时，Jaccard 相似系数的计算公式如下：

$$Jaccard(V, U)=(V \cap U)/(V \cup U)$$

具体算法如表 5-4 所示，Jaccard 策略也是基于表 5-2 所示的算法获得特征向量，获取两个状态特征向量合集的思路与余弦相似度策略类似，求出两个向量的量化的特征向量后，用 Jaccard 公式计算得到相似系数。

表 5-4

算法 5.4   Jaccard 策略

```
01.   get state s2 and s1
02.   U←empty set
03.   feature←s1's node set      // 状态 s1 的特征向量
04.   feature2←s2's node set     // 状态 s2 的特征向量
05.   put union elements in feature and feature2 into U // U 为状态 s1 和 s2 的特征向量的并集
06.   N1,N2,dot←0
07.   while U has next element do
08.       int v1←(if feature has the element) ? 1 : 0
09.       int v2←(if feature2 has the element) ? 1 : 0
10.       dot←sum of dot and v1*v2
11.       N1←sum of N1 and v1*v1
12.       N2←sum of N2 and v2*v2
13.   end-while
14.   jaccard←Jaccard calculation(dot / (N1 + N2 - dot)) // Jaccard 相似系数计算公式
15.   return jaccard
```

（3）Hamming 策略

Hamming 策略源于信息论中的基本概念——汉明距离（Hamming Distance），表示的是两个相等长度的字符串在对应位置上不同字符的个数，也可用于判断两个向量在对应维度上的差别，后扩展到通信编码领域，用于纠错编码，在 LSH（Locality Sensitive Hashing，局部敏感哈希）算法中也有重要应用。本节采用汉明距离的计算原理，首先通过当前需要进行比较的两个状态的组件树抽象出特征向量，分别为 $V=<v_0, v_1, v_2, \cdots, v_n>$ 和 $U=<u_0, u_1, u_2, \cdots, u_n>$，假设当前两个向量数字化表示为 $V_1=<1, 2, 0, 3, 1>$，$U_1=<0, 2, 1, 3, 1>$，则当前两个特征向量之间的汉明距离为 2，进行归一化处理后得到 0.4。本节定义 Hamming 策略的相似度为（1- 归一化的汉明距离），所以可以得到相似度为 0.6。汉明距离属于与余弦相似度同等粒度的策略，归一化后的汉明距离的取值范围为 [0,1]，因此得到的相似度的取值范围也为 [0,1]，当取值趋近于 1 时，两个向量趋于一致。本节采用的阈值也是 0.95，当大于 0.95 时，视为两个状态等价。Hamming 策略的算法如表 5-5 所示，第 14 行进行的是归一化操作，目的是将 Hamming 距离的取值归一到 [0,1]，以便于比较。

表 5-5

算法 5.5 Hamming 策略

```
01.    get state s2 and s1
02.    U←empty set
03.    feature←s1's node set  // 状态 s1 的特征向量
04.    feature2←s2's node set // 状态 s2 的特征向量
05.    put union elements in feature and feature2 into U // U 为状态 s1 和状态 s2 的特征向量的并集
06.    N1←0
07.    N2←U's length
08.    while U has next element do
09.        int v1←(if feature has the element) ? 1 : 0
10.        int v2←(if feature2 has the element) ? 1 : 0
11.        if v1 equals v2 then
12.            N1←N1 + 1
13.    end-while
14.    ham←Jaccard normalization (N1/N2) //Hamming 距离归一化操作
15.    return ham
```

（4）UI 层次结构策略

UI 层次结构策略在 SwiftHand 工具中被提出，相对于余弦相似度策略来说属于比较粗粒度的策略，该策略忽略了 UI 组件中的具体内容，只关注 UI 组件的类型和所在控件树的层次。UI 层次结构粒度向量化算法如表 5-6 所示，UI 层次结构沿用了余弦相似度中用到 DOM 树的概念，同样将当前状态表示成特征向量的形式，但简化的是，UI 层次结构只用控件的类型（Type）和控件所在 DOM 树的级别（Level）来表示该控件，不包含控件的状态信息。针对图 5-8，按钮"是"可以表示为（Button@2），代表的含义是位于组件树第二层、类型为 Button 的控件。按钮"否"也可以表示为（Button@2），滑动栏可以表示为（Scrollbar@3），所以当前活动的状态抽取出的特征向量为（Button@2、Scrollbar@3）。可以看出，按钮"是"和"否"的类型相同，位于组件树的同一层，控件的内容不同，但是在 UI 层次结构策略中，这两个组件可以被视为同一类型的组件。在余弦相似度策略中，两个状态是不等价的，因为其中一个组件的内容发生了变化；但在 UI 层次结构策略中，两个状态是完全等价的。

表　5-6

算法 5.6　GUI 界面的层次结构粒度向量化

```
01.    node←get root node in current state   // 获取当前状态的根结点
02.    L←empty set                           // L 用于放置当前状态的所有结点信息
03.    while node is not null do
04.        type←node's classname
05.        level←node's height in DOM tree
06.        count←number of the node of the same type at current level
07.        key←string of type@level@count   // 将子结点 type、level、count 抽象成字符串
08.        put key into L
09.        node←current node's childnode
10.    end-while
11.    return current node set L
```

UI 层次结构的相似度算法如表 5-7 所示，原理是针对两个状态的特征向量逐一进行比较，当两个特征向量完全相等时，视为两个状态等价。

表　5-7

算法 5.7　UI 层次结构的相似度计算

```
01.    get state s2 and s1
02.    feature←s1's node set       // 状态 s1 的特征向量
03.    feature2←s2's node set      // 状态 s2 的特征向量
04.    U←empty set
05.    put union elements in feature and feature2 into U  // U 为状态 s1 和 s2 的特征向量的并集
06.    while U has next element do
07.        int v1←(if feature has the element) ? 1 : 0
08.        int v2←(if feature2 has the element) ? 1 : 0
09.        if v1 equals v2 then  // 两个特征向量完全相等时，视为两个状态等价
10.            continue
11.        else return false
12.    end-while
13.    return true
```

（5）ActivityID 策略

ActivityID 策略用在 A3E 工具中，ActivityID 是活动的标识符（Activity Identifier）。可以将 Android 应用程序看成一个或多个活动构成的集合，每个活动的活动标识符都是唯一的。在当前状态的内容和结构都发生改变时，从余弦相似度和 UI 层次结构的角度来讲，当前状态可能与之前状态不等价，但是从 ActivityID 的角度出

发，只要前后两个状态对应于同一活动，也可以认为是状态等价的。因此在判断两个状态是否等价时，可以通过判断两个状态的 ActivityID 是否相等。ActivityID 策略是活动粒度的，相对于余弦相似度策略和 UI 层次结构策略都是更粗粒度的比较。可以通过调用 UiAutomator 中提供的 API getCurrentActivityName() 来获得 ActivityID，然后通过比较 ActivityID 判断状态是否相等。对简单的应用程序来说，采用 ActivityID 策略得到的状态数屈指可数，构建出的状态转移图会非常简单。

3. 状态搜索策略

状态搜索策略是基于 GUI 状态遍历的 Android 测试生成框架的第二个关键策略点。当到达新的状态时，PUMA 框架会首先获取当前状态下组件树的根部结点，根据根部结点逐次向下获取可点击的控件，最后获取一个可点击控件集。状态搜索策略关注的是按照什么样的顺序选择可点击控件并依次进行点击，不同的点击次序会到达不同的状态，从而影响下一个即将到达的状态与当前状态是否等价的判定，进而影响当前应用程序状态转移图的构建，也可能影响程序的测试结果。关于该策略的研究目前并不多，综合现在已有的成果和可能扩展的策略，本章总结出 3 个搜索策略，分别为 BFS（Breadth First Search，广度优先搜索）、DFS（Depth First Search，深度优先搜索）、Random（随机搜索）。

如图 5-9 所示，$n_0 \sim n_5$ 分别代表应用程序某一状态可点击控件集中的 6 个控件，n_0 为根部结点，n_1、n_2 为 n_0 的子结点，n_3、n_4、n_5 为 n_1 的子结点，这 6 个控件的点击顺序可以决定下一个要到达的状态。状态搜索策略要讨论的就是可点击控件集中的 6 个控件的点击顺序。

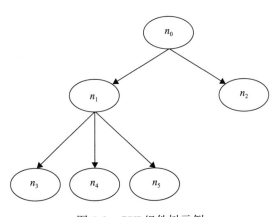

图 5-9　GUI 组件树示例

（1）BFS 策略

广度优先搜索算法是图论中经典的搜索算法之一，Dijkstra（迪杰斯特拉）算法和 Prim（最小生成树）算法都是基于广度优先算法发展而来的。如图 5-9 所示，该算法一般使用队列（Queue）来实现，从根部结点开始进行搜索，先将根节点 n_0 放入队尾，然后呈辐射状地搜索与该顶点距离为 1 的点，即 n_1、n_2，将其按顺序放入队尾，接着将 n_0 出队。同样，辐射状地搜索与 n_1 距离为 1 的顶点，即 n_3、n_4、n_5，并将其按顺序放入队尾，同时 n_1、n_2 顺次出队，然后 n_3、n_4、n_5 依次出队，因此可以得出，当前状态下的可点击控件集的点击顺序为（n_0、n_1、n_2、n_3、n_4、n_5）。整体来看，算法首先遍历控件树的第一层，接着是第二层和第三层，即广度优先。算法伪代码如表 5-8 所示，在搜索算法开始之前，PUMA 框架需要先获取当前状态的控件树，然后通过广度优先的策略将控件树中的元素依次放入队列 Q 中，称作可点击控件集。

表　5-8

算法 5.8　状态搜索策略之广度优先搜索

```
01.    get root clickable UI element in current app state // 获取当前状态的可点击根结点
02.    Q←empty queue                        // Q用来实现BFS算法，控制可点击控件的遍历顺序
03.    ret←empty list as clickable UI element list // ret用来按一定的顺序放置可点击控件
04.    put root into Q
05.    while Q is not empty do
06.          qto←queue Q's head element
07.          take qto, add it to clickable list ret
08.    put the children clickable UI elements of qto into Q
09.    end-while
10.    return current clickable list ret
```

（2）DFS 策略

深度优先搜索也是图论中的一个经典算法，深度优先搜索算法是一种遍历搜索图和树的算法。遍历图时，利用深度优先搜索算法可以生成对应图的拓扑排序表，即有向无环图（Directed Acyclic Graph, DAG），利用该表可以方便地解决很多图论问题，如最大路径问题等。深度优先遍历一般使用栈（Stack）来实现，从某个点出发，依次递归深度优先遍历其每个未被访问的邻接点。如图 5-9 所示，从根结点开始遍历，n_0 先入栈，然后 n_0 出栈并将 n_0 的子结点 n_1、n_2 依次入栈。因为 n_2 没有子结点为叶子结点，所以 n_2 直接出栈，然后 n_1 出栈并将 n_1 的子结点 n_3、n_4、n_5 分别依次入栈。因为 n_3、n_4、n_5 均为叶子结点，所以依次出栈即可，出栈顺序为先进后出，即 n_5、n_4、n_3 依次出栈。因此当前状态下可点击控件集的点击顺序为（n_0, n_2, n_1, n_5,

n_4，n_3），体现为先遍历根部结点，然后依次遍历根结点的右子树和左子树，这种策略即为深度优先策略。相应的算法伪代码如表 5-9 所示，到达新状态时，PUMA 框架先获得当前状态的控件树，然后用深度优先策略遍历该控件树，得到可点击控件集。

表　5-9

算法 5.9　状态搜索策略之深度优先搜索

```
01.   get root clickable UI element in current app state     // 获取当前状态的可点击的根结点
02.   S←empty stack    // 使用堆栈实现 DFS 算法, 控制可点击控件的遍历顺序
03.   ret←empty list as clickable UI element list    //ret用来按一定的顺序放置可点击控件
04.   push root into S
05.   while S is not empty do
06.      sto←the top element of stack S
07.      pop sto, add it to clickable list ret
08.      push the children clickable UI elements of sto into S
09.   end-while
10.   return current clickable list ret
```

（3）Random 策略

广度优先搜索和深度优先搜索都是以一定的顺序对当前状态下的组件树进行排序，然后依次进行点击。随机搜索策略则相反，随机选取当前活动的可点击控件集中的任一控件进行点击，从而实现 GUI 遍历。随机搜索策略的实现较为简单，通过调用 Java API 即可辅助完成。

4. 等待时间策略

等待时间策略是基于 GUI 状态遍历的 Android 测试用例生成算法中的第三个关键策略点。等待时间指的是两次连续控件交互操作（例如点击）的时间间隔，选取的等待时间不同可能导致在上一个状态没有就绪的情况下，产生事件处理的交错。目前对等待时间的研究主要集中在等待随机的时间直至状态稳定和等待用户定义的固定时间这两种策略。在 PUMA 工具中设置的等待时间策略是等待直到下一状态稳定，它通过调用 UiAutomator 提供的 API waitForIdle() 来实现这一目的。waitForIdle() 方法的实现细节是在 UiAutomator 设置的最大时间（即 globalTimeout，10s）内，如果没有收到新的 accessibility event（当活动中的 UI 发生改变时系统会发送消息，称为 accessibility event）即认为当前 accessibility event 流空闲，系统状态稳定。另一种等待时间策略是等待用户根据需求自定义的时间，不管状态是否稳定，都视为已经达到了新的稳定状态。针对后一种类型的等待时间，我们调研了 Shauvik Roy Choudhary 实验中的 wait200ms、Acteve 工具中的 wait3000ms

以及 SwiftHand 工具中的 wait5000ms 等策略，评估结果及分析见下节。

5. 关键策略总结

表 5-10 中总结了针对状态等价策略、状态搜索策略、等待时间策略这 3 个关键技术策略点可能实现的策略，组成了 5×3×4 种策略组合。这些策略的不同组合可以定制出不同效果的测试生成算法。

表 5-10　预计实现的 5×3×4 种策略

状态等价策略	状态搜索策略	等待时间策略
余弦相似度	BFS	waitForIdle
UI 层次结构	DFS	wait200ms
ActivityID	Random	wait3000ms
Jaccard	—	wait5000ms
Hamming	—	—

在实验评估中，我们发现，采用细粒度的状态等价策略的测试效果显著好于采用粗粒度的状态等价策略。因此，余弦相似度、Jaccard、Hamming 状态等价策略的检错能力显著优于 UI 层次结构状态等价策略，而 UI 层次结构状态等价策略又显著好于 ActivityID 策略。但是，不同的状态搜索策略和等待时间策略在统计意义上的检错效果差别不大。

5.3　智能终端应用软件系统的回归测试技术

Android 移动应用经常通过 OTA（Over The Air）方式进行版本更新，用于修复 Bug 和增加新的功能。移动应用的更新时间间隔很短（通常是几天到几周），而更新后可能发现之前出现过但是又再次出现的回归错误（例如程序崩溃、用户数据丢失），这极大地降低了用户体验，甚至导致用户停用或删除应用。此外，Android 系统经常进行升级，在操作系统升级到新版本后，已经安装的应用程序也常常由于兼容问题而导致崩溃。

5.3.1　安全回归测试选择技术的相关研究

回归测试是在代码修改后对程序进行的重复测试，以此来保障软件在修改后没有引入新的错误或导致其他未修改部分产生错误。由于通常已有的测试用例集数量大，执行时间长，因此代价昂贵。大量不同的研究致力于优化测试集，最大化测试集合效果。这些研究主要针对三个方面：测试用例集最小化、测试用例选择和测试用例优先级排序。测试用例集最小化是为了消除冗余的测试用例，从代码覆盖的角度最小化测试用例集的用例个数；测试用例选择是通过变更影响分析，选择受到代码变更直接或者间接影响的测试用例来执行；测试用例优先级排序是通过对测试用例的排序，提高代码的检错速度或代码覆盖速度。本节研究的重点是回归测试选择在 Android 应用测试场景下的应用。

Rothermel 和 Harrold 提出为程序构建控制流图，并用来指导测试用例选择。他们的工作证明，在确定状态下，该算法得到的测试集与全部的测试集对修改后的软件有同样的检错能力。拥有这种特性的选择算法称为安全回归测试选择算法，使用这一算法可以有效减少回归测试的开销，降低测试的时间和经济成本。安全回归测试选择算法的思路是，使用一个全局的控制流图来描述应用程序，不同版本应用程序在控制流图上的差异用"危险边"来描述。在测试执行时记录每个测试样例的代码覆盖信息，并生成可以描述和映射到"危险边"的覆盖报告。对照程序差异的"危险边"信息和测试样例的"危险边"信息，选择对应的测试用例，完成回归测试样例选择。

Rothermel 等人还对安全回归测试选择算法进行了系统阐述和实验性研究。这项工作致力于准确地描述回归测试选择问题，阐述安全选择技术，提出回归测试开销的衡量模型，并进行了大量实验性分析。通过有力的实验验证，Rothermel 和 Harrold 等提出的安全回归测试选择算法可以有效减少开销，并且不会遗漏原先的测试全集中不可缺失的复测样例，安全选择的效果得到验证和支持。Harrold 等人又设计了针对 Java 应用程序的安全回归测试选择系统。该系统的基本实现思路是使用控制流图来分析不同版本应用程序的改动，结合测试集合的覆盖率分析进行样例选择。同时为了应对 Java 应用程序在回归测试中的多方面挑战，他们首先提出了针对 Java 语言的多态、动态绑定和异常处理特性的高效回归测试选择技术，对原始的控制流图遍历算法进行了面向 Java 应用的适应性改进。最后，他们设计实现了一个 RETEST 回归测试选择工具，并进行了相关实验研究。

5.3.2　Android 应用回归测试场景

Android 应用程序通常要进行频繁的修改和版本迭代，为确保代码更改的正确性，且不会影响其他部分的功能，必须进行回归测试。但是，进行频繁的回归测试代价高昂，Android 应用回归测试选择技术就是从应用程序的测试集合中，只选择必需的测试样例进行验证，而非全部重新测试。接下来首先介绍 Android 应用程序的回归测试过程。

Android 应用的测试工作一般结合电脑主机与手机真机设备或手机模拟器进行。我们将手机真机设备或手机模拟器统称为手机端，将用于项目编译等的电脑或某些负责系统需求的服务器统称为主机端。应用测试示意图如图 5-10 所示，我们将对初始版本项目的测试称为程序测试阶段，与之对应的是修改后的回归测试阶段。在程序测试阶段中，项目 P 首先编译为安装包 APK 文件 A，下载安装到手机端变为应用程序 A。测试样例 T 是对 A 的测试用例集。Android 应用程序的测试用例集十分灵活，可以是一组单元测试用例，也可以是基于 Instrumentation 开发的测试用例集，或者采用开发人员自由设计的自动化测试工具自动进行程序测试。这里假定测试样例集 T 中有一组各不相同的测试样例，每个测试样例相互交叉地对应着测试程序的不同逻辑或功能模块。当对项目 P 进行了修改或项目迭代到新的节点时，应该进入回归测试阶段。项目 P' 以同样的流程安装到手机端，然后使用来自上轮的测试用例集 T 对应用程序 A' 进行测试。在修改后使用完全一致的测试用例集对应用程序进行测试，即基本的 Android 应用回归测试过程。

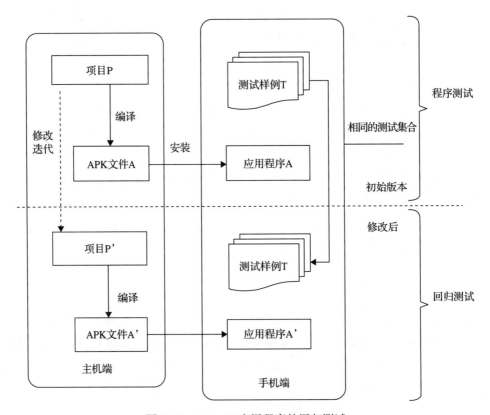

图 5-10 Android 应用程序的回归测试

　　图 5-11 描述的是使用选择技术的 Android 应用程序回归测试过程。我们使用相似的图例进行描述，并对两者之间的重点区别使用虚线框进行强调。首先在程序测试阶段，覆盖报告是测试阶段的输出结果。覆盖信息作为描述测试过程和结果的一种形式，常常作为测试结束后的报告输出。然而，覆盖报告并不是必需的，根据目的和实现方式的不同，测试过程并不保证一定会获得执行的覆盖信息。为了实现样例选择，必须使用覆盖信息作为测试用例的选择依据，并常常采用项目编译插桩或者修改运行时环境的方式，从执行环境中系统地收集信息。这种方法与原始方法最大的区别是，在回归测试阶段，对应用程序 A' 执行的测试样例集为 T'，该测试样例集由从原测试样例集 T 中选择的部分测试样例组成，即只使用 T 的子集 T' 对 A' 进行回归测试。测试用例集来自原集合中部分被选择的用例，这是 Android 应用程序回归测试选择的核心。

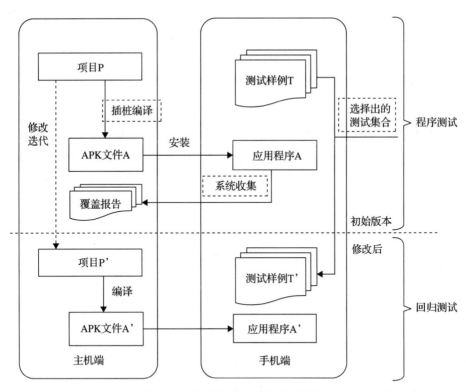

图 5-11　使用选择技术的回归测试

5.3.3　控制流图构建算法

　　构建程序控制流图是进行控制流和数据流分析等工作的基础，应用程序的控制流图模型需要能够解决以下问题：

❑ Android 应用程序的入口函数并不唯一，不同 Android 组件的入口点不同，这使得 Android 应用程序可能有多个入口点。

❑ Android 组件生命周期复杂，由框架层管理执行，需要仔细建模。

❑ 应用活动中有大量的 UI 控件和相应的事件处理程序。

❑ Android 平台存在异步函数的执行机制。

因此，本节主要借鉴开源项目 FlowDroid 的构建方法——使用创建虚拟 main 函数的方式处理生命周期和系统回调。以此思路，我们消除了该工具构建过程的随机性，构建了用于影响分析的虚拟 main 函数，主要有三点改进：①针对活动的 Fragment 构建更加细致的生命周期；②构建异步调用任务的控制流图；③增加控制流图中对 native 函数的支持。在拓展的控制流图中，节点和边都被赋予更丰富的内涵，节点可以是程序的语句、类型声明或虚拟的外部调用语句，节点之间的边则可以表示控制流边、函数调用关系和为结构逻辑虚拟的路径边。本节基于 Java 程序的控制流图进行补充，并设计各个场景的表达方式，下面将具体阐述。

1. 算法流程图

针对 Android 应用基于控件和事件驱动的特点，我们的主要解决思路是虚拟控制流信息以抽象表达应用实例中的各种 UI 事件和 Android 框架的生命周期回调，即使用全局控制流图，通过引入函数调用边和虚拟的路径边来描述这些抽象概念。全局控制流图首先需要唯一的入口函数，为此需要构建一个虚拟的 main 方法，将 Android 应用的多个程序入口以一致的调用方式结合在一起。借助跳转指令和 Nop 指令构造这些方法的调用控制流，可以保障这些程序入口在控制流上前后一致且任意可达。

其次，Android 应用对 Android 框架高度依赖，程序行为由用户和系统事件驱动，完整地构造处理这些交互过程的控制流图难度极大，所以需要选择性地抽象和描述这些概念。对于 Android 的四类组件，组件的控制流图严格按照生命周期进行构建，和系统对组件的控制过程保持一致。应用需要响应的事件可以分为 UI 事件和系统事件。根据 UI 控件绑定的组件，按照事件逻辑使用虚拟调用将事件处理函数与相应组件（如某活动的 onResume 函数中）相连接，而对于系统事件则根据回调函数的注册位置添加虚拟调用。对于各类异步操作，根据 Android 系统的具体实现，构造虚拟调用来模拟各个回调函数的生命周期。虚拟调用结合控制语句，可以将大量系统回调的事件处理函数合法地引入控制流图而不影响原函数逻辑，从而将静态分析转化为图遍历算法求解。

本节使用 ICFG（Inter-Procedural Control Flow Graph）来描述由整个 Android 应用程序构建得到的控制流图。全局控制流图的生成流程如图 5-12 所示。首先通过解析 Manifest 文件得到应用程序的组件信息，然后以组件为单位收集控件信息。控件信息主要记录在资源布局文件（XML）中，通过对资源文件的反复迭代获得控件结构关系。基于收集到的信息，可以生成虚拟的 main 函数。虚拟 main 函数使用 Jimple 指令构建，以 Jimple 类的形式存储。源项目中的 Class 文件通过 Soot 工具完成中间表达转化的过程，也以 Jimple 类的形式保存。这些 Jimple 类共同生成控制流子图，得到应用的过程内控制流图。过程内控制流图结合函数调用图可以构造程序的全局控制流图。事实上，为面向对象语言建立完美精确的函数调用图是一个不可判定问题，调用关系生成过程和程序静态分析过程相互依赖，需要在图的精度和反复迭代的开销之间进行合理的权衡。Soot 通过依赖分析和别名分析得到函数调用图，虚拟调用和过程内控制流图组合得到控制流图。接下来分别判断是否进行虚拟路径补全和 Native 子图的接入，最终生成完整的全局控制流图。

2. 虚拟 main 函数

Android 的四类组件具有模块化和结构化的特点，各种组件有自己的生命周期，对整个应用程序来说，程序入口不唯一，各个生命周期函数有严格的顺序关系，但没有调用关系。图 5-13 是活动组件的生命周期，该组件在执行时要保持严格的状态转移规范。

FlowDroid 项目提出使用虚拟 main 函数的方法将其整合在一个控制流图中，本节参照这种做法，为程序 P 和 P' 构建相同结构的 main 函数，将各个组件的程序入口统一在 main 函数中，按组件生命周期创建虚拟调用语句。应用程序的组件必须在 Manifest 文件中声明，通过解析应用程序的 Manifest 文件获取并进行构建。虚拟 main 函数中额外添加的控制分支，可保证程序执行逻辑在该图中任意可达。此外，Android 应用中有大量的异步组件，比如各种 UI 控件，需要处理控件的事件回调和一些异步调用的回调函数，所以虚拟 main 函数需要处理这些绑定在 UI 界面上的事件回调函数。控件的异步回调在程序执行时是不确定的，但控件的注册机制使其必须在组件的某些生命周期中才会响应，因而可以将这些回调函数以虚拟调用的方式添加在虚拟 main 函数中。

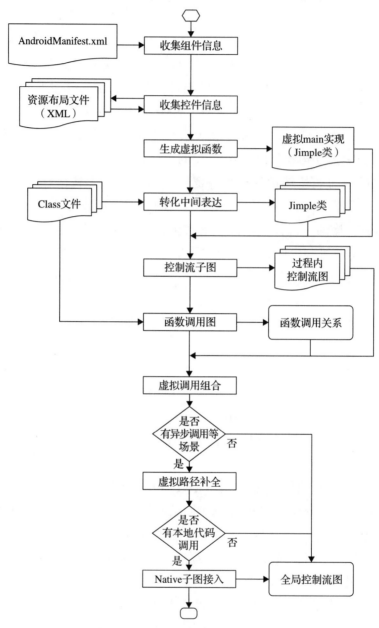

图 5-12　全局控制流图的生成流程

图 5-14 是一个 Android 应用实例，这段程序中展现了一个活动组件，并实现了一个发送短消息的回调函数，各个函数分别在活动从启动到销毁的各个阶段被调用。开发者在应用程序中实现的 Activity 类继承自 Activity 类，开发者显式重载的方法会

重写父类方法，没有重载的方法则使用父类的缺省实现。该例子中实现了 onRestart 方法，在控制流图中，对该函数的调用将指向方法体内的控制流图，对其他方法的调用指向空的方法。sendMessage 是 UI 控件绑定的一个回调函数，然而代码中并没有该函数的注册信息。在 Android 应用中，事件注册的回调函数可以写在代码中，也可以写在界面布局 XML 文件中。因为布局文件对应活动，所以文件中描述的控件信息和注册函数可以通过解析 XML 文件得到。确定了回调函数与活动的对应关系，我们就可以在活动中添加虚拟的调用。在这个例子中，最终虚拟 main 函数的控制流图如图 5-15 所示。

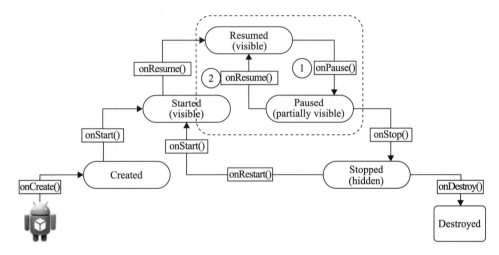

图 5-13　活动组件的生命周期

通过建立起统一且相对完整的 Android 应用全局控制流图，活动的生命周期以函数调用的方式得到体现。在控制流信息上，虚拟 main 函数的描述与 Android 文档设定的生命周期几乎完全一致，对于生命周期中不确定的位置，使用控制块 p 表示一个任意可达的跳转位置，由条件跳转语句和 Nop 标记构成。该方法的好处是既能表达程序执行时的任意性，又在多个控制流图中具有一致性。从 onResume 函数引出额外的虚拟边表示对该组件中各个回调函数的虚拟调用，各个虚拟调用之间依旧使用任意可达的跳转语句，表示回调函数被调用时机的不确定性（这是由用户输入决定的）。

虚拟 main 函数作为应用程序的唯一入口，可以在控制流结构上从这个函数开始实现程序执行的任意逻辑。节点 p 代表一个不透明谓词，表示 true 或 false 的不确定状态，通过这个分支来模拟实际运行中的不确定状态。结合上文中活动的生命周期和样例程序来看，虚拟 main 函数的控制流图基本反映了活动的生命周期，但在 onResume 和 onStop 之间插入了一组节点 p 和对回调函数 sendMessage 的调用。由此可以表达 sendMessage 在本活动中的响应，onResume 函数在活动处于屏幕最前端、用户可见且交互处于激活状态时被调用，onPause 函数则在活动状态转入非激活状态时被调用。控制流图中这样的结构，可以表达回调函数在界面激活状态下可能对应的任意状态。多个类似的回调函数采用同样的方法被添加到虚拟 main 函数中，表示响应序列和响应与否在控制流结构上都是任意的。这样的设计真实反映了组件生命周期和回调函数的执行状态，同时解决了程序多个入口的问题，使得后面的影响分析可以实现。

```
1  public class LeakageApp extends Activity{
2  private User user = null;
3  protected void onRestart(){
4    EditText usernameText =
       (EditText)findViewById(R.id.username);
5    EditText passwordText =
       (EditText)findViewById(R.id.pwdString);
6    String uname = usernameText.toString();
7    String pwd = passwordText.toString();
8    if(!uname.isEmpty() && !pwd.isEmpty())
9      this.user = new User(uname, pwd);
10 }
11 //Callback method in xml file
12 public void sendMessage(View view){
13   if(user == null) return;
14   Password pwd = user.getpwd();
15   String pwdString = pwd.getPassword();
16   String obfPwd = "";
17   //must track primitives
18   for(char c : pwdString.toCharArray())
19     obfPwd += c + "_"; //String concat.
20
21   String message = "User: " +
22     user.getName() + " | Pwd: " + obfPwd;
23   SmsManager sms = SmsManager.getDefault();
24   sms.sendTextMessage("+44 020 7321 0905",
25     null, message, null, null);
26 }
```

图 5-14   Android 应用程序样例代码

3. 控制流图的补充

本节对 Android 应用组件在控制流图中的表示方法进行补充，比如 Fragment 的生命周期和异步调用。

Android 应用的 UI 线程并不是线程安全的，UI 线程的更新需要使用 Handler 等异步机制进行。在 UI 线程中进行耗时的操作会阻塞用户界面，带来很差的用户体验。通常的解决方式是将耗时操作放在 UI 线程之外进行，比如开新的线程或使用

Java 的 TimerTask 类。这些方法往往资源消耗较大，为了结合应用场景，Android 为开发人员设计了轻量级的异步类，比如 AsyncTask 和 Loaders 等。这些异步调用的回调函数与事件回调一样孤悬在程序中，并没有分析的入口。一个比较合理的处理方式是将异步调用的启动和回调函数间的联系用虚拟调用边联系起来。例如在函数调用图的创建中，Java 线程类的 start 方法是一个外部方法调用，实际的执行逻辑将会运行 Thread 类中实现的 run 方法，这时通常会将对 start 的调用指向 run 方法。在此基础上，本节将 Android 中的这些异步调用补充到控制流图的构建中。

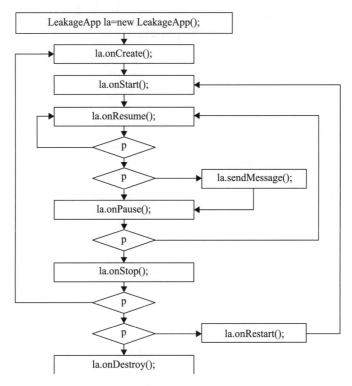

图 5-15　虚拟 main 函数的控制流图

Fragment 是为了解决活动对各种界面兼容不友好、不够灵活等问题而出现的，Fragment 可以在活动中动态添加和移除，而且有自己的生命周期，Fragment 还可以接收并处理用户事件。Fragment 不是独立的组件，它必须依附在活动中存在。在实际环境中，Fragment 被大量应用在实现动态创建用户界面面板或多个分屏幕的程序中，尤其在有较大屏幕的设备（如平板电脑和电视）中经常使用。活动生命周期中的每个状态，都会触发它所绑定的 Fragment 的若干回调函数的调用。比如活动的

onCreate 方法执行结束时，系统框架将会调用 OnActivityCreated 方法。将 Fragment 的一系列生命周期方法以串行方式补充在虚拟 main 函数的控制流图中显然不够准确，因为将 Fragment 暴露在关联的活动之外将会导致混淆，同一活动中的多个 Fragment 也无法区分。另一方面，图 5-16 所示 Fragment 的生命周期相对独立，因此，控制流图必须体现这样的结构特点。

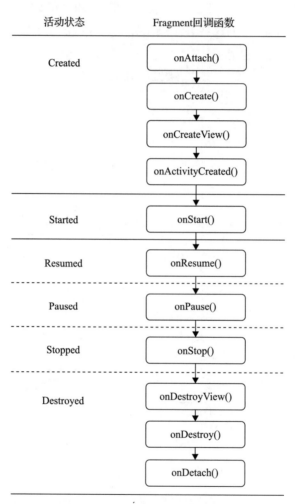

图 5-16　Fragments 的生命周期

图 5-17 中的控制流图展示了一个活动的中包含两个 Fragment 模块的例子。我们把 Fragment 模块中的生命周期函数调用插在相应的活动的生命周期函数中。Fragment 上绑定的其他组件回调，使用不确定性分支插入 Fragment 激活可以响应的

状态下，也就是 onResume 模块和 onPause 模块之间。

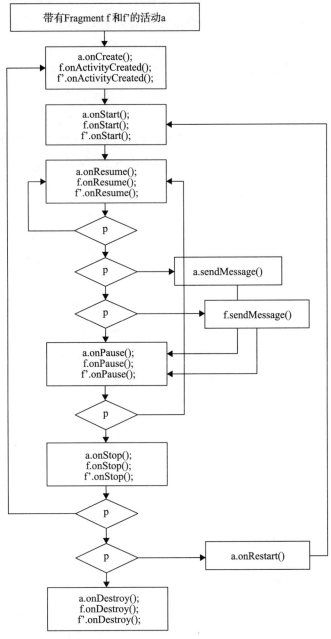

图 5-17　Flagment 与活动的控制流图

对于异步任务的处理，我们以 AsyncTask 的启动方法 execute 作为模块的入口，

AsyncTask 的三个回调函数在执行过程中遵循严格的次序。Task 启动后，首先执行 doInBackgroud 方法，异步任务的操作在这个方法中实现。DoInBackgroud 方法可能会调用外部方法 publishProgress，publish 操作会影响 UI 线程中回调方法，转而执行 onProgressUpdate 回调函数。doInBackgroud 方法返回后，默认执行 onPosetExecute 方法，将本次异步操作的执行结果传回主线程中。使用控制流图描述的 AsyncTask 模型将它的回调函数纳入应用程序的全局控制流中，使得影响分析可以到达。

AsyncTask 的控制流图结构如图 5-18 示。一个对 AsyncTask 类型进行 execute 方法调用的指令标识了一次异步时间的执行，并成为整个控制流子图的开始。onPreExecute、doInBackground、onProgressUpdate、onPostExecute 四个回调函数本身没有直接调用关系，通过添加的虚拟调用表达异步逻辑。函数的 entry 和 exit 节点分别表示入口和退出节点。入口节点很容易理解，是指方法的首条指令或参数定义；退出节点是一个虚拟节点，方法中的所有返回语句都指向该节点。借助 entry 和 exit 节点，可以表达方法执行的先后过程。execute 节点指向 onPreExecute 方法的入口节点，该方法在异步任务执行前运行，做一些初始化工作，有时并没有具体的实现，无论方法体是否为空，方法退出节点指向 doInBackground 的入口，表示接下来将执行该方法。同理，doInBackground 的退出节点指向 onPostExecute 方法的入口节点，表示后台任务执行结束后，由 onPostExecute 方法完成结果的提交和回收处理。onProgressUpdate 方法的执行依赖于对 publishProgress 的外部调用，这个外部调用并不对应具体的 publishProgress 方法，而是对应由其外部类回调用户实现的 onProgressUpdate 方法。doInBackground 方法为了向 UI 主线程实时更新，常常使用上面的设计向主线程传递参数。因此，本节将 doInBackground 方法中对 publishProgress 方法的调用语句指向 onProgressUpdate 方法的入口节点。

4. Native 代码

Android 应用程序使用 Java 语言中的 JNI（Java Native Interface）方式支持 C/C++ 语言，并提供了 NDK 以方便开发者对本地库进行移植和开发。Native 代码以二进制形式执行，可以获得一定程度上的性能提升。然而这种混合的构建方式对程序分析又引入了难题，静态分析项目往往无法将 Native 代码部分纳入研究内容，而是将其忽略。Soot 开源框架基于 Java 代码进行分析，也不能处理 C/C++ 代码。对 Android 应用程序 Native 代码部分的分析研究，重点是解决如何对 Native 代码建立全局控制流图的支持，使图遍历算法完全透明地运行在程序控制流图上。

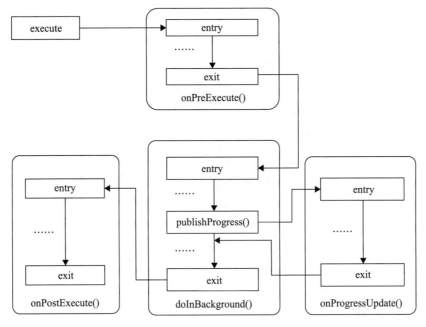

图 5-18　AsyncTask 的控制流图

在 Android 应用中调用 Native 代码需要通过 JNI 进行，本地函数对应 Java 代码中具有 Native 关键字声明的方法。本节为 Native 代码构建单独的控制流图，然后通过声明的 Native 函数将子图与整个应用程序的控制流图联系起来。我们主要借助 LLVM 编译优化框架对 C/C++ 代码进行静态分析，进而构建控制流图。LLVM 提供了一系列工具库，首先将 Native 代码编译为中间表达（IR），然后基于 IR 为每个函数体构建控制流图。Opt 工具可静态分析 IR，生成 Native 代码的函数调用图，结合函数调用图和函数内部控制流图，可以生成 Native 代码的完整控制流图。控制流图使用通用的边和节点表达，Native 代码与 Java 代码的差异是透明的，不会对基于控制流图的影响分析引入困难。

5. 总结

本节主要阐述 Android 应用程序全局控制流图的若干设计和具体实现，应用程序 P 和 P' 并行地进行构建。图 5-19 将上述内容整合，详细描述了应用程序项目被形式化描述为控制流图的工作流程。借助 Soot 工具，我们可以为 Class 文件创建函数调用图和函数内控制流图。本节使用集成在 Soot 中的 Spark 工具生成函数调用图，在别名分析和 Points-to 分析的基础上尽可能精确地描述函数调用关系。一个重要工作是虚拟 main 函数的生成，虚拟 main 函数使用 Jimple 代码创建，然后集成到控制流图中。虚拟 main 函数将程序多入口、组件生命周期和 UI 控件回调等整合为一个虚拟控制流图，生成的控制结构严格遵循 Android 系统中的设计。为了构造虚拟 main 函数，首先对 Manifest.xml 文件进行解析，获取应用程序的组件，并迭代地解析布局文件来收集各个组件上的 UI 控件信息。然后解析编译初期生成的 .R 文件，其中存储了 Android 应用的各种类型资源，包括字符串常量、图片等信息。通过解析该文件，才能与 Class 文件中编译的各种常量一一对应。虚拟 main 函数关联了应用程序中组件和 UI 控件的回调函数，使得这些函数在影响分析中可达。对于含有 Native 代码的应用程序，额外的工作是使用 LLVM 的相关工具进行分析，构建独立的控制流图，并与 Java 部分的控制流图连接。最后将整个应用程序转化为完整的控制流图，使得后面的影响分析可以在控制流图上无差别地进行。

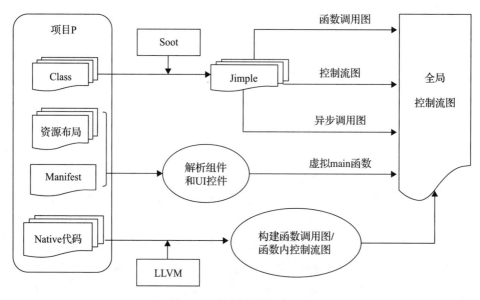

图 5-19　控制流图构建流程

5.3.4　影响分析算法

　　回归测试选择算法主要是基于程序两个版本之间的差异，找出被变更影响的代码，然后从上一版本的测试样例中选择需要测试的部分。找出危险实体的过程就是对程序进行影响分析，将程序改动直接和间接影响到的部分用危险实体来表达。选择算法则是具体地选择策略，比如基于风险理论的选择算法按照测试样例的优先级顺序选择某一阈值的测试样例。经典的影响分析算法是基于图遍历的迭代算法，该算法主要适用于面向对象算法，对控制流图中的基本边、虚拟路径边和函数调用边做统一处理。本节基于过程内算法对控制流图中的三种边分别进行分析，并对算法进行了优化。

我们首先通过一个实例，解释影响分析算法是如何对过程内的控制流图进行遍历的。两个版本的代码中，影响分析的核心是控制流图的图遍历算法，这里的危险实体是控制流图中的节点和边。图 5-20 给出了两个待比较的控制流图，其中用数字 n 表示节点，用节点对 (n, m) 表示边。程序 b 相比程序 a 多了 5a 语句，遍历到节点 4 时，同一分支的目标节点出现了不一致，程序 a 的边 (4,5) 被标识为危险实体。遍历算法回溯并继续沿着边 (4,6) 进行比较，程序 b 删除了语句 7，边 (6,7) 被标识为危险实体。算法回溯到节点 3，并沿着边 (3,9)(9,10)(10, exit) 的序列，完成对整个程序段的遍历。节点 5 和 8 为受到危险实体影响节点，且无其他路径可达，因而不会被遍历比较。

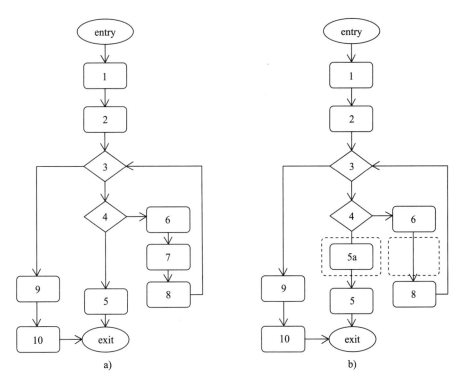

图 5-20　过程内控制流图影响分析

现在我们解释过程间函数调用涉及的若干问题。如图 5-21 所示，算法从入口函数开始遍历，Call A 节点的展开解释了对于函数调用的递归比较，比较的节点到达

Call 节点后，通过虚拟的控制流边转入方法 A 的 s1 节点。对 Call B 节点进行标识，因为同一方法 B 在两个不同的位置被先后调用。危险实体的遍历是一种静态结构分析，我们使用额外的方法表存储各个方法是否遍历和遍历结果的标识信息，避免同一方法的重复遍历。假定方法 A 中找到了一条危险实体边，s2 节点是否要进一步分析需要分情况讨论。对于危险实体 1，不存在其他可达路径，s2 节点也不会继续分析；方法表中将记录该方法的危险实体，并设置为危险方法，调用该方法的节点不再继续向下遍历。对于危险实体 2，存在另一条控制流路径到 s2 节点，因而比较算法将会从 s2 开始继续向下进行；方法表中将记录该方法的危险实体，但不会设置为危险方法，两个图中对该方法的调用相当于遍历同一条语句，顺序比较下一个节点。

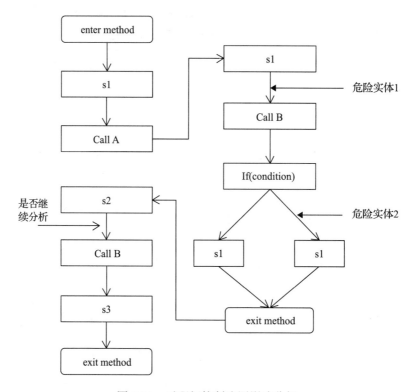

图 5-21　过程间控制流图影响分析

对全局控制流图的遍历算法需要额外处理方法调用和各个虚拟边的连接。算法主体是比较方法的 compareMethod 函数和比较语句的 compare 函数。遍历算法以控制流图的 dummymain 方法的入口节点作为初始参数，调用 compare 函数启动 compareMethod 函数，调用 compare 执行方法内节点和边的比较，当节点内容一致时，递归地调用 compare 来比较后继节点；当遇到新的函数调用时，采用深度优先的策略调用 compareMethod 函数进入该函数继续比较；当遇到不一致的节点时，判断为危险实体，将控制流图的边作为描述对象存入集合中，而且该边的所有后继节点也都被认为可能被这一变更影响，因此需要加入集合中，并回溯到上一分支继续比较。在控制流图中以该边为唯一可达路径的节点不会再被算法遍历到，而存在其他可达路径的节点，会在之后的遍历中继续判断是否存在危险实体。

经典影响分析算法是面向 Java 应用的回归测试选择系统中使用的分析算法，该算法结构简单清晰，但是存在冗余的分析遍历，效率略低。为此，我们提出了优化的影响分析算法，该算法通过记录方法体的危险实体信息，避免在过程调用后额外分析危险实体影响的后续结构。下面使用伪代码具体描述这两种算法。

1. 经典影响分析算法

表 5-11 中的经典影响分析算法是 Harrold 等人提出的，算法迭代调用 compare 函数完成对全局控制流图的遍历。N 和 N' 分别是来自原始程序 P 和修改后程序 P' 的全局控制流图上的节点。输出 E 表示 P 中危险边的集合，集合 E 被初始化为一个空集。

表　5-11

算法 5.10　经典影响分析

```
Input: N: entry node of the ICFG for original program P.
       N': entry node in the ICFG for modified program P'.
Output: E: a set of dangerous edges for P.
compare(N, N')
Begin
01.    mark N "N'-visited"
02.     foreach(edge e' in N'.leavingEdges){
03.         e = N.match(e')        // 获取和 e' 属性相同的边
04.      if(e!=null){              // 比较两条边的目标节点
05.          c = e.getTarget()
06.          c' = e'.getTarget()
07.          if(!e.equals(e')){ // 识别危险的边
08.              E = EUe
09.          }                     // 将 e 加入危险边集合 E
10.          else
11.             compare(c, c') // 迭代调用 compare 比较下一组节点
12.      }                         // 否则 e' 是新的边，继续循环
13.    }                           // foreach
14.    foreach(e in N.leavingEdges and e has no matched e' ){
15.       E = EUe
16.    }                           // foreach
End
```

Compare 函数以节点 N 和 N' 作为传入参数，在控制流图中，最先被传入的两个节点是虚拟 main 函数的入口节点。函数首先以 N' 为节点 N 做标记，避免对节点间的重复比较（第 1 行）。然后遍历 N' 的控制流边，从中选择与节点 N 具有相同标记的边，并检查两个边的目标节点是否一致（第 2～9 行）。对于节点 N' 的边，如果节点 N 中没有，则需要增加测试样例，不属于选择问题；如果节点 N 中有，而 N' 没有，则延后到该分支整个递归过程结束后处理。如果上面两个目标节点一致，那么影响分析算法将递归调用 compare 函数分析该目标节点（第 11 行）；否则这条边被判定为危险边并跳转到危险实体集合 E 中（第 8 行）。危险实体集合 E 存储的是原程序 P 中的边，因为选择样例的覆盖信息也来自程序 P。递归调用的 compare 函数返回后，分析的主体又回到一开始的输入节点，在此使用循环体处理 N 的边中无法在 N' 中匹配的边，这些没有匹配的边表示在新版本控制流图中被移除或修改了，因而会全部添加到危险实体集合中去（第 14～16 行）。至此，该算法完成了对两个控制流图的遍历和比较。

2. 优化影响分析算法

本节对影响分析的优化思路与面向过程语言中的优化影响分析算法近似。其基本思想是，对于控制流图中的一次函数调用，如果被调用函数的分析结果为全部影响，即执行该函数中的任何路径都至少包含一条危险边，则对整个函数的调用也是危险实体，不需要继续分析控制流图。该算法避免了对已覆盖路径的额外分析，提高了分析效率。然而，该算法的设计来源于面向过程程序，只能处理传统意义上的控制流图。在面向对象语言建模后的控制流图中，一个函数调用节点可能指向多个方法体，版本之间还存在方法的重写与删除等情况，不能使用原来的算法进行优化。本节的算法将分别处理控制流图中各种类型的边，适用于面向对象语言以及前文中设计的 Android 应用程序控制流图。表 5-12 中展示的是优化的影响分析算法。

表 5-12

算法 5.11　优化影响分析

```
Input: N : entry node in the ICFG for original program P.
       N': entry node in the ICFG for modified program P'.
Output: E: a global set of dangerous edges for P.
methodStatus: has status ("unSelected", "selectsAll") to represent method impact info.
methodTable: is a global map (methodName, methodStatus) which contain methods status.
procedure compare(N, N')
Begin
01.    mark N as "N'-visited"
```

（续）

算法 5.11　优化影响分析

```
02.    foreach(call edge or virtual edge e' in N'.leavingEdges){
03.        e = N.match(e')          // 获取和 e'属性相同的边
04.        m and m' are entry nodes of the targets method of e and e', respectively
05.        if (m exist and not in methodTable) { compareMethod(m, m') }
06.    }                            //foreach
07.    if(All target methods of N are already set "selectsAll" )
08.        return                   // 对当前方法不再需要进行分析
09.    foreach (normal edge e in N'.leavingEdges){
10.        e = N.match(e')          // 获取和 e'属性相同的边
11.        if(e!=null){             // 比较两条边的目标节点
12.          c = e.getTarget()
13.            c' = e'.getTarget()
14.            if(!e.equals(e')){
15.                E = E∪e
16.            }                    // 将 e 加入危险边集合 E
17.            else{
18.                compare(c, c')
19.            }                    // 迭代调用 compare 比较下一组节点
20.        }                        // 否则 e'是新的边，继续循环
21.    }                            //foreach
22.    foreach(edge e in N.leavingEdges and e has no matched e' ){ // e 可以是任何类型的边
23.        E = E∪e
24.    }                            //foreach
End
```

```
procedure compareMethod(N, N')
Input: N, N': entry nodes of two methods
Begin
01.    m is the method name for node N
02.    put m in methodTable and set methodStatus ("unSelected")
03.    compare(N, N')
04.    if (None of the exit nodes of m is visited)
05.        set methodStatus ("selectsAll") for m
End
```

　　“selectsAll”标记用来标识方法或代码段中的所有执行路径都含有危险边，因此没有必要继续向下分析。调用被标记的方法后，返回的后继节点也被认为受到危险实体影响，所以 compare 返回；而在先前的算法中，该后继作为返回路径的目标节点，一定会继续迭代分析。算法的输入和输出与先前的算法一致，这里使用哈希表 methodTable 来保存方法的影响分析状态。methodTable 的键是方法签名，对应的值是一个枚举类型的标记。状态 methodStatus 有两种标记，“unSelected”表示非全选状态，也是一个方法的默认状态；“selectedAll”表示全选，在对方法的分析结束后

更新方法的状态信息，并将该结果存储到哈希表 methodTable 中。优化算法也通过节点访问标记的方法避免重复比较（第 1 行）。该算法改进的核心是对不同类型节点的处理方式（第 2～6 行）。如果节点 N 有函数调用或虚拟边，则该边的目标节点一定是某方法的入口节点，算法调用 compareMethod 对方法进行影响分析（第 5 行）。分析过程在子过程描述中详述，获得单个方法状态后，并不代表停止方法调用后面节点的遍历。因为 Java 面向对象的特征，一个调用边可能会指向多个方法，所以当节点 N 的全部目标方法都被标记为"selectsAll"后，不需要继续分析当前方法体的控制流图，算法的该层函数退出（第 7～8 行）。对于非调用和虚拟边，算法接下来的分析步骤与上面讨论的经典算法类似（第 9～24 行）。

作为子程序被调用的 CompareMethod 以两个方法的入口节点作为参数，该函数为包含输入节点的方法生成并记录分析结果，递归调用 compare 完成控制流图的后序遍历。compare 函数返回时，由退出节点的状态决定方法状态，若方法的全部退出节点都没有被访问过，则说明方法退出前的所有路径都被分析为危险实体，该方法被标记为"selectsAll"（第 28～29 行）。

5.3.5 安全选择算法

安全选择算法在直观上很容易理解。本节首先通过执行原版本 P 的测试样例集 T，获取覆盖矩阵信息。然后使用上面的构建方法和影响分析算法得到程序的危险实体，覆盖到危险实体的测试样例被选出。算法描述如表 5-13 所示，安全选择算法以危险实体、覆盖矩阵和测试样例集 T 作为输入，为新版本 P' 选择出的测试样例集 T' 为输出。

表 5-13

算法 5.12 测试样例安全选择

```
Input: E: {e₁, e₂, ...} ← get a dangerous edges returned from Impact Analysis Algorithm.
       C: {c₁, c₂, ...} ← coverage matrix of each test case on the original program P.
       T: {t₁, t₂, ...} is a set of test cases for P.
Output: T': {t₁, t₂, ...} is a set of selected test cases for P'.
Begin
01.    foreach(cᵢ in C){
02.      if(cᵢ covers eⱼ in E){
03.         T' = T'∪tᵢ
04.      }   //end if
05.    }    //foreach
End
```

　　这样，经过安全选择算法选择的测试用例，能够保证在测试用例数量减少的情况下，与原有的测试用例集合有相同的检错能力，从而有效降低回归测试的成本。

5.4　智能终端应用软件系统的压力测试技术

　　为了测试 Android 应用程序的可靠性，特别是对那些比较耗费系统资源的应用程序，本节提出改进的 Monkey 工具 WiseMonkey，通过主动占用设备的系统资源（内存、CPU 和网络），对目标应用展开压力测试。展开压力测试时，可以选择对何种系统资源进行占用，还可以决定占用相应系统资源的比例。通常情况下，在系统资源匮乏的环境中进行测试更容易暴露应用程序的缺陷。

5.4.1　WiseMonkey 占用资源的实现

　　为了实现此功能，需要在 Android 设备上安装一个代理（Agent）应用程序。在测试过程中，WiseMonkey 启动此 Agent 程序。Agent 程序运行后，首先启动一个活动，该活动马上启动主服务并终止自己的运行，使 Agent 作为服务运行在后台，主服务中开启一个线程并启动 socket 监听，处理 WiseMonkey 的连接请求。在收到连接请求并成功建立 socket 连接后，Agent 程序开始接收 WiseMonkey 发送的命令。此时，若 WiseMonkey 从被测应用程序的有效事件集合中选取了占用内存（或 CPU、网络）事件，则执行该事件时，WiseMonkey 就会向 Agent 程序发出占用内存的命令，Agent 程序接收到命令后即开始占用内存。WiseMonkey 还可以发出停止占用内存（或 CPU、网络）的命令，Agent 程序在接收到此命令后，便终止占用系统内存的行为。为了使占用资源的压力测试能够持续一段时间，避免引发资源占用访问出错，WiseMonkey 会对占用资源事件的执行进行计时，在一定时间内不允许停止占用相应资源的事件的执行。测试过程结束时，WiseMonkey 会发送命令，使 Agent 程序终止运行。

5.4.2　压力测试代理程序的设计

　　Agent 程序是一个 Android 应用程序，它没有界面，通过运行在后台的服务完成占用系统内存、CPU 和网络的功能。为了增强 Agent 持续占用资源的能力，我们给 Agent 程序的各个服务组件赋予了较高的优先级。图 5-22 是 Agent 程序的工作流程，Agent 在启动完成并与客户端建立 socket 连接后，接收并解析客户端的命令，然后决定采取何种动作。为避免对某一资源的重复占用，Agent 的各个占用资源的服务在启动后会首先释放相应的资源。当 Agent 收到结束运行的命令时，便结束程序运行。

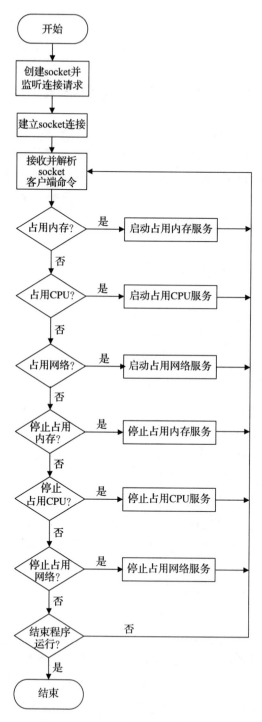

图 5-22 Agent 程序的工作流程

我们在 Android 智能电视应用的测试项目中，使用 Agent 应用程序开展系统的压力测试，取得了良好的效果。测试人员在测试主机端通过 socket 连接控制 Agent 实现资源的占用和释放，创造资源匮乏的环境，使得测试人员可以在此环境下进行压力测试。

5.4.3　占用内存进行压力测试

为了计算需要占用的内存大小，Agent 程序需要得到设备当前的内存使用信息。这里用到了 java.lang.Process 类和 java.lang.ProcessBuilder 类。Process 类是一个抽象类，封装了一个进程；ProcessBuilder 类用于创建操作系统进程，它提供一种启动和管理进程的方法，每个 ProcessBuilder 实例管理一个进程属性集，它的 start 方法利用这些属性创建一个 Process 实例，即一个子进程。父进程可以通过 Process 类的 getInputStream 方法获得子进程的输出。

Agent 程序接收到占用内存的命令时，首先解析命令得到所需的内存使用率的大小，然后启动占用内存的服务 OccupyMemService 并将解析得到的使用率作为消息参数传递给 OccupyMemService。服务 OccupyMemService 启动后，首先加载之前生成的动态库，此动态库由实现本地方法（占用内存和停止占用内存的方法）的 C++ 文件编译生成。生成一个动态库首先需要使用 JDK 中提供的 javah 工具生成符合 JNI 规范的 C++ 头文件，之后实现该头文件中的方法，然后使用本地 JNI 源码的 Android NDK（Native Developer Kit）工具编译生成 .so 动态库文件，最后将编译得到的动态库文件放在指定目录下。使用时，在服务中声明动态库中的本地方法便可在服务中调用这些本地方法。服务 OccupyMemService 在完成动态库的加载后，立即调用停止占用内存的本地方法释放可能已占用的内存，以避免对内存的重复占用。加载后，服务 OccupyMemService 利用 java.lang.ProcessBuilder 类创建一个进程执行"cat/proc/meminfo"命令，并通过 Process 类的 getInputStream 方法获取此命令的返回结果，即当前内存使用情况，解析这些信息得到系统总的内存大小及当前空闲内存大小，再根据 MainService 传递过来的参数（内存占用比例）计算出需要服务 OccupyMemService 占用的内存大小，然后调用占用内存的本地方法实现内存占用操作。

Agent 占用内存的算法描述如表 5-14 所示。

表　5-14

算法 5.13　Agent 占用内存

Input: the percentage of the memory to consume.
Begin

（续）

算法 5.13 Agent 占用内存

```
01.    stopConsumeMemory()
02.    currentPercent = getMemoryUsage()
03.    totalMemory = getTotalMemory()
04.    toConsumePercent = percentage - currentPercent
05.    toConsume = toConsumePercent * totalMemory
06.    if toConsume > 0
07.        consumeMemory(toConsume)
08.    end if
End
```

算法的具体描述如下：

1）首先调用本地方法终止可能正在占用的内存（第 1 行）；

2）然后获取设备当前的内存使用率（第 2 行）和总的内存大小（第 3 行），并计算需要占用的内存使用率大小 toConsume（第 4～5 行）；

3）如果 toConsume 大于 0，则需要对内存进行占用，OccupyMemService 服务将 toConsume 作为参数传递给本地方法并调用它实现内存的占用（第 6～8 行）。

Agent 程序在接收到停止占用内存的命令时，即由主服务 MainService 终止 OccupyMemService 服务 S_{mem} 的运行，服务 S_{mem} 被销毁时会调用停止占用内存的本地方法，从而释放自己占用的内存。

5.4.4 占用 CPU 进行压力测试

同占用内存的实现过程相似，当收到占用 CPU 的命令时，Agent 程序解析命令得到所需的 CPU 使用率大小，启动占用 CPU 的 OccupyCPUService 服务并将此使用率作为消息参数传递给 OccupyCPUService 服务。OccupyCPUService 服务启动后，首先终止可能在运行的占用 CPU 的线程以释放可能已经占用的 CPU，之后同样利用 java.lang.ProcessBuilder 类和 java.lang.Process 类创建一个进程执行本地命令 "top"，并解析其返回结果得到当前的 CPU 使用率。在得到当前 CPU 使用率和需要的 CPU 占用比例后，便能计算出需要 OccupyCPUService 服务占用的 CPU 比例。OccupyCPUService 服务通过启动线程占用一定比例的 CPU。每个线程中启动一个循环，以一定的时间（几十毫秒）为周期，每个周期分为两段时间，一段时间内线程做空循环以占用 CPU，另一段时间调用 Thread.sleep 方法启动睡眠以让出 CPU。通过控制每个周期内两段时间的比例来决定进程占单个 CPU 的使用率，例如，当两段时间相等时,进程可以使该 CPU 占用率达到 50% 左右。对于单核设备,占用一定比例的 CPU 比较容易,可只开启一个线程,把线程循环周期中做空循环的时间所占比例设为所需占用 CPU 的比例即可。多核的情况相对比较复杂,要占用大比例的 CPU 需要多个线程。以双核为例,可以开启两个线程共同占用 CPU。假设需要占用 CPU 的比例为 a,则设置两个线程空循环时间的比例为 a,这样两个线程能占用大小为 a 的 CPU 比例。对于核数更多的设备,需要更多线程协同配合来完成 CPU 的占用工作,其原理与双核类似。对于 n 核的设备,相应地开启 n 个线程,每个线程都占用一定比例的 CPU,以获取所需效果。

Agent 占用 CPU 的算法描述如表 5-15 所示。

表 5-15

算法 5.14 Agent 占用 CPU

```
Input: the percentage of the CPU to consume.
Begin
01.    stopAllCPUThreads()
02.    currentPercent = getCPUUsage()
03.    toConsume = percentage - currentPercent
04.    if toConsume > 0
05.        num = numofCores()
06.        for i = 1 to num
07.            启动占用 CPU 的线程并将 toConsume 作为参数传递给线程
08.        end for
09.    end if
10.    while 需要占用 CPU do
11.        time = System.currentTimeMillis()
12.        while System.currentTimeMillis() - time < 10 do
13.            nothing
14.        end while
15.        sleep(10 * (100 - toConsume) / toConsume)
16.    end while
End
```

算法的具体描述如下:

1)首先终止可能在运行的占用 CPU 的线程以释放可能已经占用的 CPU(第 1 行);

2)然后获取设备当前的 CPU 使用率(第 2 行),并计算需要占用的 CPU 使用率大小 toConsume(第 3 行);

3)如果 toConsume 大于 0,则需要对 CPU 进行占用,由 OccupyCPUService 服务获取设备的核数 num,启动 num 个线程占用 CPU,并将 toConsume 作为参数传递给线程(第 4~8 行);

4）每个占用 CPU 的线程（第 10～16 行）在一段时间内占用 CPU（第 11～14 行），在另一段时间内让出 CPU（第 15 行），其时间比例根据参数 toConsume 确定。

在需要停止占用 CPU 时，由主服务 MainService 销毁 OccupyCPUService 服务，OccupyCPUService 服务在结束前终止所有之前开启的占用 CPU 的线程。

5.4.5　占用网络进行压力测试

在占用网络方面，主要是指占用网络下行带宽，因为大多数应用程序主要使用网络进行下载而不是上传，对于上传的数据，其所占带宽通常也不会太大。当 Agent 接收到占用网络的命令时，主服务 MainService 开启占用网络带宽的服务 ConsumeNetService。ConsumeNetService 服务首先终止可能在运行的占用网络带宽的线程以释放可能已经占用的网络带宽，然后开启多个线程对网络带宽进行占用。这里用到了 org.apache.http.client.HttpClient 类和 org.apache.http.client.methods.HttpGet 类。Android 中经常用这两个类获取指定网站的网页内容，具体使用时，将要访问的网址封装在 HttpGet 实例中，并将该 HttpGet 实例作为参数传递给 HttpClient 类的 execute 方法，达到加载网页占用网络带宽的目的。在实际使用中，Agent 所能占用的网络带宽与开启的线程数、加载的网页内容及网络状况相关。当开启的线程达到一定数量后，继续增多线程数对网络带宽的占用作用不再明显。此外，加载视频网站占用的网络带宽一般比其他网站要多。在 ConsumeNetService 服务中，Agent 开启了 6 个线程，每个线程通过加载视频网站占用网络带宽。

当 Agent 程序接收到停止占用网络的命令时，由主服务 MainService 终止 ConsumeNetService 服务 S_{mem} 的运行，服务 S_{mem} 被销毁时终止所有之前开启的占用网络的线程，从而释放自己占用的网络带宽。

5.5　本章小结

在本章中，我们系统地讨论了以 Android 应用为代表的智能终端应用软件的特点，并详细介绍了智能终端应用软件的测试生成技术、回归测试技术及压力测试技术。读者可以在相关技术的基础上，进一步根据自己的测试需求和被测应用的特点，对相关技术进行定制和改进，以实现最佳的测试效果。

第 6 章
实时嵌入式软件系统测试环境构建技术

构建有效的嵌入式软件系统测试环境是实现实时、自动化闭环测试的基础，本章将引入虚拟机技术，探讨测试虚拟机规范的设计思路和方法，并提出实时嵌入式软件仿真测试环境构建技术，具体包括体系结构设计、测试执行引擎等方面，为实现通用的实时嵌入式软件仿真测试环境构建提供技术支撑。

6.1 现有的实时嵌入式软件系统测试环境分析

根据实时嵌入式软件的特点，目前对实时嵌入式软件的系统测试方法主要基于如下三种途径：

❑ 真实测试环境。真实测试环境是指直接将整个系统（包括硬件平台和嵌入式软件）与其交联的物理设备建立真实的连接，形成闭环进行测试。

❑ 半实物仿真环境。半实物仿真环境是指将嵌入式系统（包括软 / 硬件，称为目标系统）与其仿真的交联系统及交联的物理设备（如果可用的话）建立连接，形成对目标系统的闭环测试。采用这种方法的典型产品有美国 B-TREE 公司的 ValidorGold 系统、德国 Tech SAT 公司的 ADS2 系统等。

❑ 全数字仿真环境。全数字仿真环境是指将嵌入式软件的代码剥离出来，用全数字仿真技术实现一个集成的仿真环境（亦称为数字平台）对软件进行测试。它通过开发 CPU 指令、常用芯片、I/O、中断、时钟等模拟器在宿主机 HOST 上实现嵌入式软件的测试。目前采用该方法的有美国 Prosoft 公司针对 C 语言程序开发的 E-SIM 系统。

表 6-1 给出了对上述三种测试方法的比较分析。

表 6-1 三种实时嵌入式软件测试方法的比较

类 别	优 点	缺 点
真实测试环境	充分保证实时性和真实性，测试结果可靠、可信，有极大的参考价值	构建环境及运行成本过高，出错后损失大，安全性差
半实物仿真环境	通用性较好，模型具有可替换性，能保证实时性，成本适中，既能保证测试效果，又能确保安全性	灵活性差，在某些情况下测试不够充分，存在隐患
全数字仿真环境	成本低、开发周期短、有效性高，对测试用例的支持较好，跨平台性好，环境的透明性好，可控性强	适用性差，仿真交联系统的难度极大，保障统一、精确的系统时钟以及理顺时序关系较为困难

工程实践证明，采用半实物仿真环境是当前最有效的方法，一般称为实时嵌入式软件仿真测试环境（Real-time Embedded Software Simulation Testing Evironment，RT-ESSTE）。

定义 6.1 实时嵌入式软件仿真测试环境。RT-ESSTE 是面向实时嵌入式软件测试的计算机系统，测试人员可根据被测软件的要求，通过对系统的各种测试资源进行配置，组织被测软件的输入，驱动被测软件运行，同时接收被测软件的输出结果，从而对实时嵌入式软件进行自动的、实时的、非侵入性的闭环测试。

一般而言，RT-ESSTE 一般由非实时组件和实时组件构成，数据通信管道是这两大组件的连接件：

❑ 非实时组件的主要功能是利用测试语言对测试用例与测试环境进行描述，形成包括被测系统的交联环境、仿真模型与测试任务等可被实时组件识别并执行的测试文件。非实时组件运行在图形用户界面工作站上，操作系统可以为通用操作系统。

❑ 实时组件的主要功能是根据非实时节点生成的各文件形成测试环境，并执行测试。实时组件绝大多数运行在实时节点上，操作系统为实时操作系统，如Vxworks、μC/OS-II、RT-Linux 等。

图 6-1 给出了 RT-ESSTE 的基本组成的示意图。

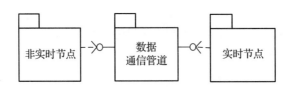

图 6-1 RT-ESSTE 的基本组成

从文献资料调研来看，当前实时嵌入式软件测试环境大多是针对特定领域或特定需求建立的专用测试环境，在实时性、通用性、可移植性等方面存在不足，具体表现为：

❑ 实时性差：众多已有的实时嵌入式软件测试环境仅支持简单的时序模拟和功能验证，并没有引入实时操作系统。如有些基于 DOS 或 Windows 等非实时操作系统，有些基于单片机、DSP 等运行环境，这些直接导致无法满足实时嵌入式软件测试数据复杂、数据量大、实时性高（通常为毫秒级）的要求。

❑ 通用性差：由于专用的 RT-ESSTE 均具有自己独特的测试开发系统，对测试的组织方法也不完全相同，导致测试环境几乎不具备通用性。

❑ 可移植性差：针对实时嵌入式系统的不同开发语言和运行环境，专用的 RT-ESSTE 开发的测试描述（程序）无法在不同的测试环境下运行，导致测试资源的可移植性差。

❑ 可维护性差：RT-ESSTE 与被测系统之间很强的关联性使得被测实时嵌入式系统进行的任何修改或升级都可能导致测试环境的大规模改动，甚至可能需要重新设计测试环境，这将会导致已开发的测试描述（程序）无法重用，几乎不具备可维护性。

6.2　虚拟机技术与实时嵌入式软件测试

近年来，虚拟机技术得到广泛的关注并取得了长足发展，如基于虚拟机的虚拟计算环境、Java 虚拟机、HEC 虚拟机、通信虚拟机及实时 Java 虚拟机等。

一般而言，虚拟机技术的核心是通过新增的虚拟中间层截获上层软件对底层接口的调用，并对该调用重新做出解释和处理，以实现异构环境中资源的可共享、可管理。通过虚拟机，可以在原有的硬件资源和操作系统上仿真一台虚拟计算机，使软件不经修改直接运行在虚拟机中。虚拟机技术降低了用户开发环境与程序运行环境之间的耦合度，是提高系统通用性、可移植性和可维护性的非常有效的方法。

在虚拟机的发展过程中，针对不同的应用需求出现了多种虚拟机，可以按照多种标准给虚拟机进行分类，其中一种虚拟机模型分类如下：

❑ IBM 虚拟机模型：运行于 IBM S/390 上的虚拟机。单一计算机系统可以通过 IBM 虚拟机模型实现模拟多个装有不同操作系统的计算机。

❑ 程序移植虚拟机模型：满足程序在多个平台上运行的需求，比较典型的程序移植虚拟机包括 Java 虚拟机和 HEC 虚拟机。

❑ 扩展虚拟机模型：在操作系统级别上提供系统硬件无法提供的服务和功能。

解决程序的移植性、通用性问题的虚拟机都是从程序移植虚拟机模型继承而来的。虽然 Java、HEC 虚拟机等在移植性、通用性上都有很优秀的设计，但由于在执行速度、内存管理机制、任务管理、数据收集及并发执行等方面的缺陷，并不能完全满足实时嵌入式软件测试的需要。

本书将虚拟机技术引入 RT-ESSTE 的构建，目的是解决测试描述（程序）的实时性、通用性和可移植性问题，即解决测试描述（程序）在不同测试执行系统上运行的问题。经分析，我们认为实时扩展后的程序移植虚拟机适合解决上述问题。

6.3 实时嵌入式软件仿真测试虚拟机规范的设计

在基于虚拟机的实时嵌入式软件仿真测试环境设计中，由于虚拟机的存在，避免了测试开发系统与测试执行系统直接的数据传输，使得 RT-ESSTE 的 m 种测试开发系统与 n 种测试执行系统通信，最多只需要 $n+m$ 个通信通道，而不是 $n×m$ 个。同时，在通用性方面，采用形式规约语言对实时嵌入式软件测试进行描述，测试人员在遵循虚拟机规范的基础上编写的测试描述（程序）可在所有支持此虚拟机的 RT-ESSTE 上执行，从而大大提高效率和可维护性。

通常，虚拟机是由一套规范定义的，它不是某个特定的软件实现，而是一整套规则，这套规则构成了一个规范。构造一个具体的虚拟机实现，就必须遵守相应的规范。虚拟机可以用任何一种程序设计语言在任何一种操作系统或硬件平台上实现，但前提是必须遵守规范。本节在深入研究虚拟机基本技术的基础上，完成了针对实时嵌入式软件仿真测试虚拟机规范的定义，如对数据类型、内存管理进行设计，对测试命令和测试数据进行分类，引入实时任务调度机制，对测试指令系统进行划分和定义。同时，我们将测试虚拟机规范与后续章节研究的测试描述紧密结合起来，使得基于虚拟机的测试得以准确实现。

定义 6.2 实时嵌入式软件仿真测试虚拟机规范。实时嵌入式软件仿真测试虚拟机规范（Real-time Embedded Software Simulation Testing Virtual Machine Specification，RT-ESSTVMS）是一种面向实时嵌入式软件仿真测试的程序移植虚拟机规范，它定义了实时嵌入式软件仿真测试中所必需的数据类型、内存管理、任务管理、指令系统、测试描述文件等要求，使得基于该规范的测试描述（程序）可在所有支持该规范的 RT-ESSTE 上执行。

限于篇幅，下文对实时嵌入式软件仿真测试虚拟机规范只进行简要说明。

6.3.1　数据类型

为了增强平台无关性，RT-ESSTVMS 的数据类型及其运算必须是经过严格定义的。在 RT-ESSTVMS 中，数据类型分为基本类型和引用类型两种，为了提高 RT-ESSTVMS 的实时性，几乎所有的数据类型校验工作都在编译时完成。

❑ 基本类型规定了每一种数据类型的取值范围，但是没有定义位宽，存储这些类型的值所需的占位宽度是由具体的虚拟机实现设计决定的。RT-ESSTVMS 基本数据类型包括两类：数值类型与返回地址类型：

  ● 数值类型又分为整数类型、浮点类型和块数据类型：整数类型包括 byte、bool、char、short、int 与 long 类型，浮点类型包括 float、double 类型；块数据类型按照实时嵌入式软件总线的数据类型确定。数值类型实现机制可根据编译程序要求进行适当更改。

  ● 返回地址类型作为测试任务返回类型使用，只在 RT-ESSTVMS 实现内部使用。

  ● 引用类型主要是指对仿真模型实例变量类型的引用，它指向 RT-ESSTVMS 运行区变量索引表中此仿真模型实例变量的位置，此类型的真正数值通过仿真模型变量索引表读取数据区获得。

6.3.2　内存管理

考虑到实时性与效率问题，RT-ESSTVMS 采用人工内存管理的方法来管理运行期数据区，把分配和使用内存的权力交给测试人员，具体的内存分配及管理可采用表格驱动算法、顺序表匹配算法或隔离存储算法等。我们推荐使用顺序表匹配算法，该算法的性能和可靠性较高，且实现比较简单。RT-ESSTVMS 运行期数据区如图 6-2 所示。

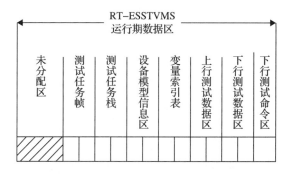

图 6-2　RT-ESSTVMS 所规定的内存分配方案

对 RT-ESSTVMS 运行期数据区中各部分的简要说明如下：

❑ 下行测试命令区：下行测试命令区存放测试开发系统下载到测试执行系统的测试命令队列，以及测试执行过程中测试人员在线下载的测试命令信息。

❑ 下行测试数据区：
- 测试初始化过程中，下行测试数据区存放测试开发系统下载到测试执行系统的测试描述文件信息。
- 测试执行过程中，下行测试数据区存放实时嵌入式设备仿真模型（基于被测系统周围交联设备构建的虚拟设备模型）向被测系统发送的测试数据。测试数据是按照被测系统要求的顺序排列的。每个调度周期内，下行测试数据区均会把本调度周期的测试数据发送给被测系统，直至测试结束为止。

❑ 上行测试数据区：存放设备仿真模型和被测系统的输出数据，这些数据可以在测试过程中或测试结束后发送给测试人员，以便测试人员对测试结果进行验证。

❑ 变量索引表：记录下行和上行测试数据区设备仿真模型及被测系统的全部变量索引信息。测试过程中可通过此表获得任意设备仿真模型变量的信息，根据变量的长度和类型，可从数据区中获得数据块，然后进行相应的数据通信和测试反馈操作。

❑ 设备模型信息区：测试初始化时，如果在测试文件中存在设备仿真模型信息，则系统将读出仿真模型信息，并在 RT-ESSTVMS 内存中为所有设备仿真模型开辟一块独立的内存区域，把设备仿真模型的信息存储到设备模型信息区。

❑ 测试任务栈：存储 RT-ESSTVMS 运行期的所有测试任务信息。测试初始化时，所有需要在运行期得到执行的任务都要记录在测试任务栈中。

❑ 测试任务帧：RT-ESSTVMS 的测试任务活动区。每当启动一个新的测试任务时，系统都会为其分配一个测试任务帧。测试任务帧由局部变量区、操作数栈和帧数据区组成，测试任务帧是测试过程中的最小调度元素。

6.3.3　测试任务管理

在实时嵌入式软件仿真测试中，测试任务管理是实现自动化、实时测试的关键因素。出于对实时嵌入式软件复杂性的考虑，RT-ESSTVMS 仅提供了测试环境所必需的系统时钟管理方案，同时提供了几种测试任务的调度方式和同步方式，以便测试人员在构建测试环境时根据具体的测试需要选择相应的任务管理策略。

1. 测试时钟

为了保证实时嵌入式软件仿真测试过程中各测试任务间的同步，测试执行系统从测试执行开始计时，所有测试任务均使用从零时刻开始、贯穿测试始终的绝对时间标签，测试任务的数据传输是严格按照时间序列进行的。

在 RT-ESSTVMS 中，调度时间（Scheduling Time）、测试时间（Testing Time）及调度周期（Scheduling Period）的关系如下：

$$TestingTime = SchedulingTime \times SchedulingPeriod$$

在某个调度时间内，系统完成测试时间的计算，并判断该时刻是否有测试任务需要执行，如果有则激活该任务并执行。

2. 测试任务调度

在 RT-ESSTVMS 中，测试任务管理的核心是任务调度策略的选择问题，因为任务调度策略直接影响系统的效率甚至功能的实现。目前可选择的调度策略有很多，但是大多由两种调度策略演变而来，即单一速率调度策略（Rate Monotonic Scheduling，RMS）和最早截止期优先调度策略（Earliest Deadline First，EDF）。分析如下：

❑ RMS 是一种静态调度策略，是为实现系统开发提出的最早的调度策略之一，至今仍广为使用，主要用于静态周期任务的调度。RMS 根据周期指定优先级，优先级和周期成反比，周期短的任务优先级高。

❑ EDF 是一种较常用的动态调度策略，它根据任务最后期限的大小确定优先级，距离最后期限最近的任务的优先级最高，距离最后期限最远的任务优先级最低，因此在每个任务结束之后，优先级都必须重新计算。

表 6-2 给出了 RMS 与 EDF 调度策略的对比。

表 6-2　RMS 与 EDF 调度策略的对比

比较项	RMS	EDF
可调度能力	静态最优调度	动态调度较好
执行的确定性	确定性高	确定性低
系统实时性	稍低	较高
适用的系统类型	周期性任务占绝大多数	偶发性和非周期任务居多
实现复杂度	低	高

RT-ESSTVMS 仅提供任务调度策略的选择原则，用户可根据具体的测试环境实现的要求选择所需的调度策略，但 RT-ESSTVMS 优先推荐采用 RMS 或基于 RMS 演化的测试策略，原因如下：

❑ RMS 可以保证所有任务的最后期限，保证系统的稳定性和可预测性，而这正是实时嵌入式软件测试所必须满足的条件之一。

- 与 EDF 相比，RMS 的实现更简单一些，这有助于提高 RT-ESSTE 执行系统的可靠性，因为 RT-ESSTE 要求调度策略对测试人员是可见的，以便测试人员按照自己的测试意图组织测试过程，而实现简单的 RMS 调度策略有利于用户的理解和控制。

3. 测试任务的同步与互斥

RT-ESSTVMS 提供对测试任务之间同步与互斥的策略选择，提供对测试中访问下行测试数据区、仿真模型信息区、变量索引表与上行测试数据区的保护机制。同样，RT-ESSTVMS 没有对任务互斥提供限制，用户可根据具体的 RT-ESSTE 实现要求选择所需的算法，RT-ESSTVMS 提供的同步与互斥选择策略如下：

- 当 RT-ESSTE 实现的共享内存数据量非常大时，可采用较为高效的信号量方法解决任务同步与互斥问题。
- 当系统对可靠性要求较高时，可选择消息队列方式。

6.3.4 指令系统

指令系统是 RT-ESSTVMS 的核心，为了提高可移植性，ESSTVM 取消了低层硬件控制指令，减少了对所在宿主机平台的依赖，并在指令设计中采用简洁的设计原则，每一条指令包含相应的指令类型、指令参数及相应的指令引用数据。RT-ESSTVMS 规定测试指令系统由测试任务指令和系统服务指令组成，如表 6-3 所示。

表 6-3 RT-ESSTVMS 规定的指令系统

类　别	指令类型	功能描述
测试任务指令	测试数据运算指令	支持整型与浮点型两类运算指令
	测试数据类型转换指令	测试数据类型转换
	过程控制转移指令	指令有条件或无条件跳转
	测试数据装载和存储指令	局部变量和运行数据区之间的数据传递
	任务调用和返回指令	测试任务的调用和返回
系统服务指令	I/O 操作指令	针对被测系统的 I/O 操作
	测试任务控制指令	测试任务执行过程的控制
	仿真模型指令	仿真设备模型的创建、获取、验证及销毁
	系统类服务指令	系统和 I/O 接口驱动的加载和卸载，系统时间相关指令
	测试数据服务指令	对测试数据的传输、收集和存储
	异常处理指令	对测试过程中异常的处理

6.3.5　测试描述文件

实时嵌入式自动化仿真测试开始之前，测试人员应首先利用测试开发系统，按照 RT-ESSTVMS 生成基于 RT-ESTDL 的测试描述文件，RT-ESSTVMS 规定的测试描述文件包括设备仿真模型信息、测试配置信息、测试用例等，上述测试描述文件将在测试初始化后下载到测试执行系统上，经预处理后便可生成测试执行系统可识别的测试指令序列（指令序列应满足 RT-ESSTVMS 指令系统的要求）。

6.4　基于 RT-ESSTVMS 的实时嵌入式软件仿真测试环境设计

6.4.1　RT-ESSTE 体系结构设计

基于实时嵌入式软件仿真测试虚拟机规范，本节讨论 RT-ESSTE 的设计实现技术，该环境采用分布式、分层的体系结构设计，如图 6-3 所示。

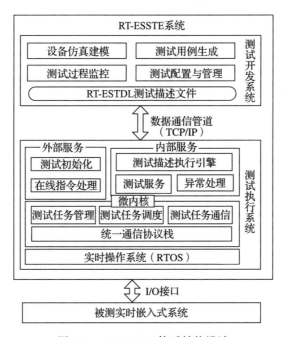

图 6-3　RT-ESSTE 体系结构设计

RT-ESSTE 是面向实时嵌入式系统的自动化仿真测试平台，是一个软 / 硬件集成系统，分为测试开发系统（上位机）与测试执行系统（下位机）两部分，测试开发系统与测试执行系统之间通过以太网相连。该体系结构既有助于 RT-ESSTE 功能的分解，又降低了 RT-ESSTE 非直接连接层间的耦合度，最大限度地减少了由于各层改动带来的影响。

6.4.2 测试开发系统设计

RT-ESSTE 测试开发系统运行在图形用户界面工作站（上位机）上，操作系统可以为通用操作系统。测试开发系统的功能是完成测试开发工作，即测试人员按照 RT-ESSTVMS 完成测试准备工作，最终形成符合 RT-ESSTVMS 的测试描述文件。在测试初始化后，由下位机完成测试描述文件的预处理，形成符合 RT-ESSTVMS 规范的测试指令序列，这些指令序列可在任何装有 RT-ESSTE 执行系统的平台上运行，从而保证通用性和可移植性。

测试开发系统的主要功能包括：

❑ 设备仿真模型开发。为了提高测试效率，增强测试描述（程序）的可重用性，测试人员需构建被测实时嵌入式系统及其周围交联设备的仿真模型。RT-ESSTE 的仿真模型信息主要包括：仿真模型标识、仿真模型与被测系统的连接方式、仿真模型的变量信息等。设备仿真模型最终由 RT-ESTDL 描述。具体的设备建模过程及内容请参见本书相关内容，在此不再赘述。

❑ 测试用例生成。RT-ESSTE 采用基于实时扩展 UML 与 RT-EFSM 相结合的测试用例生成方法，最终由 RT-ESTDL 描述。具体生成过程参见第 3 章相关部分，在此不再赘述。

❑ 测试过程监控。完成测试开始及测试执行过程的监控，基于 RT-ESTDL 的实时执行，即可通过测试描述驱动实现无人值守的自动化测试。测试初始化、测试开始及测试结束命令，以及测试过程中在线生成测试用例并下载执行都由测试监控统一处理，此外，对于测试过程中需要实时显示的测试数据及测试提示，同样有测试过程监控完成处理。

❑ 测试配置及管理。允许测试人员对测试环境进行配置，如系统调度时钟周期设置、总线类型及数量设置、测试执行系统最大内存设置等，此外，还允许用户管理测试中涉及的资源，如测试结果数据文件、测试描述文件等。

6.4.3 测试执行系统设计

RT-ESSTE 测试执行系统运行在实时处理机节点（下位机）上，操作系统采用实时操作系统，如 VxWorks、μC/OS-II、RT-Linux 等。其主要功能是接收测试开发系

统所生成的测试描述文件，并完成文件预处理，在测试任务的实时调度下，完成测
试描述指令序列的执行，驱动测试过程。

RT-ESSTE 测试执行系统基于实时操作系统，亦采用分层的设计思想，通过对测
试执行系统功能的分解，把测试执行系统功能分为外部服务、内部服务、微内核及
统一通信协议栈。这种设计降低了 RT-ESTDES 非直接连接层间的耦合度，最大限度
地减少了由于各层改动带来的影响，可实现良好的实时性、通用性、可移植性与可
维护性。下面进行具体分析。

1. 外部服务

RT-ESSTE 外部服务提供测试执行系统与测试开发系统之间的外部接口，完成测
试数据的下载 / 上传通信，主要功能如下：

- ❑ 测试初始化过程。完成测试执行系统必要的初始化设置，如系统时钟颗粒度
  （最小调度周期）、缓冲区内存分配（包括为设备仿真模型分配内存空间）、测
  试中各类任务的注册与创建、硬件 I/O 驱动的配置等。各仿真模型分配物理
  空间，确定仿真模型及被测系统之间的 I/O 信息，如 I/O 类型、电气特性配
  置信息等，以便测试过程中的数据传输和任务调度。
- ❑ 在线指令处理。RT-ESSTE 允许测试人员在测试过程中根据需要在线下载并
  执行测试指令（测试描述），在线指令将完成测试指令的预处理，调用相应的
  测试描述执行过程，保证在线指令得以执行。关于在线指令处理的更多讨论
  参见 6.5.5 节。

2. 内部服务

RT-ESSTE 内部服务建立在测试执行系统的微内核之上，通过调用内核提供的
API 完成测试执行系统的应用层功能的实现，主要功能如下：

- ❑ 测试描述执行引擎在测试调度下，完成测试描述预处理和测试执行功能，具
  体过程参见 6.5 节。
- ❑ 测试数据服务程序的功能是根据测试配置完成测试数据的实时收集、上传和
  显示。测试数据收集服务可保存和备份测试中的所有数据（包括各设备仿真
  模型的历史数据），并满足测试执行系统其他程序的数据需求。
- ❑ 异常处理程序负责处理测试过程抛出的异常，并试图修复当前异常。当系统
  不能修复该异常时，输出异常信息。异常处理方法可采用动态使用 try-catch
  语句或静态查表法。出于对实时性的考虑，RT-ESSTE 采用静态查表法，即
  在 RT-ESSTE 的实现中事先设计异常处理表，当发生异常时，通过实时查询

异常处理表来处理错误，并根据异常等级通知测试人员是否终止测试。

3. 微内核

RT-ESSTE 微内核建立在 RTOS 之上，通过调用统一的通信协议栈提供的 API 完成测试执行系统中的基础核心功能，说明如下：

- ❑ 测试任务管理程序严格按照 RT-ESSTVMS 对内存管理的要求管理和控制所有测试任务。该程序功能的实现基于测试任务链表，该表记录了所有测试任务的信息，如任务名称、任务类型（周期型或事件型）、任务优先级、任务注册、任务启动、任务删除及任务运行周期等，外部服务程序可通过调用 API 完成相应功能。
- ❑ 测试任务调度程序的功能是完成测试运行期间对各类测试任务的实时调度，调度算法采用基于 RMS 改进的调度算法。
- ❑ 测试任务通信程序为测试任务及被测系统之间提供任务间的数据通信功能，其中任务同步及互斥的设计必须满足 ESSTVM 的要求。

4. 统一通信协议栈

统一通信协议栈（Unified Communications Protocol Stack，UCPS）在 RT-ESSTVMS 的基础上，针对测试任务的需要封装了一系列实时嵌入式软件仿真测试通信协议有关的 API 函数，是微内核向外部服务程序提供功能实现的重要支撑。

UCPS 同样采用分层设计思想，分为接口协议层、路由协议层、总线协议层和驱动层，如图 6-4 所示。

UCPS 各层的主要功能如下：

- ❑ 接口协议层是协议栈与具体应用之间的唯一接口，该层是对协议栈提供的所有服务的封装，分为测试数据接口和测试命令接口，分别对应两类不同的数据类型。
- ❑ 路由协议层对数据通信进行分类处理，采用静态路由机制，将数据信息以路由表的形式进行存储，以减少测试执行过程中的动态路由开销，提高数据通信的实时性。
- ❑ 总线协议层对经过路由层解析的测试数据和测试命令按照总线类型进行符合各自协议的数据组织。按照总线类型，可分为仿真总线和硬件接口两类。仿真总线主要完成仿真模型之间的数据和消息通信，而测试执行系统与被测系统之间的数据交互是通过真实的 I/O 总线完成的。
- ❑ 驱动层由各类总线和 I/O 接口的驱动构成，完成通信数据的发送和接收操作。

与总线协议层相对应，每一种数据传输介质都对应自己的驱动程序。

由上述设计可以看出，采用分层的 UCPS 使得协议栈层与层之间的接口改动仅受限于被改动层的影响，具有良好的可移植性和可扩展性。尤其是对于实时嵌入式软件测试而言，不同的被测系统所要求的硬件 I/O 接口往往千差万别，采用这种设计可以很方便地快速完成新硬件 I/O 接口的适配，完成不同实时嵌入式系统硬件设备的互换，具有很好的扩展性和通用性。

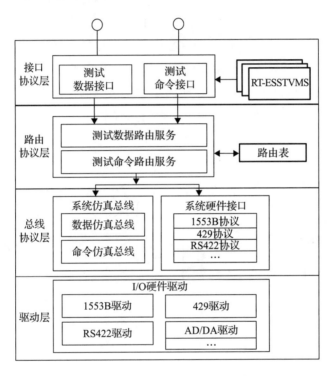

图 6-4　统一通信协议栈的设计

6.5　实时嵌入式软件测试描述执行引擎的设计与实现

在 RT-ESSTE 的设计中，基于 RT-ESTDL 的测试描述是整个测试环境执行系统运行的核心，在完成 RT-ESSTE 体系结构设计的基础上，本节将对实时嵌入式软件测试描述执行引擎（RT-ESTDEE）的设计与实现过程进行详细说明，最后对系统执行效率进行分析和评估。

6.5.1　RT-ESTDEE 的总体设计

RT-ESTDEE 采用分阶段模型设计，每个阶段完成不同的功能，主要包括测试描述预处理过程、测试调度过程和测试描述执行过程：

❑ 测试描述预处理过程（也称为编译过程）。在完成测试初始化的基础上，测试执行引擎将对从测试开发系统（上位机）接收的测试描述文件进行预处理，主要通过词法分析、语法分析和语义分析，生成符合 RT-ESSTVMS 的测试指令序列。在预处理过程中，符号表管理和异常处理始终贯穿整个过程。

❑ 测试调度过程。由测试任务调度程序按照测试任务属性进行调度，对于满足触发条件的测试任务，交由测试描述执行过程处理。

❑ 测试描述执行过程。在调度程序满足触发条件的情况下，实时执行预处理已产生的测试指令序列，完成测试过程的实时驱动。

RT-ESTDEE 的总体设计如图 6-5 所示。

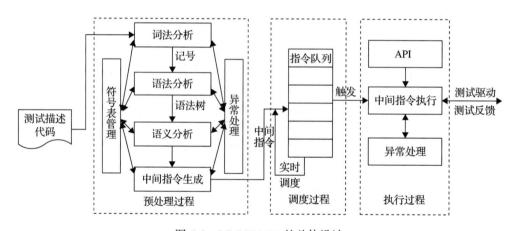

图 6-5　RT-ESTDEE 的总体设计

6.5.2　测试描述预处理过程

基于面向对象分析的 RT-ESSTE 预处理过程如图 6-6 所示。

预处理过程主要涉及两个类，即负责测试描述文件管理的 CTDfile 类和负责编译过程的 CCompiler 类，具体说明如下：

❑ 文件管理类 CTDfile 完成测试描述文件的管理任务，主要包含与测试描述相关的内建符号信息、预包含路径信息，以及全局的过程、类、常量和值的信息，图 6-7 给出了 CTDfile 的设计。

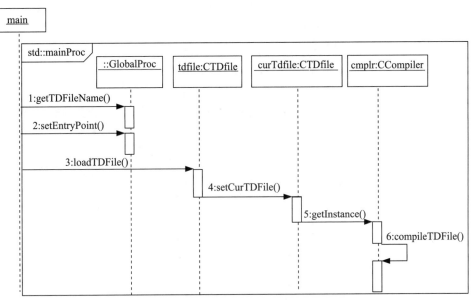

图 6-6　测试描述执行引擎的预处理过程

- 编译过程类 CCompiler 主要负责处理有关编译当前测试描述文件的任务，该类包含词法分析器 CLexer 类和语法分析器 CParser 类，图 6-8 给出了 CCompiler 类的设计。

基于以上设计，则测试描述的预处理过程如下：

- 主函数调用全局方法加载的测试描述文件，并设置文件入口过程名为"main"。
- 实例化 CTDfile 类的对象，并设置为当前需要编译的测试描述文件 curTdfile。实例化 CCompiler 类的对象，该对象调用其自身的 compileFile 方法编译 curTdfile 测试描述文件。编译过程需要调用词法、语法和语义分析程序，最终形成注释语法树，并以此作为中间指令生成的依据，具体编译过程参见后续章节的描述。

1. 词法分析

词法分析工作主要由 CLexer 类完成，其功能是扫描测试描述代码的字符，按 RT-ESTDL 的词法规则识别出各类单词记号（token），并将有关字符组合成单词记号输出（token 的类型及分类参见 4.3.1 节），同时进行词法检查。

词法分析工作的主要功能如下：

- 过滤空格、制表、分行等白字符，过滤注释等；
- 识别保留字：查保留字表，存储相应类别；

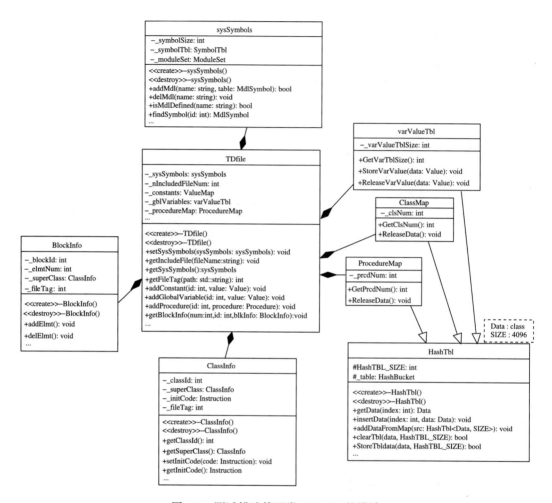

图 6-7　测试描述管理类 CTDfile 的设计

- □ 识别标识符：存储用户定义的标识符及标识符本身的值；
- □ 拼数：自动识别数据类型，存储类别及相应的值；
- □ 拼字符：识别字符或字符串，存储类别及相应的值；
- □ 拼复合词（含操作符、运算符等），如 >=、<= 等；
- □ 根据要求（屏幕）输出测试描述源程序。

词法分析的工作流程如下：

1）从测试描述代码的第一个字符开始顺序读入字符，过滤白字符和注释，根据读进的字符识别各类单词记号（如关键字、标识符），有时还需要超前预读以完成单词记号的识别（如数字常量、字符串常量、复合操作符 / 运算符等）。

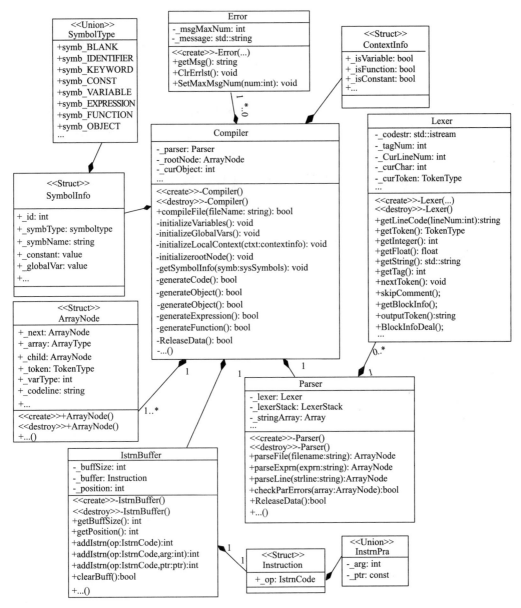

图 6-8　测试描述编译类 CCompiler 的设计

2）单词记号被识别并确定类型后，根据词法规则将这些字符组合成单词，并将其输出。

3）在单词组合过程中同时进行词法检查，若发现单词的组成有错误，则输出编译时词法相关的错误信息。

2. 语法分析

语法分析的任务是识别由词法分析给出的单词符号序列在结构上是否符合给定的语法规则。测试描述代码的主体由一系列语句构成，语法分析首先处理函数声明，然后处理由语句组成的函数体。从语法上要对各个语句进行逐句分析：当语法正确时，生成相应语句功能的中间指令代码；当遇到标识符的引用时，查符号表，看是否有正确的定义，若有，则从表中取相应的信息供中间指令代码生成使用（由 Parser 类的 generateCode() 等操作完成）。

语法分析工作由 CParser 类完成，其核心是生成语法树的过程，如图 6-9 所示。

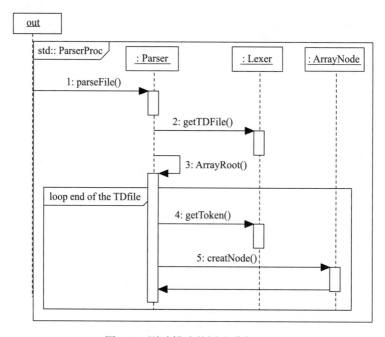

图 6-9　测试描述的语法分析过程

由于 RT-ESTDL 的结构采用上下文无关文法，即 2 型文法，因此语法分析采用自顶向下的分析方法——递归下降分析法，具体过程如下。

对文法中的每个非终结符号 e 都编写一个子程序，以完成该非终结符号所对应的语法成分的分析和识别任务。非终结符号的语法分析子程序的功能是：用该非终结符号的规则的右部符号串去匹配输入串。分析过程是按文法规则自顶向下逐级地分配任务，即调用有关的子程序来完成。当编译程序根据文法和当前的输入符号预测到下一个语法成分为 e 时，即预测到待匹配的输入符号串可以与从 e 出发所推导出的符号串相匹配时，则确定 e 为目标，并调用分析和识别 e 的子程序。在分析和识别 e 的过程中，有可能还要确立其他子目标并调用相应的子程序。只有在被调用的分析和识别某语法成分的子程序匹配输入串成功并正确返回时，该语法成分才算真正获得了识别，并确定输入串无语法错误。

限于篇幅，本书仅给出 parseFile() 处理过程的流程图，如图 6-10 所示。

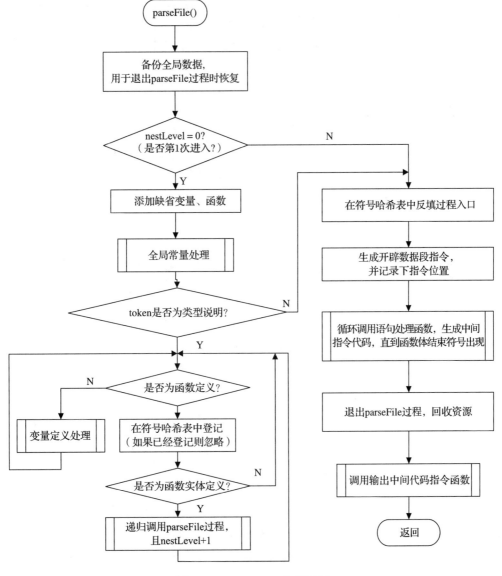

图 6-10　parseFile() 处理过程

当 Parser 类获得词法分析结果后，便开始进行语法分析，递归下降地生成语法树，其间循环地获得单词记号，对其进行分析并作为结点添加到语法树中。为方便搜索和遍历，执行引擎中的语法树采用二叉树进行管理。

图 6-11 给出了一个测试描述经语法分析后所生成的语法树的实例。

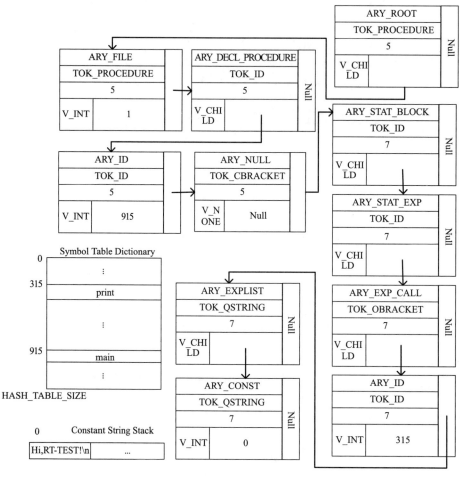

图 6-11　语法树实例

3. 语义分析

语义分析过程用于分析测试描述的静态语义，包括声明和类型检查，结果以注释语法树的形式表示。在语义分析中，测试描述代码结构的正确与否与该结构的上下文有关。在 RT-ESTDL 测试描述执行引擎的设计过程中，语义分析重点解决的两个问题是嵌套作用域的识别和数据类型的动态绑定，具体说明如下：

❏ 对于嵌套作用域的识别问题，解决方法是将与上下文有关的信息记录在符号表中，每当分析到变量声明时，就将该变量填入符号表，这样可以保证编译期间声明该变量的程序块是可见的，且该变量一直保留在符号表中。当在该程序块中遇到变量引用时，则可以查阅符号表，以确定该变量是否符合 RT-ESTDL 的上下文。

❏ 不需要显式声明数据类型是 RT-ESTDL 的一个重要特性，这样可以大大提高 RT-ESTDL 的易用性，便于测试人员编写测试描述。执行引擎采用动态绑定的方式，对赋值语句中的操作数进行数据类型的一致性转换。

4. 中间指令生成

在基于虚拟机的实时嵌入式软件测试中，为了实现测试描述在不同运行平台上的可移植性，采用了测试描述执行引擎前端和后端分离的技术，说明如下：

❏ 测试描述执行引擎的预处理过程（包括测试描述加载、词法分析、语法分析、语义分析和中间指令生成）可称为引擎前端，而依赖于实时操作系统指令集处理的执行过程可称为后端。将测试描述用中间代码方式标识和存储可使前端和后端分离，理论上意味着可将测试描述生成的中间指令序列移植到一个新的平台上，仅需要开发一个新的后端即可。

❏ 假设需要在 n 个平台上实现 m 种不同的语言，若不使用中间代码指令形式，则需要编写 $m \times n$ 个不同的执行引擎。若使用前端和后端分离方式，则仅需要 m 个前端和 n 个后端，通过选择合适的前端和后端，使得中间指令可在后端执行，使 $m \times n$ 个不同的执行引擎转变为由 $m+n$ 个部分组合而成。

由上述分析可见，作为测试描述执行引擎前端和后端的接口，中间指令的描述方式必须具备足够的表达能力。常用的中间指令描述方式有逆波兰表达式、三地址语句、抽象语法树、有向无环图和抽象堆栈机代码。为提高测试描述执行引擎的执行效率，可采用抽象堆栈机代码作为中间指令表示方式，其结构为：

```
struct Instruction{
    IstrnCode _op;              // 指令类型
    union { int _arg;           // 指令参数
            const void* _ptr;   // 引用数据
        }; };
```

其中 _op 代表该中间表示的指令类型，而根据指令类型的不同，联合体中的值 _arg 或 _ptr 作为附加信息，补充表示该指令的具体意义。测试描述执行引擎指令集见表 6-4。

表 6-4　测试描述执行引擎指令集

指　令	说　明	备　注
ISTRN_RETURN	返回指令	过程返回
ISTRN_END	结束指令	测试描述执行终止
ISTRN_PUSH_CONST	常量入栈	常量值为 _ptr 所指值
ISTRN_PUSH_GVAR	全局变量入栈	全局变量 id 在符号表中的哈希索引值存于 _arg
ISTRN_PUSH_LVAR	局部变量入栈	局部变量 id 在符号表中的哈希索引值存于 _arg
ISTRN_PUSH_ARG	参数入栈	参数名在符号表中的哈希索引值存于 _arg
ISTRN_ASSIGN	赋值操作	值存在数据栈栈顶
ISTRN_ASSIGN_INPLACE	声明并赋值操作	值为 _ptr 所指值
ISTRN_LINE	当前处理行数	
ISTRN_REF_GVAR	引用全局变量	全局变量 id 在符号表中的哈希索引值存于 _arg
ISTRN_REF_LVAR	引用局部变量	局部变量 id 在符号表中的哈希索引值存于 _arg
ISTRN_REF_MEMBER	引用对象成员	对象成员 id 在符号表中的哈希索引值存于 _arg
ISTRN_REF_ELEMENT	引用数组的元素	该元素的索引值存于 _arg
ISTRN_REF_COMPONENT	引用复合值的组成部分	该组成部分的索引值存于 _arg
ISTRN_POP	数据栈栈顶退栈	
ISTRN_GET_MEMBER	获取对象成员	对象成员 id 在符号表中的哈希索引值存于 _arg
ISTRN_GET_ELEMENT	获取数组的元素	该元素的索引值存于 _arg
ISTRN_GET_COMPONENT	获取复合值的组成部分	该组成部分的索引值存于 _arg
ISTRN_NEW_OBJECT	分配一个新对象	对象 id 在符号表中的哈希索引值存于 _arg
ISTRN_NEW_ARRAY	分配一个新数组	数组 id 在符号表中的哈希索引值存于 _arg
ISTRN_MAKE_COMPOUND	声明一个新复合数据	复合 id 在符号表中的哈希索引值存于 _arg
ISTRN_MAKE_FUNCTION	声明一个新函数	函数 id 在符号表中的哈希索引值存于 _arg
ISTRN_INIT_ARRAY	初始化数组	数组元素个数存于 _arg
ISTRN_INIT_OBJECT	初始化对象	对象构造参数存于 _arg
ISTRN_INIT_MEMBER	初始化成员	成员 id 在符号表中的哈希索引值存于 _arg
ISTRN_PRE_INCDEC	前置自增自减	变量 id 在符号表中的哈希索引值存于 _arg
ISTRN_POST_INCDEC	后置自增自减	变量 id 在符号表中的哈希索引值存于 _arg
ISTRN_CALL_FUNC	调用函数	函数 id 在符号表中的哈希索引值存于 _arg
ISTRN_CALL_PROC	调用过程	过程 id 在符号表中的哈希索引值存于 _arg
ISTRN_OP_0	零元操作符	操作符指针存于 _ptr

（续）

指　令	说　明	备　注
ISTRN_OP_1	一元操作符	操作符指针存于 _ptr，操作数按逆序从数据栈利用 INSTR_POP 取出
ISTRN_OP_2	二元操作符	
ISTRN_OP_3	三元操作符	
ISTRN_OP_4	四元操作符	
ISTRN_OP_5	五元操作符	
ISTRN_JMP	无条件跳转	跳转地址存于 _arg，判断条件存于数据栈顶
ISTRN_JMP_TRUE	条件为 true 时跳转	
ISTRN_JMP_FALSE	条件为 false 时跳转	
ISTRN_JMP_CASE	满足 case 条件时跳转	
ISTRN_JMP_AND	同时满足所有条件时跳转	
ISTRN_JMP_OR	任意满足一个条件时跳转	
ISTRN_FORCE_BOOL	将任意值强制转换成布尔值，用于逻辑运算	该值存于栈顶

在移植性方面，采用中间指令的方式避免了测试描述生成系统与执行系统之间的直接数据传输，使得用户编写的测试描述能够不依赖于特定测试平台，即在所有能够正确加载测试描述执行引擎的平台上均可执行，从而大大提高了可移植性。

5. 符号表管理

符号表在编译过程中的作用是检查语义的正确性和辅助生成正确的中间指令。这两个作用是通过插入和检索符号表中的测试描述变量属性来实现的。这些属性（如名字、作用域、维数等）在声明中可直接找到，或可根据测试描述代码中名字出现的上下文间接地获得。

出于效率和实现方案的考虑，测试描述执行引擎选用哈希表的形式来组织符号表。同时由于测试描述规模一般较小，不常出现哈希中冲突不断的病态行为，从而保证了理论上 $O(1)$ 的平均存取代价。对哈希表实现中的两个核心问题分析如下。

（1）哈希函数产生均匀分布整数

哈希表技术已在编译器构造实践中应用多年，积累了大量数据，有众多相关的理论和实践研究。在 RT-ESTDL 测试描述执行引擎的设计过程中，选用的哈希函数如下所示。

```
static long calStrHash(const CString string){
    unsigned long lhash = 5381;
    int ilen = string.GetLength();
```

```
for (int i=0; i<ilen; i++){
    lhash = (lhash << 5) + lhash + string[i];
}
    return hash % HASH_SIZE;  }
```

试验数据表明，乘因子 31 和 37 是两个比较好的选择。但本测试描述执行引擎中采用乘因子 32，这是因为用 32 做乘法可移动 5 位二进制数来实现，这样可以利用计算哈希函数节省下的时间补偿由此产生的对均匀分布的函数的轻微干扰。

（2）冲突解决方法

解决哈希表冲突有两种方法，即分离链接法和开放定址法：分离链接法是指在每个索引处都存放一个链表，用链表来保存所有冲突的数据，这种方法在冲突较少情况下可以最大限度地保证执行效率；开放定址法是一种不用链表解决冲突的方法，算法较复杂。在开放定址哈希算法系统中，如果有冲突发生，则需要尝试选择另外的单元，直到找到空单元为止。根据所选冲突解决函数的不同，又可分为线性探测、平方探测和双哈希等方法。由于 RT-ESTDL 测试描述规模有限，出现冲突的可能性较小，且考虑到执行效率和方案的简单性，故选定以分离链接法作为冲突解决方案。

6.5.3　测试调度过程

根据 6.3.3 节关于调度策略选择的讨论，我们在测试描述任务执行的调度过程中，采用基于段的单一速率调度策略（Segment-Based Rate Monotonic Scheduling，SBRMS）算法。它是一种改进的 RMS 调度策略，即在 RMS 的基础上引入（子）段概念，SBRMS 的调度时机由以下算法决定：

```
if ((Base Segment Counter%Task Period ==
        Task Segment Offset) &&(Subsegment Counter
    == Subsegment Offset))
Schedule(Task);
```

可以看出，如果当前时刻符合一个任务的段偏移和子段偏移，则调度该任务，否则不调度。试验表明，SBRMS 不仅能够描述和实现各任务执行时的数据依赖关系，且具有较好的稳定性和可预测性。

图 6-12 给出了基于 SBRMS 的测试任务调度过程的示意图。

6.5.4　测试描述执行过程

测试描述执行过程是测试描述执行引擎的核心组件，其重要功能是配合调度过程，完成对测试中间指令的实时解析，驱动测试过程。

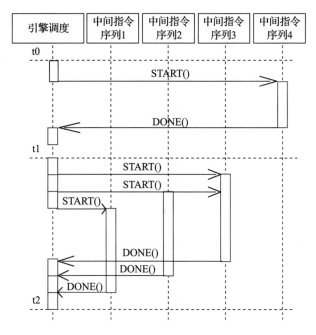

图 6-12　基于 SBRMS 的测试任务调度过程

测试描述代码经过编译后，中间指令的执行过程由测试描述执行类 CExecuter 实现（如图 6-13 所示）。测试描述的执行过程是以抽象堆栈机的形式执行编译过程生成的中间指令序列，其主要功能是动态维护抽象堆栈机的堆栈（寄存器），因为执行引擎必须及时回收已运行完毕的测试任务占用的堆栈，并为每个正在运行、即将运行的测试任务维护完整的地址操作空间。随后加载即将运行的测试任务的中间指令代码，调用中间指令代码处理程序（由 Executer 类的 executeInstrn() 等操作）完成其功能，同时对中间指令执行过程中的错误进行实时捕捉和处理。

6.5.5　在线测试描述的执行

在 RT-ESSTE 测试执行系统的初始化过程中，首先完成在线测试描述执行任务 onlineTDExeTask 的创建，并使该任务处于挂起状态。

当测试人员在测试过程中根据需要在线下载测试指令（测试描述）后，测试执行系统外部服务获取该在线任务，并激活 onlineTDExeTask，由 onlineTDExeTask 调用相应的词法分析程序、语法分析程序及语义分析程序，完成测试描述的预处理，生成在线任务的中间指令序列，最后由调度程序执行该指令序列。图 6-14 给出了在线测试任务的执行过程。

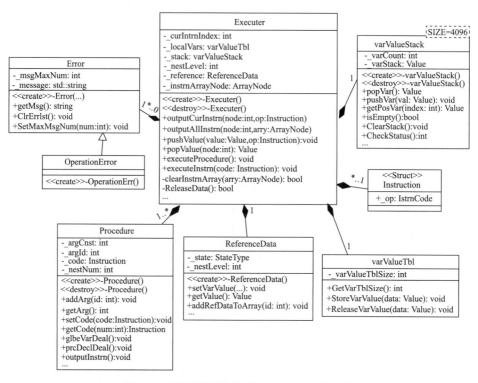

图 6-13　测试描述执行类 CExecuter 的设计

6.5.6　测试执行引擎效率分析

　　为了验证测试描述执行引擎能否满足嵌入式软件测试的实时性要求，本节借助性能测试工具 CodeTEST 对 RT-ESTDEE 的执行效率进行分析。从如下两个方面对引擎的执行效率进行分析：

❑ 考察不同规模的单个测试描述文件的执行时间。

❑ 考察给定中等规模的测试描述代码（30 行，嵌套循环语句）下多个测试描述并发执行的时间。

　　测试描述执行引擎效率分析所用的环境配置如下：

❑ 工控机（下位机），主频为 CPU Pentium4/2.8GHz；

❑ 内存 1G，硬盘 320G；

❑ 外设：光驱、打印机等；

❑ 硬件接口：MIL-STD1553B、ARINC429、RS422、AD/DA；

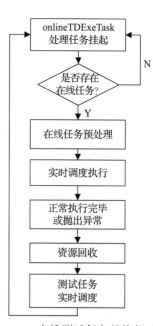

图 6-14　在线测试任务的执行过程

❑ 实时操作系统：VxWorks5.4（X86）。

经对试验分析，图 6-15 给出了不同规模的测试描述的执行时间，图 6-16 给出了中等规模的多个测试描述的并发执行时间。

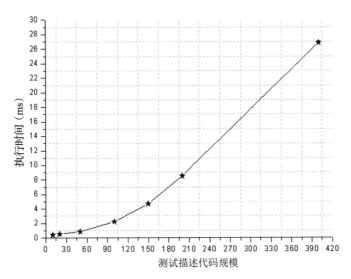

图 6-15　不同规模的测试描述的执行时间

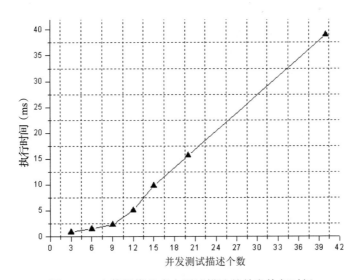

图 6-16　中等规模的多个测试描述的并发执行时间

通过分析测试描述执行引擎的执行效率，可以看出，执行引擎处理中等规模（作为一种专用测试描述语言，RT-ESTDL 语句已高度抽象和集成，测试描述规模一般小于 50 行）测试描述的执行时间不超过 1 毫秒，且由于执行引擎支持多个测试描述的顺序、并发执行机制，因此，通过合理控制测试描述的规模和并发执行个数，完全可以满足实时嵌入式软件（实时性要求一般为毫秒级）测试对实时、并发特性的要求。

6.6　本章小结

本章在分析当前已有的嵌入式软件测试环境能力的基础上，提出了基于虚拟机的实时嵌入式仿真测试环境的设计，给出了实时嵌入式软件仿真测试虚拟机规范的定义和设计，并设计实现了基于该规范的实时嵌入式软件仿真测试环境。然后对实时嵌入式软件测试描述执行引擎进行了详细设计，具体包括总体结构设计、预处理过程、调度过程及执行过程（包括在线测试任务执行），并对测试描述执行系统的执行效率进行了评估。

第 7 章
实时嵌入式软件系统测试实例

为了更好地帮助读者理解和掌握嵌入式软件系统测试技术，本章选取某惯性／卫星组合导航系统软件作为应用对象，完成从系统模型构建、基于 UML 实时扩展的静态／动态建模，到测试序列／用例、测试描述生成，直至测试执行、测试结果分析的全过程。

7.1　被测系统简介

7.1.1　I/GNS 概述

惯性／卫星组合导航系统（Inertial/GPS Navigation System，I/GNS）软件是为民航客机所用的自主式全姿态惯性／卫星组合导航系统而开发的专用实时控制软件，在对准状态转入导航状态后能提供加速度、速度、位置、航向、姿态和时间等信息，具备惯性／卫星组合导航、纯 GPS 导航、位置／高度修正、NAV 备份、APR 工作方式、飞行结束方式和参数标定等功能，其导航精度将影响综合航电系统的精度。

作为典型的实时嵌入式系统的重要组成部分，惯性／卫星组合导航系统软件（Inertial/GPS Navigation System Software，I/GNSS）是典型的实时嵌入式软件，固化在系统的静态存储器中，程序运行的正确性与逻辑正确性均与实时性有关。

I/GNS 系统的典型特征如下：

❑ 具有较高的实时性要求，时间周期要求为 25ms。

❑ 存在多种工作状态模式和操作流程，且状态迁移条件复杂。

❑ 与多种航空电子系统进行数据交换（见图 7-1），如雷达、飞控、显控、任务计算机、数据传输设备等。

❑ 具有多种数据传输协议，如 ARINC429 总线、1553B 总线、RS422 等。

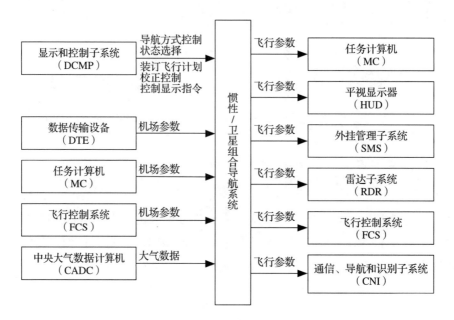

图 7-1　I/GNS 设备交联示意图

7.1.2　I/GNS 的主要功能和性能

I/GNS 软件的主要功能包括：

❑ 系统自检测，包括加电启动自检测（PBIT）、周期自检测（BIT）及启动自检测（IBIT）。

❑ 对准状态，包括正常罗经对准、存储航向对准及输入航向对准。

❑ 标定状态，包括标定加速度参数和陀螺参数。

❑ 姿态状态，提供姿态信息。

❑ 导航状态，包括对外数据发送、惯性 / 卫星组合导航、纯惯性导航、纯 GPS 导航；导航方式控制，包括备份状态、进场状态及飞行结束状态。

❑ 系统维护状态，包括地面维护、空中维护及维护工作显示。

❑ 其他功能，包括流程控制、状态请求、PFL 请求、对准数据显示请求、位置修正、数据修改等。

I/GNS 软件的主要性能包括：

❑ 系统软件定时精度为 5ms。

❑ 对外发送导航参数每秒 60 次，且数据传输不损失精度。

❑ 系统峰值负载时，CPU 余量大于 30%。

❑ 存储余量大于 30%。

7.2　I/GNS 静态建模

7.2.1　交联设备模型构建

如图 7-1 所示，I/GNS 是航空电子系统的一个分系统，与其交联的设备较多。我们根据软件需求规格说明和 ICD，分析了 I/GNS 与其他航空电子子系统 / 设备的接口数据信息，详见附录 3。根据 ICD 中规定的数据接口信息，可建立 I/GNS 的设备交联关系图，如图 7-2 所示，对各个设备基于扩展 UML 类图进行静态建模后的设备对象交联关系如图 7-3 所示。

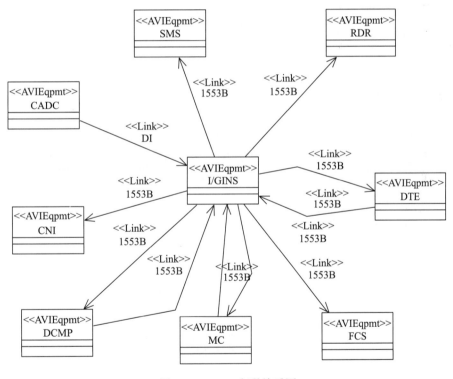

图 7-2　I/GNS 交联关系图

7.2.2　静态模型的测试描述

基于以上分析，结合 RT-ESTDL 对实时嵌入式设备建模的支持（见 4.4.1 节），可完成对 I/GNS 软件静态模型的测试描述，如表 7-1 所示。

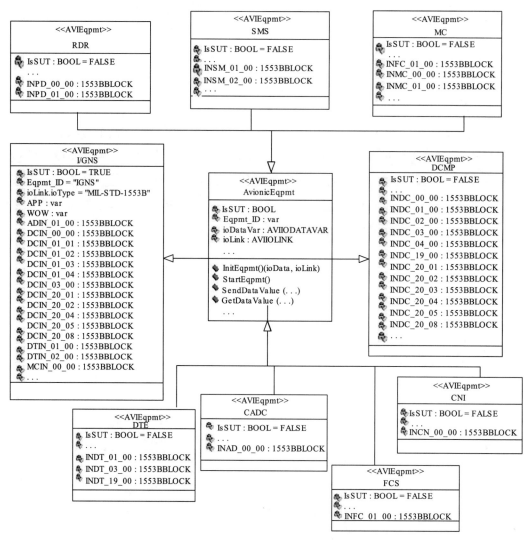

图 7-3　I/GNS 及其交联设备的静态模型

表 7-1　I/GNS 系统静态建模的 RT-ESTDL 描述

```
// avioniceqpmt.mdl
using "RT-ESTDL.mdl"
using "aviiodatavar.mdl"
using "aviiolink.mdl"
using "1553bBlock.mdl"
CAVIEqpmt AvionicEqpmt::CEQUIPMENT {
    BOOL IsSUT;                 //是否为被测系统
    var Eqpmt_ID;               //设备标识
    CAVIIODATAVAR ioDataVar;    // I/O接口数据
```

（续）

```
    CAVIIOLINK ioLink;          // 总线连接类型
    …
    procedure InitEqpmt(ioData, ioLink);
    procedure StartEqpmt();
    …
    procedure SendDataValue (srcEqpmtID, srcVar,dstEqpmtID, dstVar, iolink);
    // 发送变量数据
    procedure SendDataValue (varValue,dstEqpmtID, dstVar, iolink); // 发送值数据
    procedure GetDataValue (rcvEqpmtID, rcvVar, iolink);           // 接收数据
    …
}
/******** 下面为 I/GNS 模型 **************/
// IGNS.module
IGNSMDL :: AvionicEqpmt{
    IsSUT = TRUE;   // 是被测系统
    Eqpmt_ID = "IGNS" ;
    ioLink.ioType = "MIL-STD-1553B" ;
    var APP;        // 上电标志
    var WOW;        // 轮载信号
    1553BBLOCK   A_ADIN_01_00;
    1553BBLOCK   A_DCIN_00_00;
    1553BBLOCK   A_DCIN_01_01;
    …
}
/******** 下面为 SMS 模型 **************/
// SMS .module
SMSMDL :: AvionicEqpmt
{
    IsSUT = FALSE;
    Eqpmt_ID = "SMS" ;
    ioLink.ioType = "MIL-STD-1553B" ;
    1553BBLOCK   B_INSM_01_00;
    1553BBLOCK   B_INSM_02_00;
    1553BBLOCK   B_INSM_03_00;
    …
}
```
（以下略）

7.3　I/GNS 动态建模

7.3.1　基于 UML 状态图的动态建模

根据惯性 / 卫星组合导航系统软件的需求规格说明，可完成基于实时扩展 UML 的 I/GNS 软件状态迁移图（限于篇幅，略去 OCL 约束描述，部分 UML 状态图建模

实例可参见第 3 章的相关部分），如图 7-4 所示。

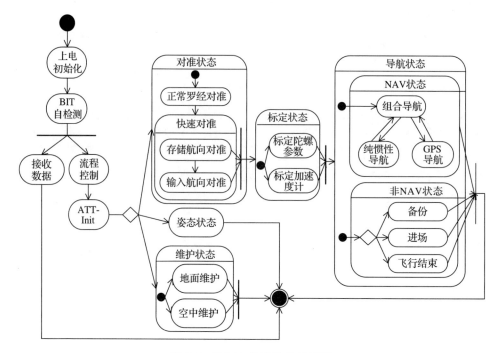

图 7-4　I/GNS 软件的状态迁移

根据图 7-4，I/GNS 软件的典型状态主要包括 BIT 自检测状态、流程控制状态、姿态状态、标定状态、对准状态、导航状态等，其中对准状态、导航状态、维护状态和标定状态为复合状态（可进一步分解为子状态图）：

- BIT 自检测完成后，可选择进行接收数据操作，或进入流程控制，进而进入其他空中状态迁移。
- 在完成 ATT-Init 后，可根据 DCMP 显控完成相应空中状态的迁移，如进入对准状态、姿态状态或维护状态，而维护状态可根据轮载信号分为空中维护和地面维护两个子状态。
- 对准状态的子状态包括正常罗经对准和快速对准，且两者为顺序关系。
- 标定状态的子状态包括标定陀螺参数和标定加速度计，且两者为并发关系。
- 导航状态的子状态包括组合导航、纯惯性导航、GPS 导航、备份、进场、飞行结束。其中导航状态中的 NAV 状态和非 NAV 状态是并发关系，即 AND 关系；而非 NAV 状态中的备份状态、进场状态和飞行结束状态之间是 OR 关系。

基于上述状态建模，为了便于后续测试序列和测试用例的生成，还应该进行状态迁移分析，表 7-2 和表 7-3 给出了部分状态迁移条件的分析结果。

表 7-2　I/GNS 部分状态迁移条件分析

状　态	迁移方向	迁移条件
导航状态 （NAV） S_1	转出	导航状态结束，转飞行结束
		from(NAV)to(GC)，且 WOW 未被激活（至 S_2）[①]
		from(NAV)to(FAST)，且 WOW 未被激活（至 S_3）[①]
		from(NAV)to(GC) 或 from(NAV)to(FAST)，且 WOW 被激活过（至 S_1）[①]
	转入	I/GNS 已经完成正常罗经对准状态（from S_2），自动转入，时间≤100ms
		I/GNS 已经完成快速对准状态（from S_3），自动转入，时间≤100ms
正常罗经对准 状态（GC） S_2	转出	I/GNS 已经完成正常罗经对准状态（自动至 S_1），时间≤100ms
		from(GC)to(FAST)，且 I/GNS 未完成 GC 粗对准（至 S_3），时间≤100ms
		from(GC)to(CAL)，且 I/GNS 未完成 GC 粗对准（至 S_4），时间≤100ms
		from(GC)to(ATT)（至 S_5），完成对准，自动转出，时间≤100ms[①]
	转入	from(NAV)to(GC)，且 WOW 未被激活（从 S_1）[①]
		from(CAL)to(GC)，且未完成粗对准，或完成粗对准后 CAL 结束，自动转入（从 S_4）
		from(ATT)to(GC)（从 S_5），完成 ATT-Init，接收 DCMP 指令，时间≤100ms
快速对准状态 （FAST） S_3	转出	from(FAST)to(GC)（至 S_2），时间≤100ms
		from(FAST)to(CAL)（至 S_4），时间≤100ms
		from(FAST)to(ATT)（至 S_5），WOW 未被激活[①]
	转入	from(NAV)to(FAST)，且 WOW 未被激活（从 S_1）[①]
		from(GC)to(FAST)，且 I/GNS 未完成 GC 粗对准（从 S_2）
		from(CAL)to(FAST)，且未完成粗对准，或完成粗对准后 CAL 结束，自动转入（从 S_4）[①]
		from(ATT)to(FAST)（从 S_5）
标定状态 （CAL） S_4	转出	from(CAL)to(GC)，且未完成粗对准，或完成粗对准后 CAL 结束，自动转入（至 S_2）[①]
		from(CAL)to(FAST)，且未完成粗对准，或完成粗对准后 CAL 结束，自动转入（至 S_3）[①]
		from(CAL)to(NAV)，I/GNS 完成粗对准后，转 CAL 结束，自动转入（至 S_5），时间≤120ms
	转入	from(NAV)to(CAL)（从 S_1），WOW 未被激活[①]
		from(GC)to(CAL)，且 I/GNS 未完成 GC 粗对准（从 S_2），时间≤120ms
		from(FAST)to(CAL)（从 S_3），时间≤120ms
		from(ATT)to(CAL)，且 I/GNS=ATT-INIT（从 S_5），WOW 未被激活[①]

（续）

状 态	迁移方向	迁移条件
姿态状态（ATT）S_5	转出	from(ATT)to(GC)（至 S_2），WOW 未被激活[①]
		from(ATT)to(FAST)（至 S_3），WOW 未被激活[①]
		from(ATT)to(CAL)，且 I/GNS 完成 ATT-INIT（至 S_4），WOW 未被激活[①]
	转入	（通常由于故障原因）转姿态状态，后接 DCMP 指令，转飞行结束，时间≤120ms
		from(NAV)to(ATT)（从 S_1），WOW 未被激活[①]
		from(GC)to(ATT)（从 S_2），WOW 未被激活[①]
		from(FAST)to(ATT)（从 S_3），WOW 未被激活[①]
		from(CAL)to(ATT)，且未完成粗对准，或完成粗对准后 CAL 结束，自动转入（从 S_4），WOW 未被激活[①]

① 该状态转换为地面调试过程（因 WOW 被激活过），本书不做处理。

表 7-3 I/GNS 部分子状态迁移条件分析

顶状态	子状态	迁移方向	迁移条件
导航状态 S_1	组合导航 S_{11}	转出	卫星数据丢失或无效（至 S_{12}）
			惯导陀螺故障（至 S_{13}）
		转入	卫星数据恢复正常（从 S_{12}）
			惯导恢复正常（从 S_{13}）
	纯惯性导航 S_{12}	转出	卫星数据恢复正常（至 S_{11}）
			惯导陀螺故障（至 S_{13}）
		转入	卫星数据丢失或无效（从 S_{11}）
			惯导陀螺恢复正常（从 S_{13}）
	GPS 导航 S_{13}	转出	卫星数据恢复正常（至 S_{12}）
			惯导陀螺恢复正常（至 S_{11}）
		转入	惯导陀螺故障（从 S_{11}）
			惯导陀螺故障（从 S_{12}）

7.3.2 I/GNS 的 RT-EFSM 模型及时间约束迁移等价类分析

根据第 4 章提出的将复合 UML 状态图转化为 RT-EFSM 的方法，可将图 7-4 转化为不包含嵌套状态的 RT-EFSM 模型（限于篇幅，略去各状态的迁移条件），如图 7-5 所示。为了更好地描述各状态及其迁移条件，我们对这些状态进行了重新标识，具体如图中所示。

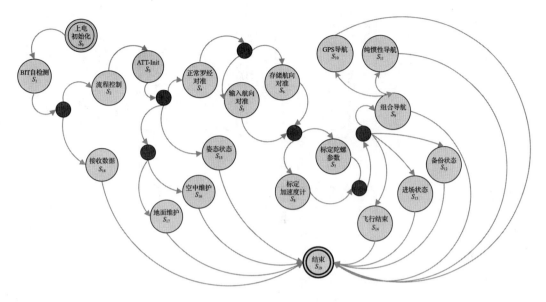

图 7-5　I/GNS 软件的 RT-EFSM 模型

基于以上分析，结合软件需求文档及 ICD 可完成各状态迁移条件的分析，得到时间约束迁移等价类列表，如表 7-4 所示（限于篇幅，此处仅列出主要时间约束迁移等价类），为后续测试序列、测试用例及测试描述的生成奠定基础。

7.4　测试序列、测试用例及测试描述生成

在构造完成表 7-4 中所列的时间约束迁移等价类后，可根据第 3 章介绍的方法构造测试场景树（见附录 4）。限于篇幅，本节仅对几个典型状态迁移的测试场景树进行分析，并完成测试序列生成工作。

选取的典型（展平后）测试场景树举例如下：

TST01：$S_0 \rightarrow S_1 \rightarrow S_{18} \rightarrow S_{19}$

TST02：$S_0 \rightarrow S_1 \rightarrow S_2 \rightarrow S_3 \rightarrow S_{17} \rightarrow S_{19}$

TST03：$S_0 \rightarrow S_1 \rightarrow S_2 \rightarrow S_3 \rightarrow S_4 \rightarrow S_5 \rightarrow S_7 \rightarrow S_9 \rightarrow S_{11} \rightarrow S_{19}$

TST04：$S_0 \rightarrow S_1 \rightarrow S_2 \rightarrow S_3 \rightarrow S_4 \rightarrow S_5 \rightarrow S_7 \rightarrow S_9 \rightarrow S_{10} \rightarrow S_9 \rightarrow S_{11} \rightarrow S_{19}$

由测试序列生成方法可知，RT-EFSM 中的每次状态迁移均对应若干个时间约束迁移等价类，可用扩展测试序列 US_{ex} 的集合来表示。由 US_{ex} 的定义，可根据上述测试场景树生成相应的测试序列，如下所示：

表 7-4　I/GNS 的时间约束迁移等价类列表（部分）

源状态	目标状态	约束 C 变量约束	时间约束	输入信息（?I）输入变量	输入动作	输出变量	输出信息（IO）输出动作
S_0	S_1	IGNS.WOW==1	gt<=5ms	IGNS.APP	NONE	DCMP. INDC_00_00	SendDataValue(IGNS,DCIN_00_00, DCMP,INDC_00_00,1553B)
S_1	S_2	IGNS.WOW==1; INDT_01_00.IN_052>=8.0	gt<=40ms; lt<=20ms	IGNS.DCIN_01_00	GetDataValue(DTE, INDT_01_00,1553B); SendDataValue(0x4310, IGNS,DCIN_01_00)	DCMP. INDC_01_00	SendDataValue(IGNS,DCIN_01_00, DCMP,INDC_01_00,1553B)
S_1	S_{18}	IGNS.WOW==1; DCMP.INDC_00_00.VALID==1	gt>40ms	IGNS.DTIN_01_00	SendDataValue(0x3310, IGNS,DTIN_01_00)	IGNS. DTIN_01_00. VALID=1	NONE
S_2	S_3	IGNS.WOW==0; DCMP.INDC_00_00.VALID==1	gt>40ms	IGNS.DCIN_01_00	SendDataValue(0x4010, IGNS,DCIN_01_00)	DCMP. INDC_01_00	SendDataValue(IGNS,DCIN_01_00, DCMP,INDC_01_00,1553B)
S_3	S_4	IGNS.WOW==0; INDT_01_00.IN_052>=7.0	gt>70ms	IGNS.DCIN_00_00	GetDataValue(DTE, INDT_01_00,1553B); SendDataValue(0x21D0, IGNS,DCIN_00_00)	DTE.INDT_01_00. IN_052=7.0;	SendDataValue(IGNS,DCIN_00_00, DCMP,INDC_00_00,1553B); SendDataValue(IGNS,ADIN_00_00, CADC,INAD_00_00,DI)
S_3	S_{15}	IGNS.WOW==0;	gt>70ms	IGNS.DCIN_00_00	SendDataValue(0x23D0, IGNS,DCIN_00_00)	DCMP. INDC_19_00= 0x3500	SendDataValue(IGNS,DCIN_00_00, DCMP,INDC_09_00,1553B)
S_3	S_{17}	IGNS.WOW==1;	gt>25ms	IGNS.DCIN_00_00	SendDataValue(0x6122, IGNS,DCIN_00_00)	DCMP. INDC_00_00	SendDataValue(IGNS,DCIN_00_00, DCMP,INDC_00_00,1553B)
S_4	S_5	IGNS.WOW==0; INDT_01_00.IN_052<=7.0	gt>150ms; lt<=100ms	IGNS.DCIN_00_00 IGNS.DCIN_01_04	GetDataValue(DTE, INDT_01_00,1553B); SendDataValue(0x25D0, IGNS,DCIN_00_00);	DTE.INDT_01_00. IN_052=6.0; DCMP. INDC_00_00;	SendDataValue(IGNS,DCIN_00_00, DCMP,INDC_00_00,1553B)
S_4	S_6	IGNS.WOW==0; INDT_01_00.IN_052<=7.0	gt>150ms; lt<=100ms	IGNS.DCIN_00_00	GetDataValue(DTE, INDT_01_00,1553B); SendDataValue(0x25D0, IGNS,DCIN_00_00);	DTE.INDT_01_00. IN_052=6.0; IGNS. INLP_01_00	SendDataValue(IGNS,DCIN_00_00, DCMP,INDC_00_00,1553B)
S_{10}	S_9	IGNS.WOW==0; INDT_01_00.IN_052<=4.0	gt>150ms; lt<=100ms	IGNS.DCIN_00_00	GetDataValue(DTE, INDT_01_00,1553B); SendDataValue(0x2305, IGNS,DCIN_00_00);	DCMP. INDC_00_00; IGNS. INLP_01_00	SendDataValue(IGNS,DCIN_00_00, DCMP,INDC_00_00,1553B)
S_{14}	S_{19}	NONE	NONE	IGNS.DCIN_00_00	SendDataValue(0x9910, IGNS,DCIN_00_00);	DTE.INDT_03_00	SendDataValue(IGNS,DTIN_03_00, DTE,INDT_03_00,1553B)

$US_{ex}01$：

$\{(S_0 \rightarrow S_1)\_<tCnd_{0 \rightarrow 1}, vCnd_{0 \rightarrow 1}>\_?<ivVle_{0 \rightarrow 1}, iAct_{0 \rightarrow 1}>\_!<ovVle_{0 \rightarrow 1}, oAct>_{0 \rightarrow 1}\} \cup$

$\{(S_1 \rightarrow S_{18})\_<tCnd_{1 \rightarrow 18}, vCnd_{1 \rightarrow 18}>\_?<ivVle_{1 \rightarrow 18}, iAct_{1 \rightarrow 18}>\_!<ovVle_{1 \rightarrow 18}, oAct>_{1 \rightarrow 18}\} \cup$

$\{(S_{18} \rightarrow S_{19})\_<tCnd_{18 \rightarrow 19}, vCnd_{18 \rightarrow 19}>\_?<ivVle_{18 \rightarrow 19}, iAct_{18 \rightarrow 19}>\_!<ovVle_{18 \rightarrow 19}, oAct>_{18 \rightarrow 19}\}$

$US_{ex}02$：

$\{(S_0 \rightarrow S_1)\_<tCnd_{0 \rightarrow 1}, vCnd_{0 \rightarrow 1}>\_?<ivVle_{0 \rightarrow 1}, iAct_{0 \rightarrow 1}>\_!<ovVle_{0 \rightarrow 1}, oAct>_{0 \rightarrow 1}\} \cup$

$\{(S_1 \rightarrow S_2)\_<tCnd_{1 \rightarrow 2}, vCnd_{1 \rightarrow 2}>\_?<ivVle_{1 \rightarrow 2}, iAct_{1 \rightarrow 2}>\_!<ovVle_{1 \rightarrow 2}, oAct>_{1 \rightarrow 2}\} \cup$

$\{(S_2 \rightarrow S_3)\_<tCnd_{2 \rightarrow 3}, vCnd_{2 \rightarrow 3}>\_?<ivVle_{2 \rightarrow 3}, iAct_{2 \rightarrow 3}>\_!<ovVle_{2 \rightarrow 3}, oAct>_{2 \rightarrow 3}\} \cup$

$\{(S_3 \rightarrow S_{17})\_<tCnd_{3 \rightarrow 17}, vCnd_{3 \rightarrow 17}>\_?<ivVle_{3 \rightarrow 17}, iAct_{3 \rightarrow 17}>\_!<ovVle_{3 \rightarrow 17}, oAct>_{3 \rightarrow 17}\} \cup$

$\{(S_{17} \rightarrow S_{19})\_<tCnd_{17 \rightarrow 19}, vCnd_{17 \rightarrow 19}>\_?<ivVle_{17 \rightarrow 19}, iAct_{17 \rightarrow 19}>\_!<ovVle_{17 \rightarrow 19}, oAct>_{17 \rightarrow 19}\}$

$US_{ex}03$：

$\{(S_0 \rightarrow S_1)\_<tCnd_{0 \rightarrow 1}, vCnd_{0 \rightarrow 1}>\_?<ivVle_{0 \rightarrow 1}, iAct_{0 \rightarrow 1}>\_!<ovVle_{0 \rightarrow 1}, oAct>_{0 \rightarrow 1}\} \cup$

$\{(S_1 \rightarrow S_2)\_<tCnd_{1 \rightarrow 2}, vCnd_{1 \rightarrow 2}>\_?<ivVle_{1 \rightarrow 2}, iAct_{1 \rightarrow 2}>\_!<ovVle_{1 \rightarrow 2}, oAct>_{1 \rightarrow 2}\} \cup$

$\{(S_2 \rightarrow S_3)\_<tCnd_{2 \rightarrow 3}, vCnd_{2 \rightarrow 3}>\_?<ivVle_{2 \rightarrow 3}, iAct_{2 \rightarrow 3}>\_!<ovVle_{2 \rightarrow 3}, oAct>_{2 \rightarrow 3}\} \cup$

$\{(S_3 \rightarrow S_4)\_<tCnd_{3 \rightarrow 4}, vCnd_{3 \rightarrow 4}>\_?<ivVle_{3 \rightarrow 4}, iAct_{3 \rightarrow 4}>\_!<ovVle_{3 \rightarrow 4}, oAct>_{3 \rightarrow 4}\} \cup$

$\{(S_4 \rightarrow S_5)\_<tCnd_{4 \rightarrow 5}, vCnd_{4 \rightarrow 5}>\_?<ivVle_{4 \rightarrow 5}, iAct_{4 \rightarrow 5}>\_!<ovVle_{4 \rightarrow 5}, oAct>_{4 \rightarrow 5}\} \cup$

$\{(S_5 \rightarrow S_7)\_<tCnd_{5 \rightarrow 7}, vCnd_{5 \rightarrow 7}>\_?<ivVle_{5 \rightarrow 7}, iAct_{5 \rightarrow 7}>\_!<ovVle_{5 \rightarrow 7}, oAct>_{5 \rightarrow 7}\} \cup$

$\{(S_7 \rightarrow S_9)\_<tCnd_{7 \rightarrow 9}, vCnd_{7 \rightarrow 9}>\_?<ivVle_{7 \rightarrow 9}, iAct_{7 \rightarrow 9}>\_!<ovVle_{7 \rightarrow 9}, oAct>_{7 \rightarrow 9}\} \cup$

$\{(S_9 \rightarrow S_{11})\_<tCnd_{9 \rightarrow 11}, vCnd_{9 \rightarrow 11}>\_?<ivVle_{9 \rightarrow 11}, iAct_{9 \rightarrow 11}>\_!<ovVle_{9 \rightarrow 11}, oAct>_{9 \rightarrow 11}\} \cup$

$\{(S_{11} \rightarrow S_{19})\_<tCnd_{11 \rightarrow 19}, vCnd_{11 \rightarrow 19}>\_?<ivVle_{11 \rightarrow 19}, iAct_{11 \rightarrow 19}>\_!<ovVle_{11 \rightarrow 19}, oAct>_{11 \rightarrow 19}\}$

$US_{ex}04$：

$\{(S_0 \rightarrow S_1)\_<tCnd_{0 \rightarrow 1}, vCnd_{0 \rightarrow 1}>\_?<ivVle_{0 \rightarrow 1}, iAct_{0 \rightarrow 1}>\_!<ovVle_{0 \rightarrow 1}, oAct>_{0 \rightarrow 1}\} \cup$

$\{(S_1 \rightarrow S_2)\_<tCnd_{1 \rightarrow 2}, vCnd_{1 \rightarrow 2}>\_?<ivVle_{1 \rightarrow 2}, iAct_{1 \rightarrow 2}>\_!<ovVle_{1 \rightarrow 2}, oAct>_{1 \rightarrow 2}\} \cup$

$\{(S_2 \rightarrow S_3)\_<tCnd_{2 \rightarrow 3}, vCnd_{2 \rightarrow 3}>\_?<ivVle_{2 \rightarrow 3}, iAct_{2 \rightarrow 3}>\_!<ovVle_{2 \rightarrow 3}, oAct>_{2 \rightarrow 3}\} \cup$

$\{(S_3 \rightarrow S_4)\_<tCnd_{3 \rightarrow 4}, vCnd_{3 \rightarrow 4}>\_?<ivVle_{3 \rightarrow 4}, iAct_{3 \rightarrow 4}>\_!<ovVle_{3 \rightarrow 4}, oAct>_{3 \rightarrow 4}\} \cup$

$\{(S_4 \rightarrow S_5)\_<tCnd_{4 \rightarrow 5}, vCnd_{4 \rightarrow 5}>\_?<ivVle_{4 \rightarrow 5}, iAct_{4 \rightarrow 5}>\_!<ovVle_{4 \rightarrow 5}, oAct>_{4 \rightarrow 5}\} \cup$

$\{(S_5 \rightarrow S_7)\_<tCnd_{5 \rightarrow 7}, vCnd_{5 \rightarrow 7}>\_?<ivVle_{5 \rightarrow 7}, iAct_{5 \rightarrow 7}>\_!<ovVle_{5 \rightarrow 7}, oAct>_{5 \rightarrow 7}\} \cup$

$\{(S_7 \rightarrow S_9)\_<tCnd_{7 \rightarrow 9}, vCnd_{7 \rightarrow 9}>\_?<ivVle_{7 \rightarrow 9}, iAct_{7 \rightarrow 9}>\_!<ovVle_{7 \rightarrow 9}, oAct>_{7 \rightarrow 9}\} \cup$

$\{(S_9 \rightarrow S_{10})\_<tCnd_{9 \rightarrow 10}, vCnd_{9 \rightarrow 10}>\_?<ivVle_{9 \rightarrow 10}, iAct_{9 \rightarrow 10}>\_!<ovVle_{9 \rightarrow 10}, oAct>_{9 \rightarrow 10}\} \cup$

$\{(S_{10} \rightarrow S_9)\_<tCnd_{10 \rightarrow 9}, vCnd_{10 \rightarrow 9}>\_?<ivVle_{10 \rightarrow 9}, iAct_{10 \rightarrow 9}>\_!<ovVle_{10 \rightarrow 9}, oAct>_{10 \rightarrow 9}\} \cup$

$\{(S_9 \rightarrow S_{11})\_<tCnd_{9 \rightarrow 11}, vCnd_{9 \rightarrow 11}>\_?<ivVle_{9 \rightarrow 11}, iAct_{9 \rightarrow 11}>\_!<ovVle_{9 \rightarrow 11}, oAct>_{9 \rightarrow 11}\} \cup$

$\{(S_{11} \rightarrow S_{19})\_<tCnd_{11 \rightarrow 19}, vCnd_{11 \rightarrow 19}>\_?<ivVle_{11 \rightarrow 19}, iAct_{11 \rightarrow 19}>\_!<ovVle_{11 \rightarrow 19}, oAct>_{11 \rightarrow 19}\}$

在生成测试序列的基础上，根据第 4 章给出的测试用例生成方法，可生成基于状态、基于迁移覆盖准则、基于全谓词覆盖准则、基于转换对覆盖准则和基于时间条件覆盖准则的测试用例。此外，根据黑盒测试的不同方法，也可以生成正常功能测试用例、异常测试用例、边界测试用例、性能测试用例、接口测试用例、恢复性测试用例、强度测试用例等测试类型（具体方法见第 3 章）。限于篇幅，本书仅给出两个上述测试序列对应的测试用例，如下所示：

TestCase01：

$\{(S_0 \rightarrow S_1)\_<(IGNS.WOW==1)\&\&(gt<=5)>\_?<IGNS.APP=1>$

$\_!<SendDataValue(IGNS,DCIN\_00\_00,DCMP,INDC\_00\_00,1553B)>\} \cup$

$\{(S_1 \rightarrow S_{18})\_<(IGNS.WOW==1)\&\&(DCMP.INDC\_00\_00.VALID==1)\&\&(gt>=40)>$

$\_?<IGNS.DTIN\_01\_00,SendDataValue(0x3310,IGNS,DTIN\_01\_00)>$

$\_!<(IGNS. DTIN\_01\_00.VALID=1),(NONE)>\} \cup$

$\{(S_{18} \rightarrow S_{19})\_[NONE]\_?<(IGNS.DCIN\_00\_00),SendDataValue(0x9910,IGNS,DCIN\_00\_00)>$

$\_!<(DTE.INDT\_03\_00),(SendDataValue(IGNS,DTIN\_03\_00,DTE,INDT\_03\_00,1553B))>\}$

TestCase02：

$\{(S_0 \rightarrow S_1)\_<(IGNS.WOW==1)\&\&(gt<=5)>\_?<IGNS.APP=1>$

$\_!<SendDataValue(IGNS,DCIN\_00\_00,DCMP,INDC\_00\_00,1553B)>\} \cup$

$\{(S_1 \rightarrow S_2)\_<(IGNS.WOW==1)\&\&(INDT\_01\_00.IN\_052>=8.0),(gt<=40ms)\&\&(lt<=20ms)>$

$\_?<IGNS.DCIN\_01\_00,(GetDataValue(DTE, INDT\_01\_00,1553B);SendDataValue(0x4$
$310,IGNS,DCIN\_01\_00))>\_!<DCMP. INDC\_01\_00,SendDataValue(IGNS,DCIN\_01\_00,DCMP,$
$INDC\_01\_00,1553B)>\}$

$\{(S_2 \rightarrow S_3)\_ <(IGNS.WOW==0)\&\&(DCMP.INDC\_00\_00.VALID==1),gt>40ms>$

$\_?<IGNS.DCIN\_01\_00,SendDataValue(0x4010,IGNS,DCIN\_01\_00)>$

$\_!<DCMP. INDC\_01\_00,SendDataValue(IGNS,DCIN\_01\_00,DCMP,INDC\_01\_00,1553B)>\} \cup$

$\{(S_3 \rightarrow S_{17})\_ <IGNS.DCIN\_00\_00,SendDataValue(0x6122,IGNS,DCIN\_00\_00)>$

$\_?<IGNS.DCIN\_00\_00,SendDataValue(0x6122,IGNS,DCIN\_00\_00)>$

$\_!<DCMP. INDC\_00\_00,SendDataValue(IGNS,DCIN\_00\_00,DCMP,INDC\_00\_00,1553B)>\} \cup$

$\{(S_{17} \rightarrow S_{19})\_<NONE>\_?<IGNS.DCIN\_00\_00,SendDataValue(0x9010,IGNS,DC$
$IN\_00\_00)>$

$\_!<DTE.INDT\_03\_00,SendDataValue(IGNS,DTIN\_03\_00,DTE,INDT\_03\_00,1553B)>\}$

在基于测试场景树的测试用例生成后，可根据第 3 章的方法将所生成的测试用例用 XML 文件存储，进而对 XML 文件内容进行解析，并根据 RT-ESTDL 的文法规则将 XML 文件转换为对应的测试描述。表 7-5 给出了典型测试用例的 RT-ESTDL 文件内容。

表 7-5　I/GNS 典型测试用例的 RT-ESTDL 描述

```
#include "testConfig.tdf"
using "RT-ESTDL.mdl"
using "aviiodatavar.mdl"
using "aviiolink.mdl"
using "1553bBlock.mdl"
using "igns.mdl"
using "sms.mdl"
using "dcmp.mdl"
...
procedure  IGNSTestCase03 ()
{
    var gt;    // 用于记录全局时钟
    var lt;    // 用于记录局部时钟
    // 设备生成
    IGNSMDL IGNS;
    DCMPMDL DCMP;
    ...

//S0->S1，进入 BIT 自检测
    IGNS.APP =1; //IGNS 加电
    gt= GetCurTestTime();
    if((IGNS.WOW==1)&&(gt<=5))   // 时间约束 5ms，且轮载信号为 1（在地面）
        SendDataValue(IGNS,DCIN_00_00,DCMP,INDC_00_00,1553B);   // 进行 BIT 自检测
    GetDataValue(DTE, INDT_01_00,1553B);    // 获取 DTE 导航精度数据
//S1->S2，进入流程控制，飞机起飞
    if(INDT_01_00.IN_052>=8.0){
        IGNS.DCIN_01_00=0x2010;
        SendDataValue(0x4310,IGNS,DCIN_01_00);   // 进入流程控制，飞机起飞
        lt= GetCurTestTime()-gt;   // 计算状态迁移的局部时钟
        if(lt<=20)
            print("\r\n--->>>IGNS enter process control!---<<\r\n");   // 屏幕打印
    }
    else
            print("\r\n--->>>NAV accuracy failure!---<<\r\n");   // 导航精度未达到要求
//S2->S3，进入 ATT-Init
while(gt>40){   // 获取系统时钟，直至满足 40ms
    gt= GetCurTestTime();
    if (IGNS.WOW==0)&&DCMP.INDC_00_00.VALID==1)){ // 飞机进入空中，且姿态离散信号有效
        IGNS.DCIN_01_00= 0x4010; // 发送显控命令
        break;
    }
}
```

（续）

```
                    wait(20);
                    SendDataValue(IGNS,DCIN_01_00,DCMP,INDC_01_00,1553B); //60msATT-Init 完成，刷新显控
   // 正常罗经对准
   while(gt>70){   // 获取系统时钟，直至满足 70ms，ATT-Init 及显控刷新完成
        gt= GetCurTestTime();
   GetDataValue(DTE, INDT_01_00,1553B);  // 获取导航精度
   if(INDT_01_00.IN_052>=8.0){
                    IGNS.DCIN_00_00=0x21D0; // 发送罗经对准指令
                    DTE.INDT_01_00.IN_052==7.0; // 设置导航精度
                    SendDataValue(IGNS,DCIN_00_00,DCMP,INDC_00_00,1553B); // 显控刷新
                    SendDataValue(IGNS,ADIN_00_00,CADC,INAD_00_00,DI); // 置大气数据计算机航向参数有效
   }
   break;
   // 进行输入航向对准
   while(gt>150){   // 获取系统时钟，直至满足 150ms
        gt= GetCurTestTime();
        GetDataValue(DTE, INDT_01_00,1553B);  // 获取导航精度
        if(INDT_01_00.IN_052<=7.0){
            IGNS.DCIN_00_00=0x25D0; // 发送输入航向对准指令
            DTE.INDT_01_00.IN_052==6.0;
            SendDataValue(IGNS,DCIN_00_00,DCMP,INDC_00_00,1553B);
            SendDataValue(DET,INDT_01_00,IGNS,DIIN_00_00,1553B); // 显示航向值
        }
    break;
   }
...
// 组合导航
   IGNS.DCIN_01_00=0x2305; // 进入组合导航
   GetDataValue(DCMP, INDC_01_00,1553B);
...
// 进入飞行结束状态
   while((IGNS.DTIN_00_00.STATUS_IN &&0x0800 != 1)){
       DTE.INDT_03_00 = 0x8120; // 进入 EOF 工作模式
       print("\r\n--->>>IGNS enter EOF mode!---<<\r\n");
       return; // 飞行结束
   }
}
```

7.5 测试执行及结果分析

根据以上分析，本次实例验证从正常功能、异常、性能、边界、接口、强度、安全性、恢复性、数据处理等方面对 I/GNS 的全部功能和性能进行了测试，共生成测试用例（测试描述）412 个（用例分布情况见图 7-6）。

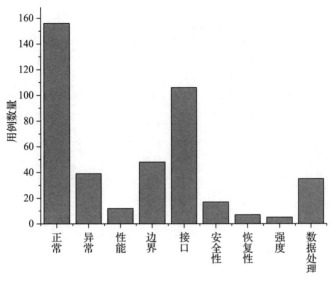

图 7-6　I/GNS 软件测试用例统计

在测试用例（测试描述）的基础上，将生成的测试描述施加于 RT-ESSTE，通过测试执行系统的实时运行，对测试过程中的系统异常情况进行记录。经过分析，确认软件缺陷共计 46 个，含功能缺失、功能实现错误、时序错误及逻辑错误等各类缺陷。最后，结合对软件缺陷的分析（见表 7-6），形成 I/GNS 软件测试报告。

表 7-6　I/GNS 典型软件缺陷分析

软件缺陷描述	相关状态	潜在影响分析
姿态状态，I/GNS 子模式 ATT 早报 10 秒	姿态状态	时序错误，在早报时间 10s 内若触发其他指令，可能导致系统时序紊乱，影响飞行安全
正常罗经对准状态转存储航向对准状态，迁移时间要求 <=100ms，实际迁移时间为 120ms	正常罗经对准状态，存储航向对准状态	时序错误，可能导致系统时序紊乱，影响飞行安全
组合导航状态下，发生恒压源故障时，系统转 GPS 导航，航姿、航向置为有效（正确处理应置航姿、航向无效）	组合导航状态，GPS 导航状态	系统功能实现错误，可能影响飞行员判断，做出错误指令，影响飞行安全
正常罗经对准过程中，导航精度未显示 8.0，且未进行相关处理	正常罗经对准状态	功能缺失，可能导致对准流程失败
在正常罗经对准未完成时，接到多次转导航的命令，系统自动转入导航状态	正常罗经对准状态，导航状态	表决器逻辑判断错误，可能导致系统状态迁移混乱，进入未知处理流程，影响飞行安全
接收数据状态下，对所接收数据的误差修正处理存在逻辑判断错误	接收数据状态	逻辑判断错误，导致接收到错误数据，无法完成后续流程

（续）

软件缺陷描述	相关状态	潜在影响分析
地面正常罗经对准过程中，装订海拔高度为 +32778m，系统返回装订结果为 −32768m	正常罗经对准状态	缺少对异常数据的保护，导致对准流程失败
输入航向对准状态中，无法输入负值的航向	输入航向对准状态	功能缺失，导致输入航向对准流程失败
地面维护状态下，俯仰、横滚等数值超出额定范围，仍然接收装订	地面维护状态	缺少对异常数据的保护，导致地面维护失败
BIT 自检测状态下，软件对壳体欠温故障不报警	BIT 自检测状态	功能缺失，导致 BIT 自检测存在隐患，影响飞行安全
在地面维护状态未完成的情况下，接到新的状态转换命令（如转 ATT），系统响应	地面维护状态	逻辑判断错误，导致系统状态迁移混乱，进入未知处理流程
地面正常罗经对准过程中，系统可接受装订高度为 −470m	正常罗经对准状态	系统对异常装订数据缺少安全性保护，影响飞行安全

7.6　本章小结

　　本章结合典型实时嵌入式软件——惯性 / 卫星组合导航系统软件的测试过程，系统地运用了本书前面几章提出的技术和方法，具体包括：完成针对被测系统的功能和性能分析；采用实时扩展 UML 完成静态和动态建模；完成时间约束迁移等价类的设计；生成测试序列、测试用例和测试描述；最终将所得到的测试用例施加于系统测试环境；通过测试运行，发现时序错误、功能实现错误、逻辑错误等各类软件缺陷。通过工程实例，充分验证了本书提出的技术和方法的正确性和有效性。

附录 1
数学符号索引

本书中用到的数学符号如附表 1-1 所示。

附表 1-1　数学符号索引

数学符号	描　述
S^*	RT-EFSM 模型非空有限状态的集合
S_0	RT-EFSM 模型初始状态
I	RT-EFSM 模型输入事件集合
O	RT-EFSM 模型输出事件集合
T	RT-EFSM 模型非空状态迁移的集合
V	RT-EFSM 模型输入变量集合
E	RT-EFSM 模型连接有向边的集合
L	RT-EFSM 模型的全局时钟
Head(t)	迁移 t 的出发状态
$I(t)$	迁移 t 的输入事件集 I 中包含的输入事件
$C(t)$	迁移 t 执行的前置条件
act	状态迁移过程中进行的操作
$O(t)$	输出事件集 O 中包含的输出事件
Tail(t)	迁移 t 的到达状态
t_S	状态迁移时间为固定值
t_F	状态迁移时间服从某种分布函数
t_I	状态迁移时间为某个时间区间
entry	状态入口，先于任何内部动作和迁移
exit	状态出口，在所有内部动作和迁移之后
iact	状态内部动作
itran	状态内部迁移
iTevt	状态内部与时间有关的事件集合
lt	状态内部的局部时钟
RT-SD=(ρ, tp, θ, gt)	实时扩展 UML 状态图

（续）

数学符号	描　述
$\rho:S^* \mapsto 2^{S^*}$	实时扩展 UML 状态图的状态精化函数
$\text{tp}:S^* \mapsto \{\text{smp, AND, OR, psdo}\}$	实时扩展 UML 状态图的状态类型函数
$\text{tp}(s)=\text{smp}$	实时扩展 UML 状态图的状态 s 为简单状态，且 $\rho(s)\neq\varnothing$
$\text{tp}(s)=\text{AND}$	实时扩展 UML 状态图的状态为 AND 状态
$\text{tp}(s)=\text{OR}$	实时扩展 UML 状态图的状态为 OR 状态
$\text{tp}(s)=\text{psdo}$	实时扩展 UML 状态图的状态为伪状态
$\theta:S^* \mapsto 2^{S^*}$	实时扩展 UML 状态图的状态缺省函数
gt	实时扩展 UML 状态图的全局时钟
root	实时扩展 UML 状态图的根节点状态
$\text{src}:T \mapsto S^*$	实时扩展 UML 状态图中状态迁移的源状态
$\text{evt}:T \mapsto \text{evt}$	实时扩展 UML 状态图中状态迁移的触发事件
$\text{grd}:T \mapsto \text{grd}$	实时扩展 UML 状态图中状态迁移的监护条件
$\text{act}:T \mapsto \text{act}$	实时扩展 UML 状态图中状态迁移的动作
$\text{trgt}:T \mapsto S^*$	实时扩展 UML 状态图中状态迁移的目标状态
$\pi:S^* \mapsto S^*$	实时扩展 UML 状态图的特定状态的父状态
$S_1 \xrightarrow{\text{evt[grd]/act}} S_2$	实时扩展 UML 状态图的状态迁移
$\text{conf}:S \mapsto 2^{S^*}$	实时扩展 UML 状态图的状态格局函数
$\text{actv}:S^* \mapsto \{\text{TRUE, FALSE}\}$	实时扩展 UML 状态图的状态活跃函数
$\text{enb}:CT \mapsto \{\text{TRUE, FALSE}\}$	实时扩展 UML 状态图的状态使能函数
$\text{conflict}(t_i, t_j, c)$	实时扩展 UML 状态图的状态冲突函数
$\text{prior}(t_i, t_j)$	实时扩展 UML 状态图的状态迁移优先级
$t_i \leftrightarrow t_j$	实时扩展 UML 状态图的状态连接
$t=t_i \otimes t_j$	实时扩展 UML 状态图的状态分解
$\{C_1, C_2, \cdots, C_k\}$	时间约束 ω 在系统时间上的时间区域划分
$\{(S_{\text{src}} \rightarrow S_{\text{trgt}})\_[C]\_?I\_!O\}$	时间约束迁移等价类
S_{src}	时间约束迁移等价类的源状态
S_{trgt}	时间约束迁移等价类的目标状态
$C=<\text{tCnd, vCnd}>$	时间约束迁移等价类迁移发生的监护条件
$?$	时间约束迁移等价类的输入
$I=<\text{ivVle, iAct}>$	时间约束迁移等价类的输入的变量及操作
$!$	时间约束迁移等价类的输出
$O=<\text{ovVle, oAct}>$	时间约束迁移等价类的输出的变量及操作
$<\text{timeCTEC}_1 \cup \cdots \cup \text{timeCTEC}_i \cup \cdots>$	扩展的测试序列

附录 2
RT-ESTDL 语义及用法

1. 词法规则

（1）空白和注释

在 RT-ESTDL 中，空白符在程序中用来分隔相邻的标识符、关键字及常量等，主要包括空格、制表符、换行符、换页符和注释。

在 RT-ESTDL 中，注释可出现在任意两个单词（token）之间，支持如下两种形式的注释语句：

❑ C 语言风格的注释，如 /* @hello word! */，支持多行注释。

❑ C++ 语言风格的注释，即以 // 开头的单行注释。

（2）标识符

在 RT-ESTDL 中，标识符由字母和数字组成，且要求如下：首字符必须为字母，下划线也被当作字母，大小写敏感，标识符可为任意长度。

（3）关键字

RT-ESTDL 的关键字如下：

var	const	procedure	include	using	equipment	static
string	array	object	function	resource	if	else
switch	for	do	while	break	continue	return
case	default	new	bool	int	float	complex
vec2	vec3	vec4	mat2	mat3	mat4	

（4）数字常量

整数常量是由一串数字序列组成。如果它以 0 开始，则为八进制数，否则就是十进制数；若以 0x 和 0X 开始，则为十六进制数。

浮点常量包含整数部分、小数点和小数部分、一个 e 或 E，以及可选的有符号整数类型的指数。整数和小数部分均由数字序列组成，可没有整数部分或小数部分（但不可二者同时没有）。例如：

```
const var x=20;
```

（5）字符串常量

字符串常量是由双引号括起来的一个字符序列，如 "…"。

const 语句支持字符串常量 string，且仅当为常量时才支持，如：

```
const string str="myString"; // 正确
string s="myString";         // 错误，不支持 string 类型的变量
```

此外，字符串常量可以包含除换行符外的所有字符。插入特殊字符的方法包括：

❑ \n，插入换行符；

❑ \t，插入横向制表符；

❑ \"，插入双引号；

❑ \\，插入反斜杠。

2. 表达式的值

在 RT-ESTDL 中，值是表达式的结果，可被存储在变量中，并可被当作参数传递给函数或过程，或当作函数或过程的返回值。例如：

```
var pi;
pi=1+1/1.0+1/2.0+1/3.0+1/4.0+1/5.0+1/6.0+1/7.0;
```

RT-ESTDL 中表达式支持的运算符及其结合性参见下文。

（1）类型检查

每个值都有一个类型，所有的类型检查都是在运行时执行的。在 RT-ESTDL 中不存在编译期的类型声明和类型检查，任意变量可以指代任意类型的值。

（2）补充说明

关于 RT-ESTDL 中值的补充说明如附表 2-1 所示。

附表 2-1　RT-ESTDL 中值的补充说明

类　别	具体说明
零值	内建常量 null 表示一个特殊的值，它没有类型，并且与其他所有值均不同。它代表任何值的不正常状态，如变量未初始化
简单值	通过拷贝赋值，即每个变量引用唯一的独立内存拷贝。 共有 11 种简单值类型：布尔值（bool），整数（int），浮点数（float），字符串（string），复数（complex），向量容器（vec2, vec3, vec4），矩阵容器（mat2, mat3, mat4）。 其中，布尔值被看作一个独立的类型，只接受两个内建常量值 true 和 false。字符串被看作原子常量值，字符串中的单个字符不能被直接访问和更改。复数、向量容器和矩阵容器被称作复合值

（续）

类　别	具体说明
其他值	通过引用赋值，包括： • 可变值：数组（array）和对象（object）。数组可以存储一系列相同类型的值，对象包含一些成员和方法。 • 不可变值：函数（function）和资源（resource）。函数是可以被调用的值，当一个函数被调用时，参数被传递给它，它将返回一个结果。资源代表内建函数可以处理的资源，例如文件、显示设备等

3. 操作符

所有的操作符如附表 2-2 所示，操作符按优先级从高到低排列，同组优先级不区分前后，根据结合律方向判断。

附表 2-2　RT-ESTDL 操作符的结合律

操作符	含　义	结合律	操作符	含　义	结合律
::	名字域判定	—	+	加 / 字符串连接	左
.	复合成员访问	左	-	减	左
[]	元素访问	左	<	小于	—
->	对象成员访问	左	<=	小于等于	—
()	函数调用	左	>	大于	—
<>	组合	—	>=	大于等于	—
new	对象 / 数组构造	—	= =	同一性相等	—
++	前 / 后缀自增	—	!=	同一性不等于	—
--	前 / 后缀自减	—	&	按位与	左
^	幂	—	|	按位或	左
!	逻辑非	右	&&	逻辑与	左
~	按位非	右	||	逻辑或	左
+	正数	右	?:	条件表达式	—
-	负数	右	=	赋值	右
*	乘	左	%	取模	左
/	除	左	^	求幂	右

（1）名字域判定

在 RT-ESTDL 全局过程中，符号（symbol）的名字空间仅允许查找全局和内建符号。名字空间判定操作符 "::" 有两种处理方式：

❑ <equipment >::<symbol> 表示符号被处理为在该指定设备中，特殊的标识符 "super" 用来指代其父设备。

❑ ::<symbol> 表示该符号被处理为全局或内建名字空间。

（2）操作符说明

RT-ESTDL 操作符的用法说明如附表 2-3 所示。

附表 2-3　RT-ESTDL 操作符的用法说明

类　别	用　法	具体说明
复合类型成员访问	<combined_exp> . <component>	成员访问操作符 "." 允许读写复合值的一个成员
数组元素访问	<array_exp> [<index_exp>]	数组元素访问操作符 "[ ]" 允许读写数组的一个成员
对象成员访问	<object_exp> -> <member_id>	成员访问操作符 "->" 允许读写一个对象的成员变量
自增和自减	var++; ++var; var--; --var	完成自增和自减功能，同样可以应用于数组元素或对象成员
算术运算符	var1+var2; var1-var2; var1*var2; var1/var2; var1%var2 // 取模 var1^var2 // 求幂	需要注意：相同大小的向量和矩阵可加减；向量和矩阵也可乘除一个浮点数；向量和矩阵之间如果大小匹配，可进行乘除运算；+ 运算符可用来连接两个字符串值；运算符 + 和 - 也可作为一元运算符，代表正或负

比较运算符	var1>var2;
	var1>=var2;
	var1<var2;
	var1<=var2;
	if(var1==var2)…
	if(var1!=var2)…
		需要注意：关系比较运算符除可被用于比较两个整数或浮点数外，也可按字典顺序比较两个字符串；同一性比较运算符 == 和 != 的计算结果为布尔值 true 或者 false

位操作符	略	包括位与（&）、位或（|）和位非（~）。操作数必须为整数值，结果仍为一个整数值
逻辑操作符	略	包括逻辑与（&&）、逻辑或（||）和逻辑非（!）。逻辑操作符的操作数必须为布尔值，结果也为布尔值
赋值操作符	略	可完成变量、对象成员、数组元素或复合值的赋值
条件操作符	<condition_exp> ? <true_exp> : <false_exp>	条件操作符求解第一个表达式的布尔值，如果值为 true，则第二个表达式会被求解并返回其值，否则第三个表达式会求解并返回其值
组合操作符	<<component_exp>,…; <component_exp>,…;…>	创建一个向量或矩阵
数组构造操作	new <type> [<size_exp>]; new <type> [[<size_const>]] { <init_exp>, … }	创建一个给定类型和大小的数组
对象或设备模型构造	new <device> ([<arg_exp>, …])	创建指定设备类型的实例化，并利用给定的参数初始化成员，调用构造函数

4. 声明

可将 RT-ESTDL 语句看作由常量、全局变量、过程或对象组成，语句经过编译，产生中间指令序列。RT-ESTDL 语句包含预包含和声明语句。一个文件可包含其他文件，被包含文件的内容在 include 处处理。每个文件中所有被声明的符号在编译测试描述语句的名字空间中是全局可见的。

常量、变量、过程和类的声明在过程体和变量初始化之前被处理，允许过程或初始化访问在其后声明的符号。

测试描述语句被编译后，全局和静态变量即完成初始化（初始化的顺序与声明的顺序相同）。

RT-ESTDL 语句中预包含、常量、变量、函数、过程的用法见附表 2-4。

附表 2-4　RT-ESTDL 预包含、常量、过程等的用法

类　别	用　法	具体说明
预包含	#include "filename.tdf" #using "modefile.mdl"	预包含由关键字 include 或 using 开始，由分号结束。可出现在文件中除声明体以外的任何位置。 include 预编译使编译器读取另外一个文件的内容。每个文件仅读取一次，若重复包含，冗余的包含将被忽略。 using 预编译表明需要提供相应的模型文件来编译。如果模型未定义，编译器将抛出一个错误
常量	const \<id> = \<value> , … ;	常量是一个含有值的符号，并且只能为简单类型。常量值可以为数字、字符串常量或编译器可以求解的表达式，已定义常量和内建常量可以用来定义新常量
变量	var \<id> [= \<initializer>] , … ;	变量是一个可以指代任意类型的任意值的符号。初始化可以为任何表达式，若变量未被初始化，其初值为 null
函数	function \<id> ([\<arg>, …]) = \<expression> ;	函数是一个常量值，该值为一个函数值。一个函数最多可接受 8 个参数，调用函数即利用这些参数求解的过程，函数的调用比过程的调用效率高

过程	procedure \<id> ([\<arg>, …]){
	　　\<statements>
	}
		过程是一个代码块，可以传参，也可以带有返回值。
		过程中的局部变量不需要显式声明，当它们作为左值出现时将即时声明并赋值

设备模型	equipment \<id> [: \<virtual equipment >]
	{
	　　\<declarations>
	　　…
	}
		在 RT-ESTDL 中，实时嵌入式设备模型是一组成员、方法、静态符号的声明。
		设备模型可以继承虚拟设备模型的符号，也可以重写这些继承来的符号。每个设备模型创建一个独立的名字空间，用来容纳其中声明的符号。设备模型名要不同于全局符号和其他类名。
		成员对象用 var 关键字来声明。成员不需要显式声明，可在任意时刻为对象添加新的成员。但是成员初始化会在创建一个新实例时被自动执行。

（续）

类　别	用　法	具体说明
设备模型	equipment <id> [: <virtual equipment >] {　　<declarations>　　… }	成员函数用 function 关键字声明。 成员方法用 procedure 关键字声明。成员方法包含一个隐性指针 this，无论成员变量、成员函数或成员方法，都不能像局部变量一样直接访问，而是必须通过 this 指针访问。 静态符号需用 static 关键字声明

5. 语句

在 RT-ESTDL 中，表达式后跟一个分号是简单语句的基本形式，一系列语句可以用大括号 {} 扩起来形成一个语句块，大括号的使用并不会改变名字域的判定。RT-ESTDL 语句的用法说明见附表 2-5。

附表 2-5　RT-ESTDL 语句的用法说明

类　别	用　法	具体说明
流程控制	return [<return_exp>] ;	结束当前过程并返回 return_exp 值
	break ;	结束最内层循环或 switch 语句
	continue ;	结束最内层循环的当前交互
条件语句	if (<condition_exp>) <statement> [else <statement2>];	根据条件表达式的值完成条件判断

	switch (<condition_exp>) {
	　　case <constvalue1>: <statement1>
	　　case < constvalue2>: <statement2>
	　　...
	　　[default: <statement>]
	}
		根据条件表达式的值完成分支选择

循环语句	for([<init_exp>];[<condition_exp>];[<step_exp>])<statement>;
	while(<condition_exp>) <statement>;
	do{
	<statements> };
	while (<condition_exp>) ;
		三种循环处理方式

6. 自有库函数

RT-ESTDL 提供的自有库函数如附表 2-6 所示。

附表 2-6　RT-ESTDL 提供的自有库函数

函数名	函数原型	功　能	返回值	备　注
print	void print(…);	输出到标准显示	无	参数可为任何类型的变量或常量

（续）

函数名	函数原型	功　能	返回值	备　注
abs	int abs(int)	求整数的绝对值	计算结果	
acos	double acos(double)	计算反余弦	计算结果	
asin	double asin(double)	计算反正弦	计算结果	
atan	double atan(double)	计算反正切	计算结果	
atan2	double atan2(double x,double y)	计算 x/y 的反正切	计算结果	
cos	double cos(double)	计算余弦	计算结果	单位为弧度
cosh	double cosh(double)	计算双曲余弦	计算结果	
exp	double exp(double x)	计算 e^x	计算结果	
fabs	double fabs(double)	求浮点数的绝对值	计算结果	
floor	double floor(double x)	求不大于 x 的最大整数	计算结果	
fmod	double fmod(double,double)	求整除 x/y 的余数	计算结果	
log	double log(double)	求 $\ln x$	计算结果	
log10	double log10(double)	求 $\log_{10} x$	计算结果	
pow	double pow(double,double)	求 x^y	计算结果	
rand	int rand(void)	产生 −90 至 32767 的随机整数	计算结果	用于抽样计算
sin	double sin(double)	求正弦	计算结果	单位为弧度
sinh	double sinh(double)	求双曲正弦	计算结果	
sqrt	double sqrt(double x)	计算	计算结果	$x \geq 0$
tan	double tan(double)	求正切	计算结果	单位为弧度
tanh	double tanh(double)	求双曲正切	计算结果	
srand	void srand(int)	随机数种子	计算结果	
wait	void(int)	时间等待	无	用于测试过程中的时间等待
GetCurTestTime	long GetCurTestTime()	获取当前系统全局时钟	当前系统全局时钟	自测试开始计时，可通过调用此函数获取全局时钟
InitEqpmt	BOOL InitEqpmt(CIODATAVAR ioData, CIOLINK ioLink)	设备初始化	是否为真	用于设备仿真模型的初始化
StartEqpmt()	BOOL StartEqpmt (this-> Eqpmt_ID)	设备启动	是否为真	用于设备仿真模型的启动运行
SuspendEqpmt()	BOOL SuspendEqpmt (this-> Eqpmt_ID)	设备挂起	是否为真	使设备仿真模型的挂起等待

（续）

函数名	函数原型	功　能	返回值	备　注
RestartEqpmt()	BOOL RestartEqpmt (this-> Eqpmt_ID)	设备重启动	是否为真	用于设备仿真模型的重启动运行
StopEqpmt()	BOOL StopEqpmt (this-> Eqpmt_ID)	设备停止	是否为真	用于设备仿真模型的停止运行
AddVar()	void AddVar (CIODATAVAR ioDataVar)	设备增加接口 I/O 变量	无	
DeleteVar()	void DeleteVar (CIODATAVAR ioDataVar)	设备增加接口 I/O 变量	无	
SendDataValue()	void SendDataValue (srcEqpmt. Eqpmt_ID, srcEqpmt.srcVar，dstcEqpmtID. Eqpmt_ID dstcEqpmtID .dstVar CIOLINK iolink)	通过发送接口变量，改变目标设备模型变量	无	用于设备模型间的数据通信
SendDataValue()	void SendDataValue (var value, dstcEqpmtID. Eqpmt_ID, dstcEqpmtID .dstVar CIOLINK iolink)	通过发送数据值，改变目标设备模型变量	无	
GetDataValue ()	void GetDataValue (rcvEqpmtID, rcvVar, CIOLink ioLinkr)	获取目标设备模型变量数据	无	用于设备模型间的数据通信

附录 3
I/GNS 软件接口数据定义

I/GNS 软件接口的数据定义如附表 3-1 和附表 3-2 所示。

附表 3-1　I/GNS 接收数据清单

数据及内容		大小[①]	刷新周期（ms）	传输类型
A/ADIN/01-00	大气数据	8	100	PRD
B/DCIN/00-00	系统控制	3	—	UPE
A/DCIN/01-01	纬度修改	4	200	PRD
A/DCIN/01-02	经度修改	4	—	UPE
B/DCIN/01-03	高度修改	6	—	UPE
B/DCIN/01-04	航向修改	6	50	PRD
A/DCIN/03-00	跑道装订	4	—	UPE
A/DCIN/20-01	MFL 请求	2	—	UPE
B/DCIN/20-02	MBIT 命令	2	100	PRD
A/DCIN/20-04	存储器检查	2	—	UPE
B/DCIN/20-05	其他参数请求	3	50	PRD
B/DCIN/20-08	漂移数据请求	2	—	UPE
A/DTIN/01-00	机场数据	28	50	COND
A/DTIN/02-00	系统数据修改	4	—	PRD
B/MCIN/00-00	PUU 数据	8	—	UPE
B/MCIN/02-00	飞机侧滑角	2	50	PRD

① 数据大小单位为 WORD（16 位二进制数）。

附表 3-2　I/GNS 发送数据清单

数据及内容		大小[①]	刷新周期（ms）	传输类型
A/INLP/01-00	IN 数据	8	50	PRD
B/INPD/00-00	IN 数据	8	100	PRD

（续）

数据及内容		大小^①	刷新周期（ms）	传输类型
B/INPD/01-00	IN 数据	26	50	PRD
B/INSM/01-00	IN 数据	8	100	PRD
A/INSM/02-00	基座对准数据	20	100	PRD
A/INSM/03-00	导航数据	16	100	UPE
B/INCN/00-00	磁航向	3	50	PRD
A/INDC/00-00	系统状态	6	—	UPE
A/INDC/01-00	对准显示数据	16	200	COND
B/INDC/02-00	备份导航数据	10	50	PRD
B/INDC/03-00	显示数据	30	50	UPE
B/INDC/04-00	姿态数据	12	50	PRD
A/INDC/19-00	PFL 清单	31	—	UPE
A/INDC/20-01	MFL 状态	32	—	UPE
B/INDC/20-02	MBIT 状态	32	50	PRD
B/INDC/20-03	MFL 清单	31	—	UPE
A/INDC/20-04	存储数据	32	50	PRD
B/INDC/20-05	其他参数	30	—	UPE
B/INDC/20-08	漂移数据	30	—	UPE
A/INDC/27-00	飞行测试数据	30	100	PRD
A/INDT/01-00	对准数据	18	—	UPE
A/INDT/03-00	最大加速度	6	50	PRD
B/INDT/19-00	故障数据	32	—	UPE
B/INFC/01-00	备用数据	4	100	PRD
B/INMC/00-00	备用数据	2	100	PRD
B/INMC/01-00	备用数据	30	50	PRD
A/INMC/02-00	备用数据	10	200	PRD

① 数据大小单位为 WORD（16 位二进制数）。

附录 4

I/GNS 软件（展平）测试场景树列表

I/GNS 软件（展平）测试场景树如附表 4-1 所示。

附表 4-1　I/GNS 软件测试场景树

$S_0 \to S_1 \to S_{18} \to S_{19}$

$S_0 \to S_1 \to S_2 \to S_3 \to S_{15} \to S_{19}$

$S_0 \to S_1 \to S_2 \to S_3 \to S_{16} \to S_{19}$

$S_0 \to S_1 \to S_2 \to S_3 \to S_{17} \to S_{19}$

$S_0 \to S_1 \to S_2 \to S_3 \to S_4 \to S_5 \to S_7 \to S_9 \to S_{19}$

$S_0 \to S_1 \to S_2 \to S_3 \to S_4 \to S_5 \to S_7 \to S_9 \to S_{10} \to S_{19}$

$S_0 \to S_1 \to S_2 \to S_3 \to S_4 \to S_5 \to S_7 \to S_9 \to S_{10} \to S_9 \to S_{19}$

$S_0 \to S_1 \to S_2 \to S_3 \to S_4 \to S_5 \to S_7 \to S_9 \to S_{11} \to S_{19}$

$S_0 \to S_1 \to S_2 \to S_3 \to S_4 \to S_5 \to S_7 \to S_9 \to S_{11} \to S_{19}$

$S_0 \to S_1 \to S_2 \to S_3 \to S_4 \to S_5 \to S_7 \to S_9 \to S_{10} \to S_9 \to S_{11} \to S_{19}$

$S_0 \to S_1 \to S_2 \to S_3 \to S_4 \to S_5 \to S_7 \to S_9 \to S_{11} \to S_9 \to S_{19}$

$S_0 \to S_1 \to S_2 \to S_3 \to S_4 \to S_5 \to S_7 \to S_9 \to S_{11} \to S_9 \to S_{10} \to S_{19}$

$S_0 \to S_1 \to S_2 \to S_3 \to S_4 \to S_5 \to S_7 \to S_{12} \to S_{19}$

$S_0 \to S_1 \to S_2 \to S_3 \to S_4 \to S_5 \to S_7 \to S_{13} \to S_{19}$

$S_0 \to S_1 \to S_2 \to S_3 \to S_4 \to S_5 \to S_7 \to S_{14} \to S_{19}$

$S_0 \to S_1 \to S_2 \to S_3 \to S_4 \to S_6 \to S_7 \to S_9 \to S_{19}$

$S_0 \to S_1 \to S_2 \to S_3 \to S_4 \to S_6 \to S_7 \to S_9 \to S_{10} \to S_{19}$

$S_0 \to S_1 \to S_2 \to S_3 \to S_4 \to S_6 \to S_7 \to S_9 \to S_{10} \to S_9 \to S_{19}$

$S_0 \to S_1 \to S_2 \to S_3 \to S_4 \to S_6 \to S_7 \to S_9 \to S_{11} \to S_{19}$

$S_0 \to S_1 \to S_2 \to S_3 \to S_4 \to S_6 \to S_7 \to S_9 \to S_{11} \to S_{19}$

$S_0 \to S_1 \to S_2 \to S_3 \to S_4 \to S_6 \to S_7 \to S_9 \to S_{10} \to S_9 \to S_{11} \to S_{19}$

$S_0 \to S_1 \to S_2 \to S_3 \to S_4 \to S_6 \to S_7 \to S_9 \to S_{11} \to S_9 \to S_{19}$

$S_0 \to S_1 \to S_2 \to S_3 \to S_4 \to S_6 \to S_7 \to S_9 \to S_{11} \to S_9 \to S_{10} \to S_{19}$

$S_0 \to S_1 \to S_2 \to S_3 \to S_4 \to S_6 \to S_7 \to S_{12} \to S_{19}$

$S_0 \to S_1 \to S_2 \to S_3 \to S_4 \to S_6 \to S_7 \to S_{13} \to S_{19}$

$S_0 \to S_1 \to S_2 \to S_3 \to S_4 \to S_6 \to S_7 \to S_{14} \to S_{19}$

$S_0 \to S_1 \to S_2 \to S_3 \to S_4 \to S_5 \to S_8 \to S_9 \to S_{19}$

$S_0 \to S_1 \to S_2 \to S_3 \to S_4 \to S_5 \to S_8 \to S_9 \to S_{10} \to S_{19}$

$S_0 \to S_1 \to S_2 \to S_3 \to S_4 \to S_5 \to S_8 \to S_9 \to S_{10} \to S_9 \to S_{19}$

（续）

$$S_0 \rightarrow S_1 \rightarrow S_2 \rightarrow S_3 \rightarrow S_4 \rightarrow S_5 \rightarrow S_8 \rightarrow S_9 \rightarrow S_{11} \rightarrow S_{19}$$

$$S_0 \rightarrow S_1 \rightarrow S_2 \rightarrow S_3 \rightarrow S_4 \rightarrow S_5 \rightarrow S_8 \rightarrow S_9 \rightarrow S_{11} \rightarrow S_{19}$$

$$S_0 \rightarrow S_1 \rightarrow S_2 \rightarrow S_3 \rightarrow S_4 \rightarrow S_5 \rightarrow S_8 \rightarrow S_9 \rightarrow S_{10} \rightarrow S_9 \rightarrow S_{11} \rightarrow S_{19}$$

$$S_0 \rightarrow S_1 \rightarrow S_2 \rightarrow S_3 \rightarrow S_4 \rightarrow S_5 \rightarrow S_8 \rightarrow S_9 \rightarrow S_{11} \rightarrow S_9 \rightarrow S_{19}$$

$$S_0 \rightarrow S_1 \rightarrow S_2 \rightarrow S_3 \rightarrow S_4 \rightarrow S_5 \rightarrow S_8 \rightarrow S_9 \rightarrow S_{11} \rightarrow S_9 \rightarrow S_{10} \rightarrow S_{19}$$

$$S_0 \rightarrow S_1 \rightarrow S_2 \rightarrow S_3 \rightarrow S_4 \rightarrow S_5 \rightarrow S_8 \rightarrow S_{12} \rightarrow S_{19}$$

$$S_0 \rightarrow S_1 \rightarrow S_2 \rightarrow S_3 \rightarrow S_4 \rightarrow S_5 \rightarrow S_8 \rightarrow S_{13} \rightarrow S_{19}$$

$$S_0 \rightarrow S_1 \rightarrow S_2 \rightarrow S_3 \rightarrow S_4 \rightarrow S_5 \rightarrow S_8 \rightarrow S_{14} \rightarrow S_{19}$$

$$S_0 \rightarrow S_1 \rightarrow S_2 \rightarrow S_3 \rightarrow S_4 \rightarrow S_6 \rightarrow S_8 \rightarrow S_9 \rightarrow S_{19}$$

$$S_0 \rightarrow S_1 \rightarrow S_2 \rightarrow S_3 \rightarrow S_4 \rightarrow S_6 \rightarrow S_8 \rightarrow S_9 \rightarrow S_{10} \rightarrow S_{19}$$

$$S_0 \rightarrow S_1 \rightarrow S_2 \rightarrow S_3 \rightarrow S_4 \rightarrow S_6 \rightarrow S_8 \rightarrow S_9 \rightarrow S_{10} \rightarrow S_9 \rightarrow S_{19}$$

$$S_0 \rightarrow S_1 \rightarrow S_2 \rightarrow S_3 \rightarrow S_4 \rightarrow S_6 \rightarrow S_8 \rightarrow S_9 \rightarrow S_{11} \rightarrow S_{19}$$

$$S_0 \rightarrow S_1 \rightarrow S_2 \rightarrow S_3 \rightarrow S_4 \rightarrow S_6 \rightarrow S_8 \rightarrow S_9 \rightarrow S_{11} \rightarrow S_{19}$$

$$S_0 \rightarrow S_1 \rightarrow S_2 \rightarrow S_3 \rightarrow S_4 \rightarrow S_6 \rightarrow S_8 \rightarrow S_9 \rightarrow S_{10} \rightarrow S_9 \rightarrow S_{11} \rightarrow S_{19}$$

$$S_0 \rightarrow S_1 \rightarrow S_2 \rightarrow S_3 \rightarrow S_4 \rightarrow S_6 \rightarrow S_8 \rightarrow S_9 \rightarrow S_{11} \rightarrow S_9 \rightarrow S_{19}$$

$$S_0 \rightarrow S_1 \rightarrow S_2 \rightarrow S_3 \rightarrow S_4 \rightarrow S_6 \rightarrow S_8 \rightarrow S_9 \rightarrow S_{11} \rightarrow S_9 \rightarrow S_{10} \rightarrow S_{19}$$

$$S_0 \rightarrow S_1 \rightarrow S_2 \rightarrow S_3 \rightarrow S_4 \rightarrow S_6 \rightarrow S_8 \rightarrow S_{12} \rightarrow S_{19}$$

$$S_0 \rightarrow S_1 \rightarrow S_2 \rightarrow S_3 \rightarrow S_4 \rightarrow S_6 \rightarrow S_8 \rightarrow S_{13} \rightarrow S_{19}$$

$$S_0 \rightarrow S_1 \rightarrow S_2 \rightarrow S_3 \rightarrow S_4 \rightarrow S_6 \rightarrow S_8 \rightarrow S_{14} \rightarrow S_{19}$$

参考文献

[1] ADS2: Avionics Development System 2nd Generation[EB/OL]. http://www.techsat.com.

[2] RT-LAB/ATB:RT-LAB Distributed Real-Time Power[EB/OL]. http://www.opal-rt.com.

[3] TestQuest, Inc, TestQuest Pro ™ [EB/OL]. http://www.testquest.com.

[4] Verified's RT-Tester[EB/OL]. http://www.verified.de/rtt.html.

[5] MessageMagic[EB/OL]. http://www.messagemagic.elvior.ee/index.html.

[6] Android 操作系统 [EB/OL]. http://www.android.com.

[7] Emma[EB/OL]. http://emma.sourceforge.net/.

[8] Ella[EB/OL]. http://github.com/saswatanand/ella.

[9] Jacoco[EB/OL]. http://www.eclemma.org/jacoco/.

[10] Clover[EB/OL]. http://www.unlimax.com/clover.html.

[11] Android uiautomator[EB/OL]. http://developer.android.com/tools/help/uiautomator/index.html.

[12] Android Instrumentation[EB/OL]. https://developer.android.google.cn/reference/android/app/Instrumentation.html.

[13] The Monkey UI android testing tool[EB/OL]. http://developer.android.com/tools/help/monkey.html.

[14] NASA. NASA Software Safety Guidebook[R/OL]. http://standards.nasa.gov/standard/osma/nasa-gb-871913.

[15] AsyncTask[EB/OL]. https://developer.android.com/reference/android/os/AsyncTask.html.

[16] Tip F. Infeasible paths in object-oriented programs[J]. Science of Computer Programming, 2015, 97(97): 91-97.

[17] S Hao, B Liu, S Nath, et al. PUMA: Programmable UI-automation for large-scale dynamic analysis of mobile apps[C]//Proceedings of the 12th Annual International Conference on Mobile Systems, Applications, and Services (MobiSys2014). NY: ACM, 2014: 204-217.

[18] Zeng J. An improved sparse representation face recognition algorithm for variations of illumination and pose[J]. Journal of Information & Computational Science, 2015, 12(16): 5987-5994.

[19] Peng Xiao, Yongfeng Yin, Bo Jiang, et al. Adaptive Testing based on Moment Estimation[J]. IEEE Transactions on Systems, Man, and Cybernetics: Systems, 2020, 50(3):911-922.

[20] W Choi, G Necula, K Sen. Guided GUI Testing of Android Apps with Minimal Restart and

Approximate Learning[C]//Proceedings of the 2013 ACM SIGPLAN International Conference on Object Oriented Programming Systems Languages & Applications (OOPSLA2013) . NY: ACM, 2013: 623-640.

[21]　T Azim, I Neamtiu. Targeted and Depth-first Exploration for Systematic Testing of Android Apps[C]//Proceedings of the 2013 ACM SIGPLAN International Conference on Object Oriented Programming Systems Languages & Applications (OOPSLA2013). NY: ACM, 2013: 641-660.

[22]　B Liu, S Nath, R Govindan, et al. DECAF: Detecting and Characterizing Ad Fraud in Mobile Apps[C]//Proceedings of the National Spatial Data Infrastructure (NSDI2014). 2014: 57-70.

[23]　D Amalfitano, A R Fasolino, P Tramontana, et al. MobiGUITAR – a tool for automated model-based testing of mobile apps[J]. IEEE Software, 2014, 32(5): 1-1.

[24]　A Memon, I Banerjee, A Nagarajan. GUI Ripping: Reverse Engineering of Graphical User Interfaces for Testing[C]//Proceedings of the 10th Working Conference on Reverse Engineering (WCRE2003). Washington: IEEE Computer Society, 2003.

[25]　顾斌，董云卫，王政 . 面向航天嵌入式软件的形式化建模方法 [J]. 软件学报，2015, 26(2): 321-331.

[26]　Guoqiang Shu, M S. Formal methods and tools for testing communication protocol system security[D]. Ohio: The Ohio University, 2008.

[27]　Rothermel G, Harrold M J. Empirical Studies of a Safe Regression Test Selection Technique[J]. IEEE Transactions on Software Engineering, 1998, 24(6): 401-419.

[28]　Arzt S, Rasthofer S, Fritz C, et al. FlowDroid: precise context, flow, field, object-sensitive and lifecycle-aware taint analysis for Android apps[J]. Acm Sigplan Notices, 2014, 49(6): 259-269.

[29]　单锦辉，张路，张涛 . 实时嵌入式软件时间抽象状态机的扩展 [J]. 北京大学学报（自然科学版），2019, 55(2): 197-208.

[30]　Yongfeng Yin, Qingran Su, Lijun Liu. Software Smell Detection Based on Machine Learning and Its Empirical Study[C]//The Second Target Recognition and Artificial Interlligence Summit Forum(TRAI 2019). 2019: 28-30.

[31]　Yongfeng Yin, Bin Liu, Hongying Ni. Real-time Embedded Software Testing Method Based on Extend Finite State Machine[J]. Journal of Systems Engineering and Electronics, 2012, 23(2): 276-285.

[32]　Yin Yongfeng, Liu Bin, Zhong Deming, Jiang Tongmin. On Modeling Approach for Embedded Real-time Software Simulation Testing[J]. Journal of Systems Engineering and Electronics, 2009, 20(2): 420-426.

[33]　单锦辉，姜瑛，孙萍 . 软件测试研究进展 [J]. 北京大学学报（自然科学版），2005, 41(1): 134-145.

[34]　A Machiry, R Tahiliani, M Naik. Dynodroid: An Input Generation System for Android Apps[C]// Proceedings of the 2013 9th Joint Meeting on Foundations of Software Engineering (ESEC/FSE

2013). NY: ACM, 2013: 224-234.

[35]   S Anand, M Naik, M J Harrold, et al. Automated Concolic Testing of Smartphone Apps[C]// Proceedings of the ACM SIGSOFT 20th International Symposium on the Foundations of Software Engineering (FSE2012). NY: ACM, 2012: 1-11.

[36]   侯刚，周宽久，等 . 基于时间 STM 的软件形式化建模与验证方法 [J]. 软件学报，2015, 26(2): 223-238.

[37]   Tobias Amnell, Alexandre David, Elena Fersman. Tools for Real-Time UML: Formal Verifiation and Code Synthesis [J]. IEEE, 2001.

[38]   Stephan Flake. Real-time constrains with the OCL[C]//5th IEEE International Symposium on Object-Oriented Real-Time Distributed Computing. 2002.

[39]   Yongfeng Yin, Bin Liu, Minyan Lu, et al. Test Cases Generation for Embedded Real-time Software Based on Extended UML[C]//International Conference on Information Technology and Computer Science. 2009, 1: 69-74.

[40]   Paradkar A, Klinger T. Automated Consistency and Completeness Checking of Testing Models for Interactive Systems [C]//Computer Software and Applications Conference(COMPSAC). 2004: 342-348.

[41]   ETSI. Methods for Testing and Specification(MTS) [R/OL]. http://www.etsi.org/deliver/etsi_eg/ 202100_202199/202107/01.01.01_60/eg_202107v010101p.pdf.

[42]   Robert Nilsson, Jeff Offutt, Jonas Mellin. Test Case Generation for Mutation-based Testing of Timeliness[J]. Electronic Notes in Theoretical Computer Science, 2006(164): 97-114.

[43]   C Bourhfir, E Aboulhamid, R Dssouli, et al. A test case generation approach for conformance testing of SDL systems[J]. Computer Communications, 2001(24): 319-333.

[44]   肖健宇，张德运，陈海诠，等 . 模型检测与定理证明相结合开发并验证高可信嵌入式软件 [J]. 吉林大学学报（工学版），2005, 35(5): 531-536.

[45]   王小平，宣乐飞，张蔚 . 基于 UML 的嵌入式实时控制系统的建模与实现 [J]. 计算机技术与 发展，2006, 17(7): 239-241.

[46]   Cavarra. A method for the automatic generation of test suites from object models[J]. Information and Software Technology, 2004, 46: 309-314.

[47]   Xuede Zhan, Huaikou Miao. An Approach to Formalizing the Semantics of UML Statecharts[C]// Conceptual Modeling - ER2004. Springer, 2004.

[48]   Jan Jurjens. Model-based Security Testing Using UMLsec A Case Study [J]. Electronic Notes in Theoretical Computer Science, 2008(220): 93-104.

[49]   袁由光 . 实时系统中的可靠性技术 [M]. 南宁：广西科学技术出版社，1995.

[50]   Mao Zheng, Vasu Alagar, Olga Ormandjieva. Automated generation of test suites from formal specifications of real-time reactive systems [J]. The Journal of Systems and Software, 2008(81): 286-304.

[51]　John Watkins. 实用软件测试过程 [M]. 贺红卫，等译. 北京：机械工业出版社，2004.

[52]　Hirayama M, Yamamoto T, Okayasu J, et al. A selective software testing method based on priorities assigned tofunctional modules[C]//Proceedings of Second Asia-Pacific Conference on Quality Software. 2001: 259-267.

[53]　Eugenia Diaz, Javier Tuya, Raquel Blanco. Automated software testing using a metaheuristic technique based on tabu search[C]//Proceedings of the 18th IEEE International Conference on Automated Software Engineering (ASE'03). 2003.

[54]　G Rethy. Application of TTCN-3 for 2.5 and 3G Testing[C]//The TTCN-3 User Conference 2004. 2004: 1-24.

[55]　D Apostolidis, D Tepelmann, A Rennoch. Use of TTCN-3 for the Development of SIGTRAN Test[C]//18th Inernational Conference Software & System Engineering and Their Applicaiton-icssea 2005. 2005.

[56]　潘杰，渡边政彦，周宽久，等. 嵌入式软件形式化建模方法 [J]. 计算机工程与应用，2018, 54(8): 61-71.

[57]　Avik Sinha, Amit Paradkar, Clay Williams. On Generating EFSM models from Use Cases[C]// International Conference on Software Engineering archive (ICSE 2007). 2007.

[58]　Kaynar D K, Lynch N, Segala R, et al. Timed I/O automata: A mathematical framework for modeling and analyzing real-time systems[C]//Proc. of the 24th IEEE Int'l Real-Time Systems Symp. IEEE Computer Society, 2003: 166-177.

[59]　陈伟，薛云志，赵琛，等. 一种基于时间自动机的实时系统测试方法 [J]. 软件学报，2007, 18(1): 62-73.

[60]　杨小艳. 基于 Z 语言与状态图的测试用例自动生成研究 [D]. 武汉：华中师范大学，2006.

[61]　唐波，廖伟志. 统一建模语言状态图的测试用例生成方法 [J]. 计算机仿真，2007, 24(8).

[62]　牟凯，顾明. 基于 UML 活动图的测试用例自动生成方法研究 [J]. 计算机应用，2006, 26(4): 844-847.

[63]　刘兴堂，梁炳成，刘力，等. 复杂系统建模理论、方法与技术 [M]. 北京：科学出版社，2008.

[64]　林闯. 随机 Petri 和系统性能评价 [M]. 北京：清华大学出版社，2000.

[65]　周晓煜，屈玉贵，赵保华. 利用逆向判定性缩短 EFSM 的测试序列的长度 [J]. 通信学报，2000, 21(11): 48-55.

[66]　Duale A Y, Uyar M U. A method enabling feasible conformance test sequence generation for EFSM models [J]. IEEE, Transactions on Computers, 2004, 53(5): 614-627.

[67]　Ural H. Test generation based on control and data dependencies within system specification in SDL[J]. Computer Communications, 2000, 23(7): 609-627.

[68]　Chen W H, Lu Cho-ching. Executable test sequence for the protocol control and data flow property with overlapping[C]//Proceedings of the Seventh International Symposium on Computers and Communications. 2002: 251-257.

[69]　D Lee, D Chen, R Hao, et al. A formal approach for passive testing of protocol data portions[C]//10th IEEE International Conference on Network Protocols (ICNP 2002). IEEE Computer Society, 2002: 122-131.

[70]　胡宁，叶宏 . 嵌入式操作系统的形式化验证方法 [J]. 航空计算技术，2015, 45(2): 96-100.

[71]　袁翠 . 基于 UML 状态图的测试生成研究 [D]. 武汉：华中师范大学，2009.

[72]　Hu Z, Shatz S M. Exp licitmodeling of semantics associated with composite states in UML statecharts [J]. Journal of Automated Software Engineering, 2006, 13(4): 423-467.

[73]　S Konrad, B H C Cheng. Real - time specification patterns. Technical Report MSU - CSE - 04 - 37 , Computer Science and Engineering[D]. Michigan: Michigan State University, 2004.

[74]　赖明志，尤晋元 . 使用时间化自动机形式化带有时间扩展的 UML 状态图 [J]. 计算机应用，2003, 8(23): 4-6.

[75]　Anders Hessel, Kim G Larsen, Brian Nielsen. Time-optimal Test Cases for Real-time Systems[C]//Proceedings of the 1st International Workshop on Formal Modeling and Analysis of Timed Systems(FORMATS'03). 2003.

[76]　褚文奎，张凤鸣，樊晓光 . 综合模块化航空电子系统软件体系结构综述 [J]. 航空学报，2009, 30(10): 1912-1917.

[77]　Wei Zhao, Xiaomin Bai, Wenping Wang, et al. A Novel Alarm Processing and Fault Diagnosis Expert System Based on BNF Rules[C]//Transmission and Distribution Conference and Exhibition, Asia and Pacific. 2005.

[78]　Yongfeng Yin, Bin Liu, Guoqi Li, et al. Embedded Software Simulation Testing Virtual Machine: Design and Application[J]. Applied Mechanics and Materials, 2010, 26-28: 405-410.

[79]　怀进鹏，李沁，胡春明 . 基于虚拟机的虚拟计算环境研究与设计 [J]. 软件学报，2007, 18(8): 2016-2026.

[80]　Sadjadi, S M ,Kalayci S. A Self-Configuring Communication Virtual Machine[C]//IEEE International Conference on Networking,Sensing andControl. 2008: 739-744.

推 荐 阅 读

软件测试：一个软件工艺师的方法（原书第4版）

作者：Paul C. Jorgensen 译者：马琳 等 ISBN：978-7-111-58131-4 定价：79.00元

　　本书是经典的软件测试教材，综合阐述了软件测试的基础知识和方法，既涉及基于模型的开发，又介绍测试驱动的开发，做到了理论与实践的完美结合，反映了软件标准和开发的新进展和变化。

基于模型的测试：一个软件工艺师的方法

作者：Paul C. Jorgensen 译者：王轶辰 等 ISBN：978-7-111-62898-9 定价：79.00元

　　本书是知名的"Craftsman"系列软件测试书籍中的新作，主要讨论基于模型的测试（MBT）技术。作为一门手艺而非艺术，其关键在于：对被测软件或系统的理解，选择合适工具的能力，以及使用这些工具的经验。围绕这三个方面，书中不仅综合阐述了MBT的理论知识及工具，而且分享了作者的实战经验。